闪电击中亚利桑那州的斯科特斯戴尔

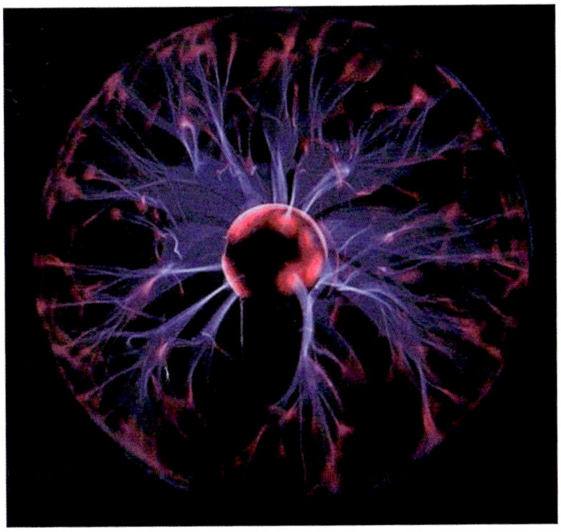

静电球

欧洲核子研究中心大型强子对撞机外景和内景图

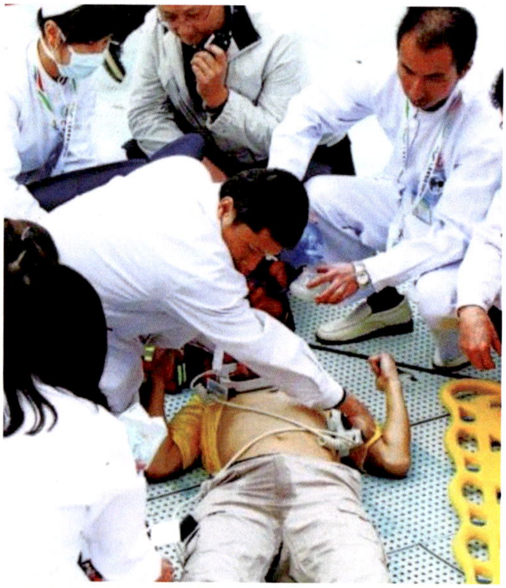

● 心脏电击

● 20世纪50年代中期，摇滚乐问世之后不久，吉它手们就从弹奏原声吉他转向电吉他。图为吉米.亨德里克斯（Jimi.Hendrix）在舞台上纵情地弹拨

上海磁悬浮列车专线西起上海轨道交通2号线的龙阳路站，东至上海浦东国际机场，专线全长29.8km。

极光

俄国艺术家康定斯基的《马背上的伴侣》采用的是点画法。当你从远处看画的时候，这些彩色的小点最后会混合起来而不能分辨，而且画面上任何位置的颜色都会改变

蓝闪蝶 ：光的干涉现象

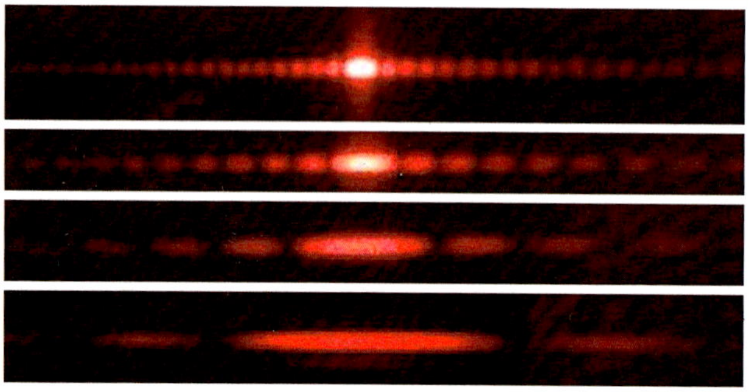

单缝衍射条纹

照相机安上偏振镜可以产生不同的效果

普通高等教育"十二五"系列教材

大学物理学

下册

主　编　姜广军　程彦明
副主编　付　静　邹晓威
参　编　袁明霞　杜秀国
主　审　宗占国

机械工业出版社

本套教材依据教育部高等学校物理基础课程教学指导分委员会编制的《理工科类大学物理课程教学基本要求》（2010 年版），主要针对全国民办普通高校非物理专业大学物理课程教学需要编写而成。全书涵盖了《理工科类大学物理课程教学基本要求》规定的核心内容。在内容的编写上力争加强趣味性，突出基本概念和基本原理，适当弱化数学推演，加强应用，轻装简约，摒弃冗长繁琐和面面俱到。在编写风格上强调兴趣化，追求贴近学生、贴近实际、便于教学、引发思考和助推创新的教学效果。

本套教材分上、下两册，本书是下册，主要内容包括：真空中的静电场，静电场中的导体和电介质，稳恒磁场，电磁感应、电磁场、电磁波，波动光学和近代物理基础共六章。本书为教学计划 80~120 学时的非物理专业大学物理课程教学用书，也可作为非全日制本科生的自学教材和参考教材。

图书在版编目（CIP）数据

大学物理学．下册/姜广军，程彦明主编．—北京：机械工业出版社，2013.3（2025.2 重印）
普通高等教育“十二五”系列教材
ISBN 978-7-111-41747-7

Ⅰ.①大… Ⅱ.①姜…②程… Ⅲ.①物理学—高等学校—教材 Ⅳ.①04

中国版本图书馆 CIP 数据核字（2013）第 043826 号

机械工业出版社（北京市百万庄大街 22 号 邮政编码 100037）
策划编辑：李永联 责任编辑：李永联 任正一
版式设计：陈 沛 责任校对：樊钟英
封面设计：马精明 责任印制：郜 敏
北京富资园科技发展有限公司印刷
2025 年 2 月第 1 版第 10 次印刷
169mm×239mm · 13.25 印张 · 2 插页 · 254 千字
标准书号：ISBN 978-7-111-41747-7
定价：35.00 元

电话服务
客服电话：010-88361066
010-88379833
010-68326294

网络服务
机 工 官 网：www.cmpbook.com
机 工 官 博：weibo.com/cmp1952
金 书 网：www.golden-book.com
机工教育服务网：www.cmpedu.com

序　言

大学物理学是高等学校理工科各专业学生一门重要的通识性必修基础课。大学物理课程所传授的基本概念、基本理论和基本方法以及推动物理学发展的哲学思想精髓是构成大学生科学素养的重要组成部分，而良好的科学素养是所有科技工作者和工程技术人员所必备的。大学物理课程为培养学生树立科学的世界观和方法论、增强学生分析问题和解决问题的能力、培育学生的创新精神和创新意识，养成科学的观察和思维能力具有不可替代的重要作用。

目前中国的大学按学生的入学录取成绩分类大体可分为三个层次，第一层次是教育部所属的重点大学，第二层次是省属的普通本科大学（学院），第三层次是我国在实施高等教育大众化中兴办的独立学院。这三个层次学校学生的学员结构和认知水平差异很大，目前，虽然适用于第一层次和第二层次典型学生的大学物理教材有很多，但是适用于第三层次独立学院学生的大学物理教材却很少，据悉正在编写和探索的也不是太多。

机械工业出版社面对以上状况，倡仪部分学校编写适应第三层次独立学院的大学物理教材，得到了国内几所独立学院的积极响应。吉林农业大学发展学院、吉林建筑工程学院城建学院、长春理工大学光电信息学院、海口经济学院、长春职业技术学院等 5 所独立学院积极地参加了这项工作。

这套教材的作者，他们有这样的共识：大学物理学是一门科学，大学物理课程的内容应该尽可能系统、完整、准确地讲清楚基本知识、基本概念、基本规律和基本方法，同时要适当介绍物理学的现代发展和在现代科技中的应用。

本教材在内容取舍上，力争压缩经典、适当反映现代，突出主干、摒弃繁琐，淡化推演、偏重应用。在理论推导上，避免运算过程复杂和数学处理繁琐的内容。在习题的选择上，对那些物理思想不突出、怪异、偏难的习题大量删减。在编写风格上，强化理论联系实际，追求贴近学生、贴近实际、贴近生活，使学生学得进、记得住、用得上。在物理概念表述和基本理论解读中，力求做到科学准确、语句通顺、文字简练、形象生动、引人入胜、启发思考。

可以说，这套教材是作者从事第三层次独立学院大学物理课程教学多年积累的教案和教学经验，同时吸收兄弟院校大学物理教材之所长，并充分利用网络教学资源的结晶。

这是一部探索性的教材，适用于独立学院的非物理专业的大学物理教材，值得向独立学院推荐。

宗占国

2012 年 11 月

前　言

物理学是自然科学的基础学科，也是新技术诞生的源泉，甚至可以说，早期的物理学发展史便是世界科技发展史。物理学在发展进程中，无时无刻不在汲取丰富的哲学营养，因而才具有旺盛的生命力。在物理学发展遇到困难，特别是经典物理遇到前所未有的挑战时，是哲学的灵魂和科学家们创新性的思维使物理学天空重现明朗。科学的发展、科技的进步无不与物理学理论的创新息息相关：上至火箭、“神州”飞天，下到地矿、石油钻探，大至浩瀚宇宙探秘，小到基本粒子研究，凡此种种，它们都只不过是物理学天空中的凡辰小斗，其中的物理思想无处不在，物理规律无所不及。总之，离开物理，人类那些美好的愿望与期待将是永远的遐想。正因为如此，才有了与之相匹配的《大学物理学》课程的恰当定位，即通过物理学教学，着力实现培养学生科学的自然观、宇宙观和辩证唯物主义的世界观，培养学生的探索、创新意识和创新精神，培养学生科学的思维、思辨能力，使他们渐进地掌握科学的思维方法和研究方法，并最终促进学生实现自主学习、自觉思考、自我完善、自行超越的终极目标。这也是作者经常提倡的“教思想”、“教方法”、“练内功”、“强技能”的基本内涵。

我们充分注意到，由于我国高等教育大众化步伐加快，作为高等教育机构有机组成部分的民办普通高校异军突起，成为我国高等教育的一支生力军，但同时也导致学生的生源结构趋于复杂化。经济社会的发展又促使学生的兴趣和发展目标的取向更加多元化。这些新特点的出现，使民办普通高校大学物理课的教学面临新的挑战，尤其是作为高校基础性建设的教材配套建设仍远远落后，这在某种程度上制约着民办普通高校的长远发展。

基于上述思考，我们积极响应机械工业出版社的倡议，由机械工业出版社、吉林农业大学发展学院、吉林建筑工程学院城建学院、长春理工大学光电信息学院、空军航空大学和海口经济学院联合，共同组织编写了这套《大学物理学》教材。

本套教材分上、下两册，本书是下册。

本书作者以从事一线教学近30年积累的教案和教学经验为基础，以培养创新人才为核心，在充分吸收各兄弟院校同类教材之所长和充分利用网络资源的基础上编写而成。

本套教材的指导思想：以教育部《关于“十二五”普通高等教育本科教材建

设的若干意见》为指导，注重教材在引导育人方向中的辅助功能，充分发挥教材在提高人才培养质量中的基础性作用。以学以致用为原则，力求通过教学实践，达到培养学生的创新素质和创新能力的目的。

本套教材的特点：依据教育部高等学校物理基础课程教学指导分委员会制订的《理工科类大学物理课程教学基本要求》(2010年版)，针对民办独立院校学生的特点，在内容的编写上力争突出基本概念和基本原理，适当弱化数学推演，加强应用，轻装简约，摒弃冗长繁琐和面面俱到。在编写风格上加强趣味性，追求贴近学生、贴近实际、便于教学、引发思考和助推创新效果。具体表现在以下几个方面：

1. 在坚持把握思想性、科学性和系统性的同时，适当压缩文字信息；相关阅读内容尽量适合学生的认知水平；在理论推导和问题探讨以及习题难度上不盲目攀高。考虑到独立学院大学物理课学时有限，习题量有所压缩，怪异、偏难、运算过程复杂、数字处理繁琐而思想性不突出的习题被大量删减。

2. 注重经典理论的现实应用。尽可能做到削枝强干、突出重点、应用为先。根据课文表述内容，在每个章节开头或结尾，大多都配有问题提出、问题思考和问题讨论，这些问题有的在文中恰当位置予以说明或解释，给出结论；有的则留给学生在课后自行研讨。同时根据需要，结合理论阐述，在相关章节之后配有参考或阅读文献，体现学以致用的原则，大大增强理论应用的针对性和时效性。

3. 在概念表述以及理论解读、剖析的过程中，充分关注大学生在这一时期的认知发展水平和心理发展特点，力求做到文字简练，语句通顺，形象生动，引人入胜，诱发思考。避免门槛过高，书面语言生僻，理论与现实脱钩，使学生学得进、记得住、用得上。

寄语教师：高等学校的根本职能在于发展科技、培养人才和服务社会。如果把高校比做一个工厂，那么，教师便是为将来的社会培养人才产品的工程师。由于社会需求的多样性，我们所生产的人才产品就不可能像普通工业产品那样规格统一，教师要努力做到把握这一时期学生身心发展的脉搏，理性地对待学生的诉求，尽最大可能满足他们的个性化需要。我们的教学对象虽然不是全才，更不是天才，但要相信他们人人有才，都是待发现的金子和待点燃的火种。教师便是掘金者和点火者。相信通过广大同行的共同努力，一颗颗金子都将闪闪发光，一个个火种必将被先后点亮。

寄语学生：学好物理学，成功获取开启未知世界之门的钥匙，并不像同学们想象的那样难不可及。它取决于你对自然的认知态度，对事物的思维方法，对实践的执着与付出。运动的普遍性和运动形式的多样性，要求同学们在学习和实践的过程中，既不能简单应付，更不能急于求成；既要有激情，更要有理性。对待一切事物要身临其境，仔细观察，积极感受，活化思维，科学求证，大胆预测，实事求是，知错必改。要善于捕捉和发现物理现象与物理规律中美的元素，例如简单的朴素美、和谐的对称美、奇异的创新美等，使我们在追求和探索物质世界完美、和谐、统一和对称这一美好的情境中，激活自身潜能，诱发求知欲望，变被动学习为主动求索，最终助推自己走向成功。

本书由姜广军、程彦明主编。以章节为序，编写的具体分工如下：姜广军（吉林建筑大学城建学院）编写第九章、第十章、第十二章、第十四章（部分）；付静（吉林建筑大学城建学院）编写第十一章；程彦明（长春理工大学光电信息学院）、邹晓威（海口经济学院）编写第十三章；杜秀国（长春科技学院）编写第十四章（部分）。

让我们感到十分荣幸的是，我们邀请到了宗占国先生审阅了全书。宗占国先生是教育部高等学校物理学与天文学教学指导委员会物理基础课程教学指导分委员会成员、国务院特殊津贴获得者、国家有突出贡献中青年专家，曾先后担任吉林师范大学校长、长春大学校长，现任吉林农业大学发展学院院长、博士研究生导师。

宗占国教授以饱满的热情和高度负责的态度审阅书稿，同时提出了许多宝贵的建设性意见，让我们获益匪浅。在此，向宗占国先生表示由衷的感谢和崇高的敬意！

致谢：本教材由机械工业出版社倡议并组织，由全国五所民办普通高校联合编写，在编写和修改过程中得到了很多教师和友人的大力支持，如吉林建筑工程学院城建学院张彦纯教授和王千教授、吉林农业大学发展学院刘亚娟教授、吉林大学博士生导师刘广洲教授、教育部高等学校物理基础课程教学指导分委员会委员，吉林大学张铁强教授等，在此致以深深的谢意！

由于经验不足，加之水平所限，书中瑕疵和错误在所难免，诚挚希望广大读者指正并提出改进建议，我们将不胜感激。

编者
于长春

目　　录

电磁运动是物质的基本运动形式之一。电磁运动的规律不仅是人类深入探索自然的理论武器，而且被广泛应用于工程技术中。

在带电体周围存在着电磁场，由电荷量不变的静止电荷产生的场称为静电场。场是客观实体，有质量、能量和角动量，是一种具有特殊形态的物质。爱因斯坦说过“我们有两种存在，实物和场，场是物理学中出现的新概念，是自牛顿时代以来最重要的发现。用来描述物理现象最重要的不是带电体，也不是粒子，而是在带电体之间的空间——场，这需要用很大的科学想象力才能理解。”

本章主要内容有：静电场基本定律——库仑定律，静电场的两条基本定理——高斯定理和环路定理，描述静电场的两个基本物理量——电场强度和电势等。

重点：通过基本定律和定理等，学习场的概念和研究方法，通过对电场强度和电势的计算，加强学生解决物理问题能力的训练。**难点**：定理内容的理解。

第九章　真空中的静电场

第一节　电荷　库仑定律

一、电荷

大家知道，用丝绸或毛皮摩擦过的玻璃、火漆、硬橡胶等都能吸引轻小物体，这表明它们在摩擦后进入一种特别的状态——带电，我们把处于这种带有电荷状态的物体叫做带电体，即它们带有电荷。

通过对电荷的各种相互作用和效应的研究，人们认识到电荷的基本特性有以下几方面。

（一）电荷的正负性

大量实验表明，物体或微观粒子所带的电荷有两种，即**正电荷**和**负电荷**。带同种电荷的物体（简称同号电荷）相互排斥，带异种电荷的物体（简称异号电荷）相互吸引。由物质的分子结构可知，宏观物体都是由分子、原子组成的，任何化学元素的原子，从微观上看都含有一个带正电的原子核和若干带负电的电子。在正常状态下，原子里所有电子所带的负电荷的总量与原子核所带的正电荷相等，即原子内的静电荷为零。不同原子束缚其外围电子的能力是不同的，对电子束缚弱的原子易失去电子而变成正离子，对电子束缚强的原子易得到电子而变成负离子，这种现象称为**电离**。

（二）电荷的量子性

表示电荷多少的量叫做**电荷量**。在国际单位（SI）制中，电荷量的单位是库仑，符号为C。需要强调的是，库仑是一个导出单位，1C＝1A·s，即1C等于1A的电流在1s内流过某截面的电荷量。

1897年，汤姆逊（J. J. Thomson）从实验中测出电子的荷质比（即电子的电荷与质量之比 e/m ）。通过数年努力，1913年密立根（R. A. Millikan）终于从实验中测定所有电子都具有相同的电荷，而且带电体的电荷是电子电荷的整数倍。如以 e 代表电子的电荷绝对值，则带电体的电荷为 $q = ne$ ，n 为1，2，3，…。这是自然界存在不连续性（即量子化）的又一个例子。电荷的这种只能取离散的、不连续的量值的性质，叫做**电荷的量子性**。电子电荷的绝对值 e 称为元电荷，或称电荷的量子。

根据1999年发布的数据，电子电荷的量值为 $e = 1.602176462(83) \times 10^{-19}\text{C}$ 。

现在知道的自然界中的微观粒子，包括电子、质子、中子在内，已有几百种，其中带电粒子所具有的电荷或者是 $+e$ ，$-e$ ，或者是它们的整数倍。因此，电荷的量子性是一个普遍的量子化规律。量子化是近代物理中的一个基本概念，当研究的范围达到原子线度大小时，很多物理量如频率、能量等也都是量子化的。

随着人们对物质结构认识的不断深入，发现基本粒子并不基本，它们由更小的粒子如夸克和反夸克组成，并预计夸克和反夸克的电荷量为 $\pm \frac{1}{3}e$ 或 $\pm \frac{2}{3}e$ 。现在一些粒子物理实验已间接证明了夸克的存在，只是由于夸克禁闭而未能检测到单个自由的夸克。随着科学技术的发展和人类对物质微观结构认识的提高，e 是电荷量最小单元这句话可能要被修正，但电荷的量子性是不可动摇的。

（三）电荷的守恒性

大量试验证明，在一个孤立系统中，系统所具有的正、负电荷电荷量的代数和保持不变，这一性质称为**电荷守恒定律**。电荷守恒定律与能量守恒定律、角动量守恒定律一样，是自然界中的基本定律。无论是在宏观领域里，还是在原子、原子核和粒子范围内，电荷守恒定律都是成立的。根据电荷守恒定律，电荷不能被创造或消灭，只能被迁移或中和。摩擦起电过程实际上是电荷从一个物体转移到另一个物体的过程，虽然两物体的电中性状态都被打破，各显电性，但一方带正电，另一方就带负电，两个物体构成的一个系统仍呈电中性。

（四）电荷的运动不变性

大量实验表明，电荷的电荷量与它的运动状态无关。例如加速器将电子或质子加速时，随着粒子速度的变化，它们的质量会有明显变化，但电子或质子的电荷量没有任何变化的痕迹。也就是说，在不同的参考系观察同一带电粒子的电荷量不变。电荷的这一性质叫**电荷的相对论不变性**。这也说明电荷是一个非常基本的物理量，需要人们对其进行更深入、更基本的研究。

二、库仑定律

库仑（Charles Augustin de Coulomb，1736—1806），法国物理学家。他使用自己创制的扭秤确定了电荷间作用力的库仑定律。他通过对滚动和滑动摩擦的实验研究，得出摩擦定律。

两个静止带电体之间的作用力（通常简称为两个静止电荷之间的作用力）称为**静电力**。它是电荷的一种对外表现形式，人们对电现象的认识，就是从研究这种相互作用开始的。静电力与电荷的正负、电荷量的多少、带电体之间的相对距离以及它们的大小和形状等因素有关，十分复杂。为了简化问题，我们提出点电荷的概念。当带电体本身的线度与它们之间的距离相比足够小时，可以把带电体看成点电荷，即带电体的形状、大小可以忽略，而把带电体所带电荷量集中在一个“点”上。点电荷是电学中的一个理想模型，类似于力学中的质点这一概念。

1785 年，库仑利用扭秤实验直接测定了两个带电球体之间的静电力。库仑在实验的基础上提出了两个点电荷之间相互作用的规律，即库仑定律：真空中两个静止点电荷之间相互作用力的大小与这两个点电荷所带电量 q_1 和 q_2 的乘积成正比，与它们之间的距离 r 的二次方成反比，作用力的方向沿着两个点电荷的连线，同号电荷相互排斥，异号电荷相互吸引。用数学公式可表示为

$$\boldsymbol{F}_{21} = k\frac{q_1q_2}{r_{12}^2}\boldsymbol{e}_{12} \tag{9.1}$$

式中，$\boldsymbol{F}_{21}$ 表示电荷 q_2 受到电荷 q_1 的作用力；r_{12} 表示两点电荷之间的距离；$\boldsymbol{e}_{12}$ 表示从电荷 q_1 指向电荷 q_2 的单位矢量；k 为比例系数。

由式（9.1）可以看出，当 q_1 和 q_2 同号时，$q_1q_2>0$，q_2 受到 q_1 的作用力 $\boldsymbol{F}_{21}$ 与 $\boldsymbol{e}_{12}$ 同向，即 q_2 受到斥力作用，如图 9.1a 所示；当 q_1 和 q_2 异号时，$q_1q_2<0$，q_2 受到 q_1 的作用力 $\boldsymbol{F}_{21}$ 与 $\boldsymbol{e}_{12}$ 反向，即 q_2 受到引力作用，如图 9.1b 所示。

在 **SI** 单位制中，距离用 m 作单位，电荷量用 C 作单位，以实验为基础可定出

$$k = 8.9875\times10^9\,\mathrm{N\cdot m^2/C^2}$$

计算时，常取近似值 $k=9.0\times10^9\,\mathrm{N\cdot m^2/C^2}$。为使以此为基础的其他电学

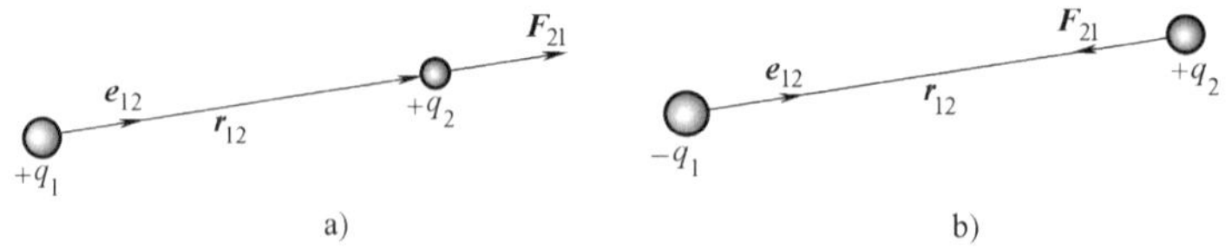

图 9.1 库仑定律

定律表述更为方便，我们引入一个新的常量 ε_0，满足比例系数 $k=\dfrac{1}{4\pi\varepsilon_0}$，于是有

$$\varepsilon_0 = 8.8541\times10^{-12}\mathrm{C}^2/(\mathrm{N}\cdot\mathrm{m}^2) \tag{9.2}$$

ε_0 称为**真空电容率**。由此可将真空中的库仑定律完整地表示成

$$\boldsymbol{F}_{21} = \frac{1}{4\pi\varepsilon_0}\frac{q_1 q_2}{r_{12}^2}\boldsymbol{e}_{12} \tag{9.3}$$

近代物理实验表明，当两个点电荷之间的距离在 $10^{-17}\sim10^{7}\mathrm{m}$ 范围内时，库仑定律是极其准确的。

库仑定律只适用于两个点电荷之间的作用。当空间同时存在多个点电荷时，它们共同作用于某一点电荷的静电力等于其他各点电荷单独存在时作用在该点电荷上的静电力的矢量和，这就是**静电力的叠加原理**。

库仑定律的认识过程

18 世纪中叶，牛顿力学已经取得辉煌胜利，人们自然地把带电物体的电相互作用与力学中的万有引力联系起来。

早期的带电物体间的电力作用实验是 B. 富兰克林（1706—1790）在 1755 年得出的：当一个悬挂着的小软木塞靠近带电的银罐外面时，小软木塞会被吸向银罐；若将悬挂着的小软木塞放进银罐中，不管软木塞处于什么位置都不会受到力的作用。这个实验被称为“空罐实验”。

当时富兰克林不知如何解释这一现象。他写信告诉一位英国化学家 J. 普里斯特利（1733-1804），并向他请教。普里斯特利重复了富兰克林的实验。电力与引力的相似性引起了普里斯特利的注意，他读过牛顿的《自然哲学的数学原理》。在 1767 年的《电学历史和现状及其原始实验》一书中他写道：

“难道我们就不可以从这个实验得出结论：电的吸引与万有引力服从同一定律，即距离的平方，因为很容易证明，假如地球是一个球壳，在壳内的物体受到一边的吸引作用，决不会大于另一边的吸引。”——普里斯特利提出两个电荷间的电力也可能同样遵守作用力与其距离的平方成反比的定律。

普里斯特利的推测在 1785 年由库仑通过扭秤实验得到证实。

不得不提的是早在库仑实验之前的 1773 年，英国人 H. 卡文迪什（1731-1810）也确信平方反比定律适用于电力。他做了一个与普里斯特利实验相似的实验，并做了误差分析。得出力随距离而减小的关系为 r^{-n}，n 与 2 的差不会超过 1/57。然而，卡文迪什手稿内容直到 1879 年由麦克斯韦整理后才发表。卡文迪什的许多重要发现竟埋藏了一个世纪之久。

1971 年由 E. R. 威廉斯、J. E. 费勒、H. A. 希尔用现代实验的方法测得 n 与 2 的偏差为 $(2.7\pm3.1)\times10^{-16}$。

在第十一章中，电流元之间的作用力规律也是如此，到时不再赘述。

其实，自然现象中许多过程都服从平方反比关系，例如：光的照度、水向四面八方喷洒、均匀固体中热的传导等，这从几何关系就可以得到证明。因为同一光通量、水量、热量等，通过同样的球面，球面的面积与半径的平方成正比，所以强度与半径的平方成反比。平方反比定律假定的基础是空间的均匀性和各向同性。

第二节 电场强度

一、电场

实验已证实，两个点电荷之间存在着相互作用的静电力（即库仑力），但这种相互作用是通过什么方式和途径得以实现的呢？历史上对此有过不同的观点，其中之一认为，电荷之间的静电力不需要任何介质，也不需要时间，就能够由一个电荷立即作用到另一个电荷上，即所谓“超距”作用；另一观点是“近距”相互作用：认为静电力是物质间的相互作用，既然电荷 q_1 处在 q_2 周围任一点都要受力，说明 q_2 周围整个空间存在一种特殊的物质，它虽然不像实物那样由电子、质子和中子构成，但确是一种客观实在。后来，人们通过反复研究，终于弄清了任何电荷在其周围都将激发**电场**，电荷间的相互作用是通过电场对电荷的作用来实现的。

场是一种特殊形态的物质，它和物质的另一种形态——实物一起，构成了物质世界非常丰富的图景。静电场存在于静止电荷的周围，并分布在一定的空间。我们知道，处于万有引力场中的物体要受到万有引力的作用，并且当物体移动时，引力要对它做功。同样，处于静电场中的电荷也要受到电场力的作用，并且当电荷在电场中运动时电场力也要对它做功。现在我们从施力和做功这两个方面来研究静电场的性质，分别引出描述电场性质的两个物理量——**电场强度和电势**。

二、电场强度

在静止电荷周围存在着静电场，静电场遍布静止电荷周围的全部空间。这与实物占有有限空间的情形很不一样。电场对处于其中的电荷施以作用力，这是电场的一个重要性质。为了研究电场中各点的性质，可以用一个点电荷 q_0 做实验，这个电荷叫做试验电荷。试验电荷应该满足两个条件：①它的线度必须小到可以被看做点电荷，以便确定场中每点的性质；②它为正电荷，电荷量要足够小，以致把它放进电场中时对原有的电场几乎没有什么影响。

实验结果表明，把试验电荷放在电场中任一给定点（称为场点）处，改变试验电荷所带电荷 q_0 的量值，各试验电荷所受电场力 $\boldsymbol{F}$ 的大小将与电荷量成正比地改变，力的方向不变。即对给定的场点，比值 $\boldsymbol{F}/q_0$ 具有确定的大小和方向。但是，在不同的场点，比值 $\boldsymbol{F}/q_0$ 的大小和方向一般不同。这说明比值 $\boldsymbol{F}/q_0$ 只与试验电荷所在场点的位置有关，而与试验电荷的量值无关，即只是场点位置的函数。该函数从力的方面反映了电场本身所具有的客观性质。因此，我们将比值 $\boldsymbol{F}/q_0$ 定义为**电场强度**，用 $\boldsymbol{E}$ 表示，有

$$\boldsymbol{E} = \frac{\boldsymbol{F}}{q_0} \tag{9.4}$$

电场强度是矢量。式（9.4）为电场强度的定义式。它表明，电场中某点处的电场强度 $\boldsymbol{E}$ 等于位于该点处的单位试验电荷所受的电场力。由于我们取试验电荷为正电荷，故 $\boldsymbol{E}$ 的方向与正试验电荷所受力 $\boldsymbol{F}$ 的方向相同。在 SI 制中，电场强度的单位是牛顿每库仑（$N \cdot C^{-1}$）。

根据电场强度的定义，在已知电场强度分布的电场中，电荷 q 在场中某点处所受的力 $\boldsymbol{F}$，可由式（9.4）算得

$$\boldsymbol{F} = q\boldsymbol{E} \tag{9.5}$$

显然，正电荷所受电场力方向与电场强度方向相同，负电荷所受电场力方向与电场强度方向相反。

三、电场强度的计算

（一）点电荷的电场强度

由库仑定律及电场强度定义式，可求得真空中点电荷周围的电场强度。

如图 9.2a 所示，在真空中，点电荷 Q 位于直角坐标系的原点 O，由原点 O 指向场点 P 的位矢为 $\boldsymbol{r}$。若把试验电荷 q_0 置于场点 P，由库仑定律可得 q_0 所受的电场力为

$$\boldsymbol{F} = \frac{1}{4\pi\varepsilon_0}\frac{Qq_0}{r^2}\boldsymbol{e}_r$$

$\boldsymbol{e}_r$ 为位矢 $\boldsymbol{r}$ 的单位矢量，即 $\boldsymbol{e}_r = \boldsymbol{r}/r$。由电场强度定义式（9.4）可得场点 P 处的电场强度为

$$\boldsymbol{E} = \frac{\boldsymbol{F}}{q_0} = \frac{1}{4\pi\varepsilon_0}\frac{Q}{r^2}\boldsymbol{e}_r \tag{9.6}$$

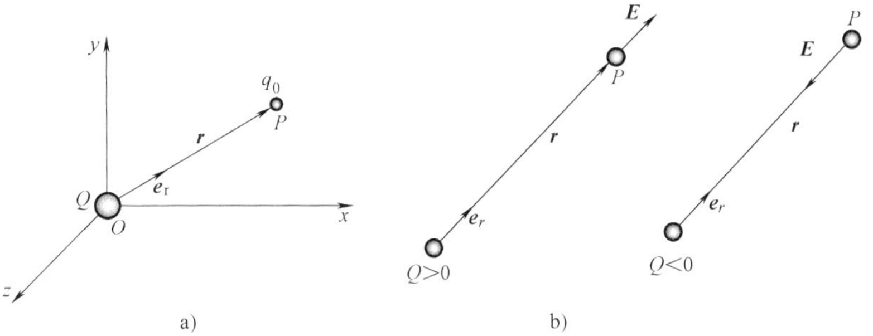

图 9.2 点电荷的电场强度

式（9.6）是在真空中点电荷 Q 所激发的电场中，任意点 P 处的电场强度表示式。这个公式也是计算点电荷电场强度的公式，它描写点电荷 Q 周围空间各点电场强度的大小和方向。但当 $r=0$ 时，$\boldsymbol{E}\to\infty$，此结果无意义。这是因为点电荷只是一个理想模型，对于 $r=0$ 的场点，必须考虑实际电荷分布，而不能再当成点电荷处理了。从式（9.6）可以看出，如果点电荷为正电荷（即 $Q>0$），则 $\boldsymbol{E}$ 的方向与 $\boldsymbol{e}_r$ 的方向相同；如果点电荷为负电荷（即 $Q<0$），则 $\boldsymbol{E}$ 的方向与 $\boldsymbol{e}_r$ 的方向相反，如图 9.2b 所示。

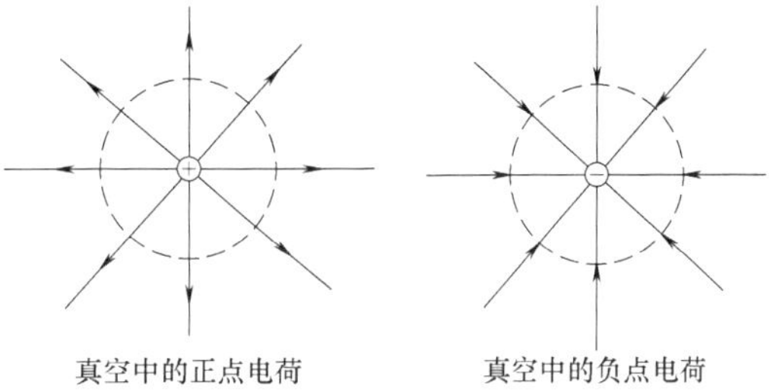

图 9.3 真空中点电荷的电场

从式（9.6）还可以看出，在真空中，点电荷 Q 的电场强度与距离二次方成反比。因此，若将正点电荷 Q 放在原点 O，并以 r 为半径作一球面，球面上各处 $\boldsymbol{E}$ 的大小相等，$\boldsymbol{E}$ 的方向均沿矢径 $\boldsymbol{r}$，具有球对称性。故真空中点电荷的电场是非均匀场，但具对称性，如图 9.3 所示。

（二）点电荷系的电场强度

上面从库仑定律和电场强度的定义得出了点电荷的电场强度公式。一般说来，空间可能存在由许多个点电荷组成的点电荷系，那么点电荷系的电场强度如何计算呢？

设在真空中一点电荷系由 n 个点电荷 Q_1，Q_2，…，Q_n 组成，在场点 P 处放置一试验电荷 q_0，根据力的叠加原理，试验电荷 q_0 所受电场力为

$$\boldsymbol{F}=\boldsymbol{F}_1+\boldsymbol{F}_2+\cdots+\boldsymbol{F}_n$$

式中，$\boldsymbol{F}_1$，$\boldsymbol{F}_2$，…，$\boldsymbol{F}_n$ 为 Q_1，Q_2，…，Q_n 单独存在时 q_0 所受的力。将上式两边除以 q_0，得

$$\frac{\boldsymbol{F}}{q_0}=\frac{\boldsymbol{F}_1}{q_0}+\frac{\boldsymbol{F}_2}{q_0}+\cdots+\frac{\boldsymbol{F}_n}{q_0}$$

由电场强度定义式 $\boldsymbol{E}=\dfrac{\boldsymbol{F}}{q_0}$，有

$$\boldsymbol{E}=\boldsymbol{E}_1+\boldsymbol{E}_2+\cdots+\boldsymbol{E}_n=\sum_{i=1}^{n}\boldsymbol{E}_i \tag{9.7}$$

式中，$\boldsymbol{E}_1$，$\boldsymbol{E}_2$，…，$\boldsymbol{E}_n$分别代表 Q_1，Q_2，…，Q_n单独存在时 P 点的电场强度；$\boldsymbol{E}$ 代表它们同时存在时 P 点的合电场强度。由此得到电场强度叠加原理：点电荷系所激发的电场中某点的电场强度等于各点电荷单独存在时各自激发的电场在该点的电场强度的矢量和，即

$$\boldsymbol{E}=\sum_{i=1}^{n}\boldsymbol{E}_i=\sum_{i=1}^{n}\frac{1}{4\pi\varepsilon_0}\frac{Q_i}{r_i^2}\boldsymbol{e}_{ri} \tag{9.8}$$

式中，r_i表示第 i 个场源电荷 Q_i到所研究的场点 P 的距离；$\boldsymbol{e}_{ri}$ 表示由 Q_i 所在点指向 P 点的单位矢量。

应当注意，电场强度叠加原理是矢量叠加，要用矢量加法计算。

（三）连续分布电荷系统的电场强度

如果场点或参考点距源电荷较近，源电荷本身的尺寸和形状不能忽视，那么这时电场强度如何计算？尽管从微观上看，由于电荷的量子性，电荷的分布总是不连续的，但由于电荷的最小基元非常小，从宏观上看我们完全可以将电荷系统上的电荷当做是连续分布的。在处理此类问题时，可将电荷系统分解为许多无限小的电荷元 dq，而每个电荷元又能当成点电荷处理，其所产生的电场为

$$\mathrm{d}\boldsymbol{E}=\frac{1}{4\pi\varepsilon_0}\frac{\mathrm{d}q}{r^2}\boldsymbol{e}_r \tag{9.9}$$

式中，r 是 dq 到 P 点的距离，如图 9.4 所示。根据电场强度叠加原理，整个系统在 P 点产生的电场强度可用积分计算

$$\boldsymbol{E}=\int\mathrm{d}\boldsymbol{E}=\int\frac{1}{4\pi\varepsilon_0}\frac{\mathrm{d}q}{r^2}\boldsymbol{e}_r \tag{9.10}$$

只要计算出这个积分，原则上讲，任意形状的带电体所产生的电场强度的计算问题都解决了。但实际上这个积分很难计算，只有在少数情况下可以严格解出。

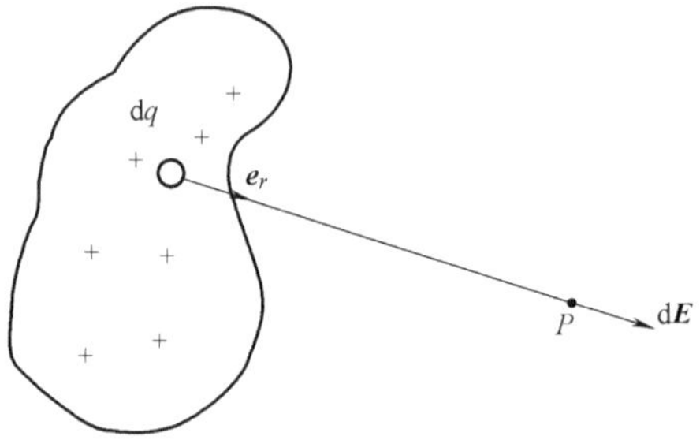

图 9.4　连续分布电荷系统的电场强度

在具体处理此类问题时，一般有三种情况：

1）假如电荷是一个体分布，即分布在三维空间的一个区域内，引入电荷体密度来描述其分布，定义为

$$\rho=\lim_{\Delta V\to 0}\frac{\Delta q}{\Delta V}=\frac{\mathrm{d}q}{\mathrm{d}V}$$

式中，dV 为体积元。

2）假如电荷分布在一个曲面上，引入电荷面密度

$$\sigma = \frac{dq}{dS}$$

式中，dS 为面积的微元。

3）假如电荷分布在一条线上，引入电荷线密度

$$\lambda = \frac{dq}{dl}$$

式中，dl 为长度的微元。

这样，在三种情况下的电荷元就可以分别表示为 $dq = \rho dV$，$dq = \sigma dS$ 和 $dq = \lambda dl$。相应的电场强度计算公式分别为

$$\boldsymbol{E} = \int \frac{1}{4\pi\varepsilon_0} \frac{\rho dV}{r^2} \boldsymbol{e}_r \tag{9.11}$$

$$\boldsymbol{E} = \int \frac{1}{4\pi\varepsilon_0} \frac{\sigma dS}{r^2} \boldsymbol{e}_r \tag{9.12}$$

$$\boldsymbol{E} = \int \frac{1}{4\pi\varepsilon_0} \frac{\lambda dl}{r^2} \boldsymbol{e}_r \tag{9.13}$$

这些积分是矢量函数的积分，一般处理非常复杂，在具体解决此问题时，要取特定的坐标系，将矢量分解为分量来计算。下面将介绍几个典型的例题，从中体会并掌握处理此类问题的方法。

例 9.1 计算电偶极子轴线延长线上任一点 A 和中轴线上任一点 B 处的电场强度。

解：

两点电荷等量异号（$+q$ 和 $-q$），相距为 l，而考察点离点电荷的距离较 l 大得多，这样一对点电荷就称为**电偶极子**。表征电偶极子的特征物理量是它的电偶极矩 $\boldsymbol{p}$，定义 $\boldsymbol{p}=q\boldsymbol{l}$，其中矢量 $\boldsymbol{l}$ 由负电荷指向正电荷。

电偶极子是一个非常重要的模型，在研究电介质的极化、发射和吸收电磁波以及中性分子间的相互作用力时都要用到这个模型。下面计算电偶极子延长线和中垂线上任一点的电场强度。

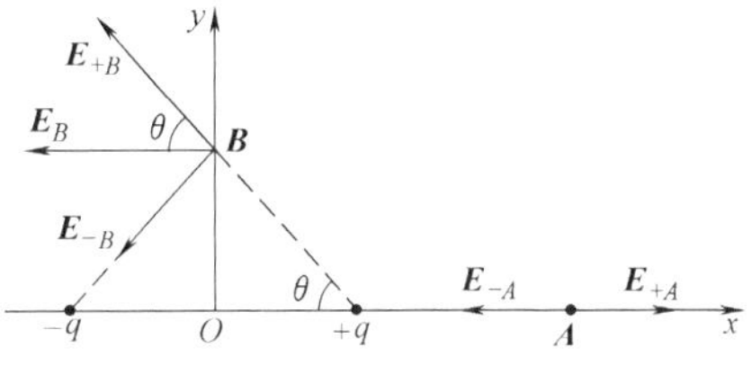

图 9.5 电偶极子的电场强度

取如图 9.5 所示的坐标系。点电荷 $+q$ 和 $-q$ 在 A 点产生的电场强度大小为

$$E_{+A} = \frac{q}{4\pi\varepsilon_0 \left(r - \frac{l}{2}\right)^2}, \quad E_{-A} = \frac{q}{4\pi\varepsilon_0 \left(r + \frac{l}{2}\right)^2}$$

$\boldsymbol{E}_{+A}$ 沿 x 轴正向，$\boldsymbol{E}_{-A}$ 沿 x 轴负向。所以 A 点总电场强度的大小为

$$E_A = E_{+A} - E_{-A}$$

$$=\frac{q}{4\pi\varepsilon_0\left(r-\frac{l}{2}\right)^2}-\frac{q}{4\pi\varepsilon_0\left(r+\frac{l}{2}\right)^2}=\frac{q\cdot 2lr}{4\pi\varepsilon_0\left[\left(r-\frac{l}{2}\right)\left(r+\frac{l}{2}\right)\right]^2}$$

因为 $r \gg l$，故

$$E_A \approx \frac{2ql}{4\pi\varepsilon_0 r^3}=\frac{2p}{4\pi\varepsilon_0 r^3}$$

$\boldsymbol{E}_A$ 沿 x 轴正向，与电偶极矩 $\boldsymbol{p}$ 同方向，所以

$$\boldsymbol{E}_A=\frac{2\boldsymbol{p}}{4\pi\varepsilon_0 r^3}$$

同样方法可得 B 点的电场强度为

$$E_B=E_{+B}\cos\theta+E_{-B}\cos\theta=2E_{+B}\cos\theta$$

$$E_B=2\times\frac{q}{4\pi\varepsilon_0\left(r^2+\frac{l^2}{4}\right)}\cdot\frac{l}{2\sqrt{r^2+\frac{l^2}{4}}}=\frac{ql}{4\pi\varepsilon_0\left(r^2+\frac{l^2}{4}\right)^{\frac{3}{2}}}$$

因为 $r \gg l$，故

$$E_B \approx \frac{ql}{4\pi\varepsilon_0 r^3}=\frac{p}{4\pi\varepsilon_0 r^3}$$

考虑到方向，有

$$\boldsymbol{E}_B=-\frac{\boldsymbol{p}}{4\pi\varepsilon_0 r^3}$$

例 9.2 有一均匀带电直线，长为 L，带电荷量为 q，设线外某一点 P 离开直线的垂直距离为 d，P 点和直线两端的连线与直线之间的夹角分别为 θ_1 和 θ_2 。求 P 点的电场强度。

解：

均匀带电直线可以理解为实际问题中一根带电直棒的抽象模型，如果我们仅限于考虑离棒的距离比棒的截面尺寸大得多的地方的电场，则该带电直棒就可以看做一条带电直线。P 点处的电场强度可以通过积分来求解。

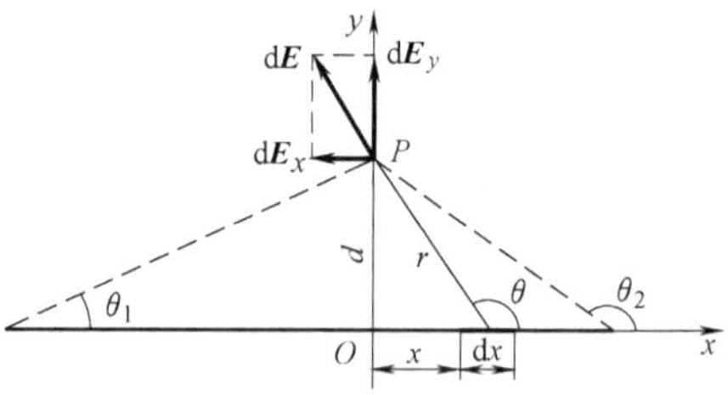

图 9.6 带电直线空间的电场

取坐标如图 9.6 所示，电荷元 $\mathrm{d}x$ 的坐标为 x，其电荷量为

$$\mathrm{d}q=\lambda\mathrm{d}x=\frac{q}{L}\mathrm{d}x$$

此电荷元在 P 点产生的电场强度为

$$\mathrm{d}\boldsymbol{E}=\frac{\mathrm{d}q}{4\pi\varepsilon_0 r^2}\boldsymbol{e}_r$$

电场强度是一个矢量，d$\boldsymbol{E}$ 在此坐标系中的分量分别为 $dE_x = dE\cos\theta$，$dE_y = dE\sin\theta$。进行积分运算，得到总电场强度的分量

$$E_x = \int dE_x = \int dE\cos\theta = \int \frac{\lambda dx}{4\pi\varepsilon_0 r^2}\cos\theta$$

$$E_y = \int dE_y = \int dE\sin\theta = \int \frac{\lambda dx}{4\pi\varepsilon_0 r^2}\sin\theta$$

这两个积分中含有三个变量 x，r 和 θ，利用三变量之间的几何关系，可将它们化为一个变量，比如 θ 再来积分。利用

$$r = \frac{d}{\sin\theta}, x = -d\cot\theta, dx = \frac{d}{\sin^2\theta}d\theta$$

代入以上两个积分，并确定积分上、下限，进行积分后得

$$E_x = \int_{\theta_1}^{\theta_2} \frac{\lambda}{4\pi\varepsilon_0 d}\cos\theta d\theta = \frac{\lambda}{4\pi\varepsilon_0 d}(\sin\theta_2 - \sin\theta_1)$$

$$E_y = \int_{\theta_1}^{\theta_2} \frac{\lambda}{4\pi\varepsilon_0 d}\sin\theta d\theta = \frac{\lambda}{4\pi\varepsilon_0 d}(\cos\theta_1 - \cos\theta_2)$$

写成矢量的形式为

$$\boldsymbol{E} = E_x\boldsymbol{i} + E_y\boldsymbol{j}$$

对其结果进行讨论：

1）当 $d \ll L$ 时，P 点离开带电直线很近，这时带电直线可看做无限长，取 $\theta_1 = 0$ 和 $\theta_2 = \pi$ 代入，得

$$E_x = 0, \quad E_y = \frac{\lambda}{2\pi\varepsilon_0 d}$$

2）对于半无限长情况，取 $\theta_1 = \frac{\pi}{2}$ 和 $\theta_2 = \pi$ 代入，得

$$E_x = -\frac{\lambda}{4\pi\varepsilon_0 d}, \quad E_y = \frac{\lambda}{4\pi\varepsilon_0 d}$$

例 9.3 真空中一均匀带电圆环，圆环半径为 R，带电荷量 q，试计算圆环轴线上任一点 P 的电场强度。

解：取环的轴线为 x 轴，轴上 P 点与环心的距离为 x。在圆环上取线元 dl，它与 P 点的距离为 r，如图 9.7 所示。则

$$dq = \lambda dl = \frac{q}{2\pi R}dl$$

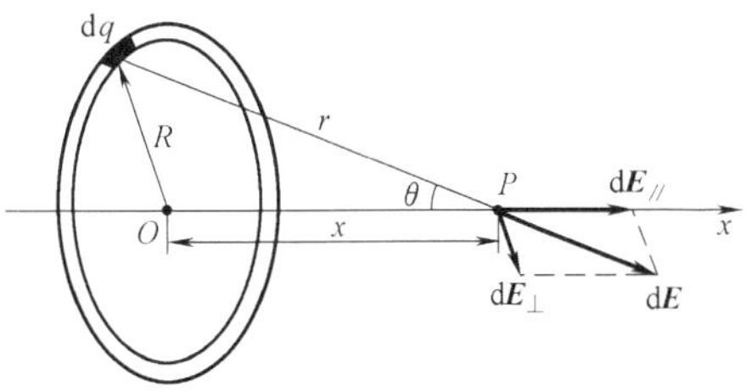

图 9.7 带电圆环空间的电场

dq 在 P 点产生的电场强度 d$\boldsymbol{E}$ 的方向如图所示，大小为

$$dE = \frac{\lambda dl}{4\pi\varepsilon_0 r^2}$$

d**E** 与 x 轴平行的分量

$$dE_{//} = \frac{\lambda dl}{4\pi\varepsilon_0 r^2}\cos\theta$$

d**E** 与 x 轴垂直的分量

$$dE_{\perp} = \frac{\lambda dl}{4\pi\varepsilon_0 r^2}\sin\theta$$

根据对称性，带电圆环上在同一直径两端取相等的电荷元在 P 点产生的电场强度在垂直于 x 轴方向的分量互相抵消。所以，P 点的总电场强度的方向一定沿 x 轴，即

$$E = \int_L dE_{//} = \int_L \frac{\lambda dl}{4\pi\varepsilon_0 r^2}\cos\theta = \int_L \frac{\lambda dl}{4\pi\varepsilon_0 r^2}\frac{x}{r}$$

$$= \frac{x}{4\pi\varepsilon_0 r^3}\int_0^{2\pi R}\lambda dl = \frac{qx}{4\pi\varepsilon_0 (R^2 + x^2)^{3/2}}$$

当 $q>0$ 时，$\boldsymbol{E}$ 沿 x 轴正方向；当 $q<0$ 时，$\boldsymbol{E}$ 沿 x 轴负方向。在环心处 $\boldsymbol{E}=0$；当 $x \gg R$ 时，$E \approx \dfrac{q}{4\pi\varepsilon_0 x^2}$，此时带电圆环近似为一点电荷。

例 9.4 设均匀带电圆盘半径为 R，电荷面密度为 $\sigma(\sigma>0)$，如图 9.8 所示。求圆面轴线上距离圆心 x 处场点 P 的电场强度。

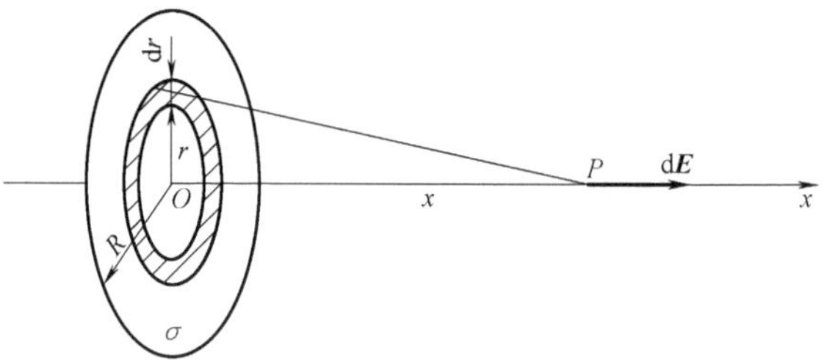

图 9.8 均匀带电圆盘轴线上的电场强度

解：一带电平板，如果其面积的线度及考察点到平板的距离都远远大于它的厚度，该带电板就可以看做一个带电平面。带电圆盘可看成由许多同心的带电细圆环组成。取一个半径为 r，宽度为 dr 的细圆环（即将圆盘分割成许多圆环），由于此环的面积为 $2\pi r \cdot dr$，带有电荷 $\sigma \cdot 2\pi r dr$，所以由上一例题可知，此圆环电荷在 P 点的电场强度大小为

$$dE = \frac{\sigma \cdot 2\pi r dr \cdot x}{4\pi\varepsilon_0 (r^2 + x^2)^{3/2}}$$

其方向沿着轴线指向远方。由于组成圆面的各圆环的电场 dE 的方向都相同，所以 P 点的总电场强度为各个圆环在 P 点电场强度的大小的积分，即

$$E = \int dE = \frac{\sigma x}{2\varepsilon_0}\int_0^R \frac{r dr}{(r^2 + x^2)^{3/2}} = \frac{\sigma}{2\varepsilon_0}\left[1 - \frac{x}{(R^2 + x^2)^{1/2}}\right]$$

其方向也垂直于圆面指向远方。

当 $x \ll R$ 时，有

$$E = \frac{\sigma}{2\varepsilon_0}$$

此时相对于 x，可将该带电圆盘看做“无限大”带电平面。因此，可以说，在一无限大均匀带电平面外的电场是一个均匀场，其大小由上式给出。

当 $x \gg R$ 时，

$$\frac{1}{\sqrt{1+\frac{R^2}{x^2}}} \approx 1-\frac{R^2}{2x^2}$$

于是

$$E \approx \frac{\pi R^2 \sigma}{4\pi\varepsilon_0 x^2} = \frac{q}{4\pi\varepsilon_0 x^2}$$

式中，$q=\sigma\pi R^2$ 为圆面所带的总电荷量。这一结果也说明，在远离带电圆面处的电场也相当于一个点电荷的电场。

第三节 静电场中的高斯定理

上一节我们研究了描述电场性质的一个重要物理量——电场强度，并从叠加原理出发讨论了点电荷系和带电体的电场强度。为了更形象地描述电场，本节将在介绍电场线的基础上，引入电通量的概念；并导出静电场的重要定理——高斯定理。

一、电场线 电通量

（一）电场线

因为电场中每一点的电场强度 $\boldsymbol{E}$ 都有一定的方向和大小，所以我们在电场中描绘一系列的曲线，使曲线上每一点的切线方向都与该点处电场强度 $\boldsymbol{E}$ 的方向一致，这些曲线叫做**电场线**。电场线的概念是法拉第首先提出的。电场线上的箭头表示线上各点切线应取的正方向，如图 9.9 所示。

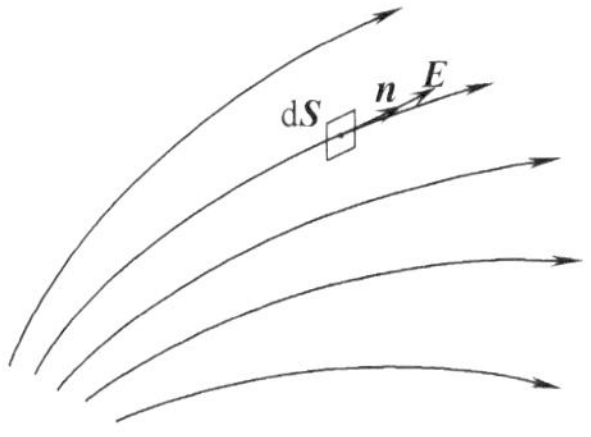

图 9.9 电场线

为了使电场线不仅表示电场中电场强度的方向，而且表示电场强度的大小，我们对电场线作如下的规定：在电场中任一点，取一垂直于该点电场强度方向的面积元，使通过单位面积的电场线数目，等于该点电场强度 $\boldsymbol{E}$ 的量值，即

$$E=\frac{\mathrm{d}N}{\mathrm{d}S} \tag{9.14}$$

式中，$\frac{\mathrm{d}N}{\mathrm{d}S}$ 称为**电场线密度**。由此可见，电场线在某点处的切向代表该点电场强度的方向，而电场线在某点处的密度代表该点电场强度的大小。事实上，对于所有的矢量分布（矢量场），都可以用相应的矢量线来形象地描述，如电流场可以

用电流线来描述，磁感应强度场可以用磁感应线来描述，其描述方法基本上相同。

图 9.10 所示为几种带电系统的电场线。可以看出，静电场的电场线有如下性质：

1）电场线起自正电荷（或来自无限远处），终止于负电荷（或伸向无限远处），不会在没有电荷的地方中断。

2）电场线不能形成闭合曲线。

3）任何两条电场线不会相交。

应该注意，虽然实际电场中并不存在电场线，但引入电场线概念可以形象地描绘出电场的总体情况，对于分析某些实际问题很有帮助。在研究某些复杂的电场时，如电子管内部的电场、高压电器设备附近的电场，常采用模拟的方法把它们的电场线画出来。

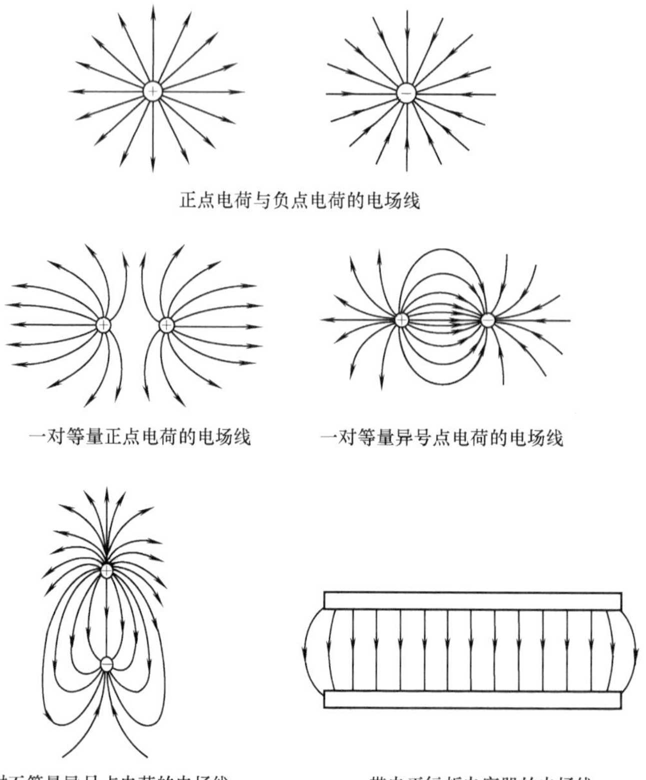

正点电荷与负点电荷的电场线

一对等量正点电荷的电场线　一对等量异号点电荷的电场线

一对不等量异号点电荷的电场线　带电平行板电容器的电场线

图 9.10　几种带电系统的电场线

（二）电通量

我们把通过电场中某一个面的电场线数叫做通过这个面的**电通量**，用符号 Ψ_e 表示。下面分两种情况讨论。

1. 匀强电场

如图 9.11a 所示。这是一个匀强电场，匀强电场的电场强度处处相等，所以电场线密度也应处处相等。这样，通过面 S 的电通量为

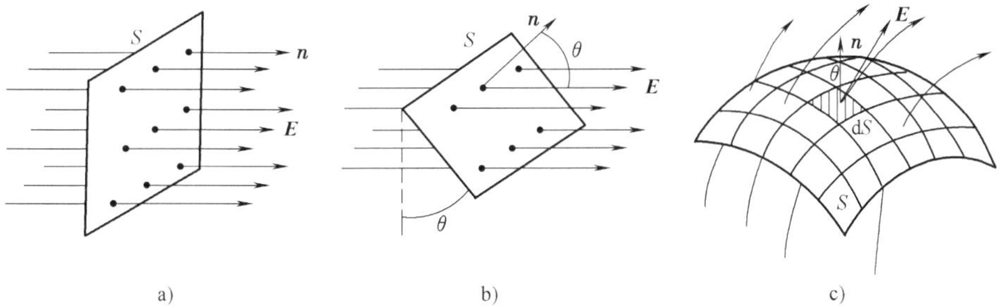

图 9.11 电通量

$$\Psi_e = ES \tag{9.15}$$

如果平面 S 与匀强电场的 $\boldsymbol{E}$ 不垂直，那么面 S 在电场空间可取许多方位。为了把面 S 在电场中的大小和方位两者同时表示出来，我们引入面积矢量 $\boldsymbol{S}$，规定其大小为 S，其方向用它的单位法线矢量 $\boldsymbol{n}$ 来表示，有 $\boldsymbol{S}=S\boldsymbol{n}$ 在图 9.11b 中，面 S 的单位法线矢量 $\boldsymbol{n}$ 与电场强度 $\boldsymbol{E}$ 之间的夹角为 θ 。因此，这时通过面 S 的电通量为

$$\Psi_e = ES\cos\theta \tag{9.16}$$

由矢量标积的定义可知

$$\Psi_e = \boldsymbol{E}\cdot\boldsymbol{S} = \boldsymbol{E}\cdot\boldsymbol{n}S \tag{9.17}$$

2. 非匀强电场

如果电场是非匀强电场，并且面 S 不是平面，而是任意曲面，如图 9.11c 所示，则可以把曲面分成无限多个面积元 $\mathrm{d}\boldsymbol{S}$，每个面积元 $\mathrm{d}\boldsymbol{S}$ 都可看成是一个小平面，而且在面积元 $\mathrm{d}\boldsymbol{S}$ 上，$\boldsymbol{E}$ 也可以看成处处相等。仿照上面的办法，若 $\boldsymbol{n}$ 为面积元 $\mathrm{d}S$ 的单位法线矢量，则 $\mathrm{d}\boldsymbol{S}=\boldsymbol{n}\mathrm{d}S$。如设面积元 $\mathrm{d}S$ 的单位法线矢量 $\boldsymbol{n}$ 与该处的电场强度 $\boldsymbol{E}$ 成 θ 角，于是，通过面积元 $\mathrm{d}S$ 的电通量为

$$\mathrm{d}\Psi_e = E\mathrm{d}S\cos\theta = \boldsymbol{E}\cdot\mathrm{d}\boldsymbol{S} \tag{9.18}$$

所以通过曲面 S（图 9.11c）的电通量 Ψ_e 等于通过面 S 上所有面积元 $\mathrm{d}\boldsymbol{S}$ 电通量 $\mathrm{d}\Psi_e$ 的总和，即

$$\Psi_e = \int_S \mathrm{d}\Psi_e = \int_S E\cos\theta\mathrm{d}S = \int_S \boldsymbol{E}\cdot\mathrm{d}\boldsymbol{S} \tag{9.19}$$

如果曲面是闭合曲面，式（9.19）中的曲面积分应换成对闭合曲面积分，闭合曲面积分用“$\oint_S$”表示，故通过闭合曲面如图 9.12 所示的电通量为

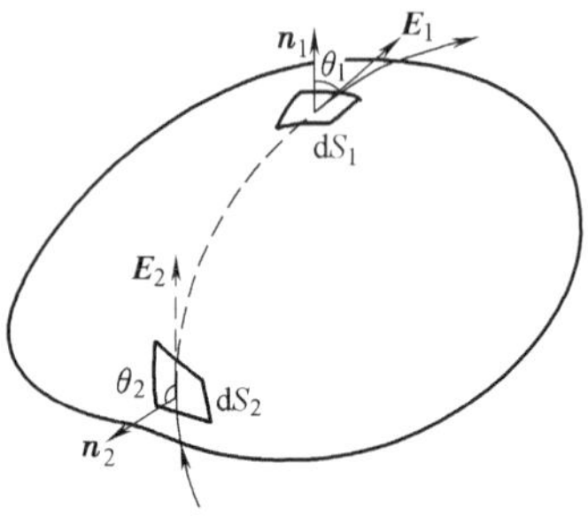

图 9.12　通过闭合曲面的电通量

$$\Psi_e = \oint_S \boldsymbol{E} \cdot \mathrm{d}\boldsymbol{S}$$

一般来说，通过闭合曲面的电场线，有些是“穿进”的，有些是“穿出”的。这也就是说，通过曲面上各个面积元的电通量 $\mathrm{d}\Psi_e$ 有正、有负。为此规定：曲面上某点的法线矢量的方向是垂直指向曲面外侧的。因此，对于闭合曲面，约定外法线方向为正，在电场线穿出曲面的地方，电通量 $\mathrm{d}\Psi_e$ 为正；在电场线进入曲面的地方，电通量 $\mathrm{d}\Psi_e$ 为负。如图 9.12 所示，通过 $\mathrm{d}S_1$ 面元的电通量为正，通过 $\mathrm{d}S_2$ 面元的电通量为负。

二、静电场中的高斯定理

高斯（C. F. Gauss，1777—1855）是德国物理学家、天文学家和数学家，他在实验物理和理论物理以及数学方面都做出了很多贡献，他导出的高斯定理是电磁学的一条重要规律，是静电场有源性的完美的数学表达。他与另一位德国物理学家 W.E. 韦伯（Wilhelm Eduard Weber，1804—1891）制成第一台有线电报机和建立了地磁观测台。

（一）高斯定理的验证

高斯定理是用电通量表示的电场和场源电荷关系的定理，它给出了通过任意闭合曲面的电通量与闭合曲面内部所包围的电荷的关系。下面我们从简单情况开始，逐步导出这个定理。

设真空中有一个正点电荷 q，被置于半径为 R 的球面中心 O，由点电荷电场强度公式可知，球面上各点电场强度 $\boldsymbol{E}$ 的大小均等于

$$E = \frac{1}{4\pi\varepsilon_0}\frac{q}{R^2}$$

$\boldsymbol{E}$ 的方向垂直于球面。这样，通过球面上小面元 dS 的电通量为

$$\mathrm{d}\Psi_e = \boldsymbol{E} \cdot \mathrm{d}\boldsymbol{S} = E\cos 0^\circ \mathrm{d}S = \frac{q\mathrm{d}S}{4\pi\varepsilon_0 R^2}$$

于是，通过整个球面的电通量为

$$\Psi_e = \oint_S d\Psi_e = \oint_S \boldsymbol{E} \cdot d\boldsymbol{S} = \frac{q}{4\pi\varepsilon_0 R^2}\oint_S dS = \frac{q}{4\pi\varepsilon_0 R^2}4\pi R^2$$

得

$$\Psi_e = \oint_S \boldsymbol{E} \cdot d\boldsymbol{S} = \frac{q}{\varepsilon_0}$$

即通过球面的电通量等于球面所包围的电荷 q 除以真空电容率。用电场线的图像来说，这表示通过各球面的电场线总条数相等，或者说，从点电荷 q 发出的电场线连续地延伸到无穷远处。

上面讨论的是一种很特殊的情况，包围点电荷的闭合曲面是以点电荷为球心的球面。如果包围点电荷的闭合曲面形状是任意的，如图 9.13a 所示。S' 这个闭合曲面上穿过的电场线条数与穿过 S 的电场线条数完全一样，即它们的 E 通量都是 q/ε_0 。在这里，S 与 S' 显然都有一个共同的特点，即它们都包围着 q。

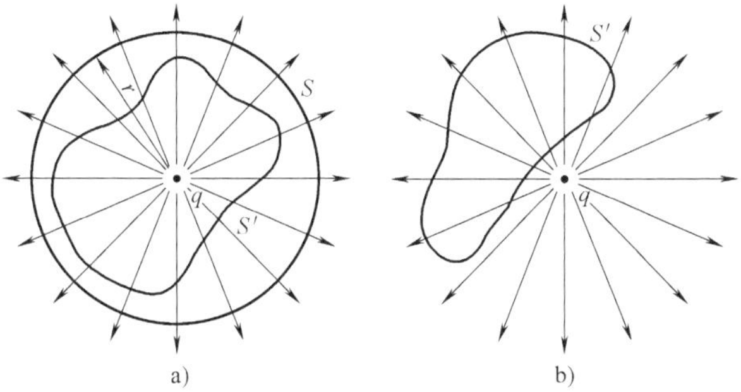

图 9.13 高斯定理的推导

在图 9.13b 中，同样是在一个点电荷的电场中，闭合曲面 S' 的电通量也可以通过分析得到。由于没有包围住 q，并且 S' 是闭合的，所以穿进与穿出 S' 的电场线数目一样多，即通过 S' 的电通量为零。

基于上述分析我们可以得到如下结论：在一个点电荷电场中，通过任意一个闭合曲面 S 的电通量或者为 q/ε_0 或者为零，即

$$\Psi_e = \oint_S \boldsymbol{E} \cdot d\boldsymbol{S} = \begin{cases} \dfrac{q}{\varepsilon_0} & (S\text{ 包围着 } q) \\ 0 & (S\text{ 没有包围着 } q) \end{cases} \tag{9.20}$$

以上是在点电荷电场中得到的结论。根据叠加原理，任意一个静电场都可以看成是点电荷电场的叠加。即在电场中任一点处的电场强度应该等于这些点电荷单独存在时在该点产生的电场强度的矢量和，即

$$\boldsymbol{E} = \boldsymbol{E}_1 + \boldsymbol{E}_2 + \cdots + \boldsymbol{E}_n$$

式中，$\boldsymbol{E}_1$，$\boldsymbol{E}_2$，…，$\boldsymbol{E}_n$ 为各个点电荷单独存在时在曲面 $d\boldsymbol{S}$ 处产生的电场；$\boldsymbol{E}$ 表示总电场。这时通过任意闭合曲面 S 的总电场的电通量为

$$\Psi_e = \oint_S \boldsymbol{E} \cdot d\boldsymbol{S} = \oint_S (\boldsymbol{E}_1 + \boldsymbol{E}_2 + \cdots + \boldsymbol{E}_n) \cdot d\boldsymbol{S}$$

$$= \oint_S \boldsymbol{E}_1 \cdot d\boldsymbol{S} + \oint_S \boldsymbol{E}_2 \cdot d\boldsymbol{S} + \cdots + \oint_S \boldsymbol{E}_n \cdot d\boldsymbol{S} \tag{9.21}$$

式中求和的每一项积分都表示一个点电荷单独存在时通过闭合曲面 S 的电通量。式（9.21）表明电通量遵从叠加原理，即通过闭合曲面 S 的电通量等于各点电荷通过 S 面的电通量之和。每个电荷通过 S 面的电通量，按上面的结论，取决于该点电荷是否被闭合曲面 S 包围。例如，q_i 被 S 包围，相应的项就取为 q_i/ε_0；q_i 没有被 S 包围，则相应的项就取为 0。如果被包围的点电荷有 n 个，则通过 S 的总电场的电通量为

$$\Psi_e = \oint_S \boldsymbol{E}_1 \cdot d\boldsymbol{S} + \oint_S \boldsymbol{E}_2 \cdot d\boldsymbol{S} + \cdots + \oint_S \boldsymbol{E}_n \cdot d\boldsymbol{S}$$

$$= \frac{q_1}{\varepsilon_0} + \frac{q_2}{\varepsilon_0} + \cdots + \frac{q_n}{\varepsilon_0}$$

$$= \frac{q_1 + q_2 + \cdots + q_n}{\varepsilon_0} \tag{9.22}$$

我们用 $\sum\limits_{S内} q_i$ 表示 S 包围住的点电荷电荷量的代数和，即 $\sum\limits_{S内} q_i = q_1 + q_2 + \cdots + q_n$，则式（9.22）可以改写为

$$\Psi_e = \oint_S \boldsymbol{E} \cdot d\boldsymbol{S} = \frac{1}{\varepsilon_0} \sum_{S内} q_i \tag{9.23}$$

式（9.23）就是高斯定理的数学表达式，它表明：在真空中的静电场内，通过任意一个闭合曲面的电通量等于该闭合曲面所包围的电荷的电荷量的代数和的 $1/\varepsilon_0$ 倍，与闭合曲面外的电荷无关。

高斯定理的理解应注意以下几点：

1）高斯定理表达式左边的电场强度 $\boldsymbol{E}$ 是曲面上 $d\boldsymbol{S}$ 处的电场强度，它是由全部电荷（包括闭合曲面内外）共同产生的总电场强度，并非只由闭合曲面内的电荷产生。

2）通过闭合曲面的总电通量只与该曲面内部的电荷有关，闭合曲面外的电荷对总电通量没有贡献，但对曲面上的电场强度 $\boldsymbol{E}$ 有贡献。

3）静电场的高斯定理是和静电场的有源性联系在一起的。高斯定理告诉我们，一个闭合曲面若围住了正电荷，则通过曲面的电通量为正，即有电力线从曲面上穿出；若围住了负电荷，则通过曲面的电通量为负，即有电场线从曲面上穿入。这意味着电场线确实是发出于正电荷，终止于负电荷的。静电场的高斯定理实际上是静电场有源性的数学表达。

（二）高斯定理的应用

如果带电体的电荷分布已知，根据高斯定理很容易求通过得任意闭合曲面的

电通量，但不一定能确定曲面上各点的电场强度。只有当电荷分布具有某些对称性并取合适的闭合曲面时，才可以利用高斯定理方便地计算电场强度。下面举几个例子，说明如何应用高斯定理来计算对称分布的电场的电场强度。

例 9.5 设有一半径为 R，均匀带正电 Q 的球面，如图 9.14 所示，求球面内部和外部任意点的电场强度。

解：分析可知，空间的电场具有球对称性，即到球心距离相同的点处，电场强度相等，电场强度的方向沿半径方向向外。

设到球心的距离为 r 处的电场强度大小为 E，以 r 为半径取一球面为高斯面。

（1）带电球面内部（$0 < r < R$）

$$\oint_S \boldsymbol{E} \cdot \mathrm{d}\boldsymbol{S} = 0$$

$$E = 0$$

即球内任一点处的电场强度为零。

（2）带电球面外部（$r > R$）

$$\oint_S \boldsymbol{E} \cdot \mathrm{d}\boldsymbol{S} = E \cdot 4\pi r^2 = \frac{Q}{\varepsilon_0}$$

$$E = \frac{Q}{4\pi\varepsilon_0 r^2} \tag{9.24}$$

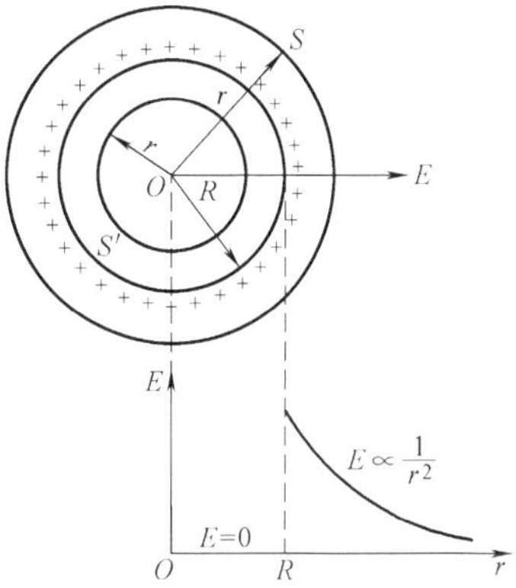

图 9.14 带电球面空间的电场

球外某点的电场强度等同于把全部电荷集中于球心处的点电荷空间的电场强度。

例 9.6 求无限长、均匀带电直线周围的电场强度分布。

解：设 λ 为带电直线单位长度上所带电荷量，即带电荷的线密度。

分析无限长均匀带电直线周围的电场强度分布情况：结论是关于直导线对称分布，即到直线距离相同的点上电场强度的大小相等，电场强度的方向沿垂直于带电直线的方向，呈辐射状（带负电向里、带正电向外），如图 9.15 所示。

大小的计算：应用高斯定理。

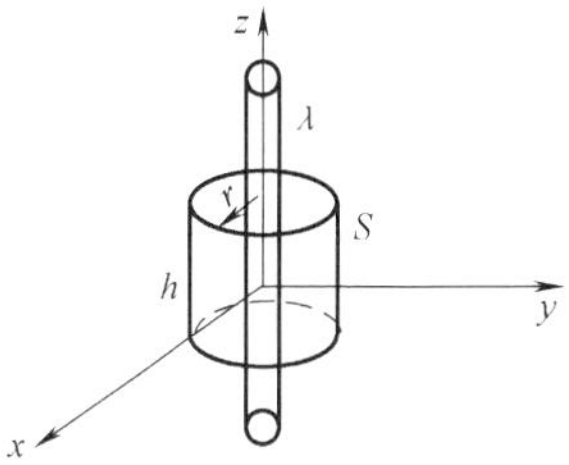

图 9.15 长直带电导线空间的电场

取以直线为轴、高为 h、底面半径为 r 的正圆柱面为高斯面，则高斯面侧面上的每一点电场强度的大小相等，设为 E。

依据高斯定理

$$\oint_S \boldsymbol{E} \cdot \mathrm{d}\boldsymbol{S} = \frac{1}{\varepsilon_0}\sum_{S内} q_i$$

有

$$\oint_S \boldsymbol{E} \cdot \mathrm{d}\boldsymbol{S} = \int_{侧} \boldsymbol{E} \cdot \mathrm{d}\boldsymbol{S} = E \cdot 2\pi r h = \frac{\lambda h}{\varepsilon_0}$$

则有

$$E=\frac{\lambda}{2\pi\varepsilon_0 r} \tag{9.25}$$

例 9.7 求无限大均匀带电平面附近，距离该平面为 r 处某点的电场强度（无限大均匀带电平面所带电荷的面密度设为 σ）。

解：距平面为 r 处某点的电场强度的计算方法：分析可知，距离平面相同的那些点的电场强度的大小相等，方向离开平面向外（平面带正电时）。

选取一高斯面：以 ΔS 为底、高为 $2r$ 的圆柱面，如图 9.16 所示。应用高斯定理，有

$$\oint_S \boldsymbol{E}\cdot \mathrm{d}\boldsymbol{S}=2E\Delta S=\frac{\sigma\Delta S}{\varepsilon_0}$$

说明：通过侧面的电通量为零。

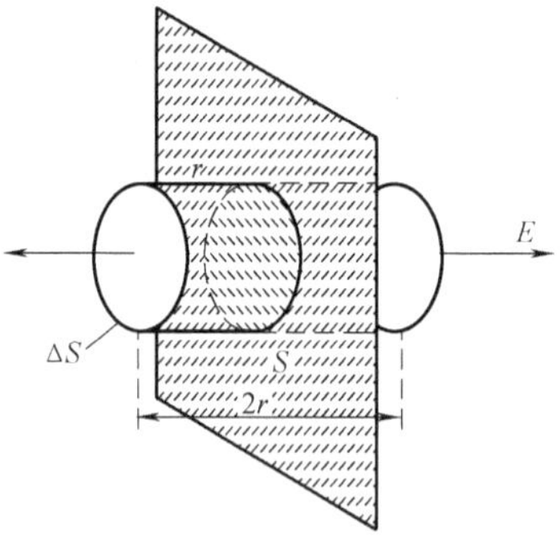

图 9.16 无限大均匀带电平面空间的电场

得

$$E=\frac{\sigma}{2\varepsilon_0} \tag{9.26}$$

式（9.26）表明，无限大均匀带电平面两侧是匀强电场。

利用上述结果，应用电场强度叠加原理，可以求出真空中带等量异号电荷的一对无限大平行薄板间的电场强度为

$$E=\frac{\sigma}{\varepsilon_0} \tag{9.27}$$

两板外侧的电场强度则为零。对平行板电容器之间的电场强度，可以直接应用这个结果。

第四节 静电场的环路定理 电势

在牛顿力学中，我们曾论证了保守力——万有引力和弹性力对质点做功只与起始和终了位置有关，而与路径无关这一重要特性，并由此引入相应的势能概念。那么静电场力——库仑力的情况怎样呢？是否也具有保守力做功的特性而可引入电势能的概念？

一、电场力的功

如图 9.17 所示，有一正电荷 q 固定于原点 O，试验电荷 q_0 在 q 的电场中由 A 沿任意路径 ACB 到达点 B。在路径上点 C 处取位移元 $\mathrm{d}\boldsymbol{l}$，从原点 O 到点 C 的径矢为 $\boldsymbol{r}$。电场力对 $\boldsymbol{q}_0$ 做的元功为

$$dA = q_0 \boldsymbol{E} \cdot d\boldsymbol{l}$$

已知点电荷的电场强度为

$$\boldsymbol{E} = \frac{1}{4\pi\varepsilon_0}\frac{q}{r^2}\boldsymbol{e}_r$$

式中，$\boldsymbol{e}_r$ 为沿径矢的单位矢量，于是元功可写为

$$dA = \frac{1}{4\pi\varepsilon_0}\frac{qq_0}{r^2}\boldsymbol{e}_r \cdot d\boldsymbol{l}$$

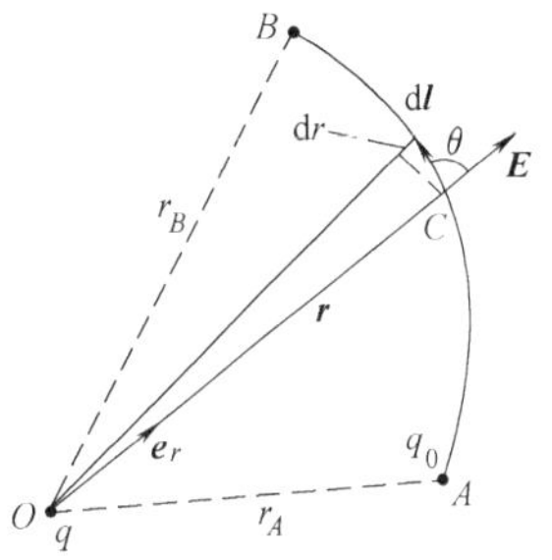

图 9.17 电场力做功

从图 9.17 可以看出，$\boldsymbol{e}_r \cdot d\boldsymbol{l} = dl\cos\theta = dr$，式中 θ 是 C 点处的 $\boldsymbol{E}$ 与 $d\boldsymbol{l}$ 之间的夹角。因此，上式可写成

$$dA = \frac{1}{4\pi\varepsilon_0}\frac{qq_0}{r^2}dr$$

于是，在试验电荷 q_0 从点 A 移至点 B 的过程中，电场力所做的总功为

$$A = \int dA = \frac{qq_0}{4\pi\varepsilon_0}\int_{r_A}^{r_B}\frac{dr}{r^2} = \frac{qq_0}{4\pi\varepsilon_0}\left(\frac{1}{r_A} - \frac{1}{r_B}\right) \tag{9.28}$$

式中，r_A 和 r_B 分别为试验电荷移动时的起点和终点距点电荷 q 的距离。式(9.28) 表明，在点电荷 q 的非匀强电场中，电场力对试验电荷 q_0 所做的功，只与其移动时的起始和终了位置有关，与所经历的路径无关。

我们可以把带电体划分为许多带电元，每一带电元都可以看做是一个点电荷。于是，可以把带电体系看成点电荷系，由电场强度叠加原理可知，总电场强度 $\boldsymbol{E}$ 是各点电荷 $q_1, q_2, \cdots, q_n$ 分别单独产生的电场强度 $\boldsymbol{E}_1$，$\boldsymbol{E}_2$，…，$\boldsymbol{E}_n$ 的矢量和，因此任意带电体的电场力所做的功为

$$A = q_0\int_l \boldsymbol{E} \cdot d\boldsymbol{l} = q_0\int_l \boldsymbol{E}_1 \cdot d\boldsymbol{l} + q_0\int_l \boldsymbol{E}_2 \cdot d\boldsymbol{l} + \cdots + q_0\int_l \boldsymbol{E}_n \cdot d\boldsymbol{l} \tag{9.29}$$

上式中每一项都与路径无关，所以它们的代数和也必然与路径无关。于是得出结论：**一试验电荷 q_0 在静电场中从一点沿任意路径运动到另一点时，静电场力对它所做的功仅与试验电荷 q_0 及路径的起点和终点位置有关，而与该路径无关。**

应当指出，在静电场中，电场力对试验电荷做功与路径无关是静电场的一个重要性质，这与万有引力和弹性力做功的特性是一样的。

二、静电场的环路定理

静电场力做功与路径无关的特性还可以用另一种形式来表达。如图 9.18 所示，设试验电荷 q_0 从电场中 A 点经任意路径 ABC 到达 C 点，再从 C 点经另一路径 CDA 回到 A 点，则电场力在整个闭合路径 $ABCDA$ 上做功为

$$A = q_0\oint_l \boldsymbol{E} \cdot d\boldsymbol{l} = q_0\int_{ABC} \boldsymbol{E} \cdot d\boldsymbol{l} + q_0\int_{CDA} \boldsymbol{E} \cdot d\boldsymbol{l} = q_0\int_{ABC} \boldsymbol{E} \cdot d\boldsymbol{l} - q_0\int_{ADC} \boldsymbol{E} \cdot d\boldsymbol{l} = 0$$

由于 $q_0 \neq 0$，所以

$$\oint_l \boldsymbol{E} \cdot \mathrm{d}\boldsymbol{l} = 0 \quad (9.30)$$

式（9.30）的左边是电场强度 $\boldsymbol{E}$ 沿闭合路径的积分，称为静电场 $\boldsymbol{E}$ 的环流。它表明，在**静电场中，电场强度 $\boldsymbol{E}$ 的环流恒等于零**，这一结论称为**静电场的环流定理**。它与高斯定理一样，也是表述静电场性质的一个重要定理。

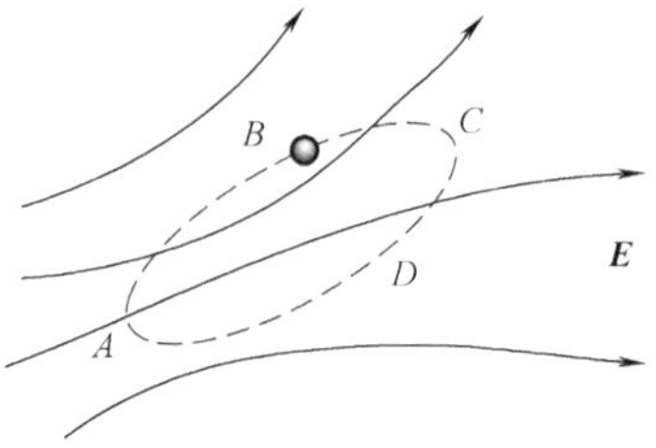

图 9.18　静电场的环流定理

至此，我们明白了静电场力与万有引力、弹性力一样，也是保守力；静电场也是保守场。

三、电势能

在力学中，为了反映重力、弹性力这一类保守力做功与路径无关的特点，我们曾引进重力势能和弹性势能。从上面的讨论中我们知道，静电场力也是保守力，它对试验电荷所做的功也具有与路径无关的特性，因此也可以引进相应的势能。

与物体在重力场中具有重力势能、并且可以用重力势能的改变来量度重力所做的功一样，我们可以认为，电荷在静电场中的一定位置上具有一定的电势能，这个电势能是属于电荷——电场系统的，而静电场力对电荷做的功就等于电荷电势能的改变量。如果以 E_{pA} 和 E_{pB} 分别表示试验电荷 q_0 在电场中点 A 和点 B 处的电势能，则试验电荷从 A 移动到 B，静电场力对它做的功为

$$A_{AB} = E_{pA} - E_{pB} = -(E_{pB} - E_{pA})$$

或

$$q_0 \int_A^B \boldsymbol{E} \cdot \mathrm{d}\boldsymbol{l} = E_{pA} - E_{pB} = -(E_{pB} - E_{pA}) \quad (9.31)$$

在国际单位制中，电势能的单位是焦耳，符号为 J。

电势能也和重力势能一样，是一个相对的量。在重力场中，要决定某点的重力势能，就必须先选择一个势能为零的参考点，与此相似，要决定电荷在电场中某一点电势能的值，也必须先选择一个电势能参考点，并设该点的电势能为零。这个参考点的选择是任意的，处理问题时怎样方便就怎样选取。在式（9.31）中，若选 q_0 在 B 点处的电势能为零，即 $E_{pB} = 0$，则有

$$E_{pA} = q_0 \int_A^B \boldsymbol{E} \cdot \mathrm{d}\boldsymbol{l} \quad (E_{pB} = 0) \quad (9.32)$$

这表明，**试验电荷 q_0 在电场中某点处的电势能，在数值上等于把它从该点移到零势能处静电场力所做的功**。

一般对有限大带电体，常选无限远处电势能为零。这样，A 点的电势能为

$$E_{pA} = q_0 \int_A^{\infty} \boldsymbol{E} \cdot \mathrm{d}\boldsymbol{l} \quad (9.33)$$

即点电荷 q_0 在电场中任一点 A 的电势能 E_{pA}，等于将点电荷 q_0 从点 A 移到无限远处的过程中电场力所做的功。一般说来，这个功可正也可负，相应的电势能也有正有负。

应该指出，与任何形式的势能相同，电势能是试验电荷和电场的相互作用能，它属于试验电荷和电场组成的系统。

四、电势 电势差

式（9.33）表示电势能 E_{pA} 不仅与电场性质及 A 点位置有关，而且还与电荷 q_0 有关，而比值 E_{pA}/q_0 则与 q_0 无关，仅由电场性质和 A 点的位置决定。因此，E_{pA}/q_0 是描述电场中任一点 A 电场性质的一个基本物理量，称为 A 点的电势，用 V 表示，即

$$V_A = \frac{E_{pA}}{q_0} = \int_A^{\infty} \boldsymbol{E} \cdot \mathrm{d}\boldsymbol{l} \tag{9.34}$$

式（9.34）表明，电场中某一点 A 的电势 V_A 在数值上等于把单位正试验电荷从点 A 移到无限远处时，静电场力所做的功。

电势是标量，在国际单位制中，电势的单位是伏特，符号为 V。

静电场中任意两点 A 和 B 的电势之差称为 A，B 两点的**电势差**，也称为**电压**，用 U_{AB} 表示，即

$$U_{AB} = V_A - V_B = \int_A^{\infty} \boldsymbol{E} \cdot \mathrm{d}\boldsymbol{l} - \int_B^{\infty} \boldsymbol{E} \cdot \mathrm{d}\boldsymbol{l} = \int_A^{B} \boldsymbol{E} \cdot \mathrm{d}\boldsymbol{l}$$

上式表明，静电场中 A，B 两点的电势差等于单位正电荷从 A 点移到 B 点时电场力做的功。据此，当任一电荷 q_0 从 A 点移动到 B 点时，电场力做功为

$$A_{AB} = q_0(V_A - V_B) \tag{9.35}$$

电势零点的选择也是任意的。通常在场源电荷分布在有限空间时，取无穷远处为电势零点。但当场源电荷的分布广延到无穷远处时，不能再取无穷远处为电势零点，因为会遇到积分不收敛的困难而无法确定电势。这时可在电场内另选任一合适的电势零点。在许多实际问题中，常常选取地球为电势零点。

五、电势的计算

（一）点电荷的电势

在点电荷电场中，电场强度 $\boldsymbol{E}$ 为

$$\boldsymbol{E} = \frac{1}{4\pi\varepsilon_0} \frac{Q}{r^2} \boldsymbol{e}_r$$

根据电势的定义式（9.34），在选取无穷远处为电势零点时，电场中任一点 P 的电势为

$$V_P = \int_P^{\infty} \boldsymbol{E} \cdot \mathrm{d}\boldsymbol{l} = \int_r^{\infty} \frac{1}{4\pi\varepsilon_0} \frac{Q}{r^2} \mathrm{d}r = \frac{Q}{4\pi\varepsilon_0 r} \tag{9.36}$$

（二）点电荷系电场中的电势

设电场由 n 个点电荷组成的电荷系 Q_1，Q_2，…，Q_n 产生，按电场强度叠加原理，空间任意点的电场强度为各个点电荷单独存在时产生的电场强度 $\boldsymbol{E}_i$ 的矢量和，即

$$\boldsymbol{E} = \sum_{i=1}^{n} \boldsymbol{E}_i$$

这样，空间任意点 P 的电势为

$$V_P = \int_P^{\infty} \boldsymbol{E} \cdot \mathrm{d}\boldsymbol{l} = \int_P^{\infty} \sum_{i=1}^{n} \boldsymbol{E}_i \cdot \mathrm{d}\boldsymbol{l} = \sum_{i=1}^{n} \int_P^{\infty} \boldsymbol{E}_i \cdot \mathrm{d}\boldsymbol{l}$$

$$= \sum_{i=1}^{n} V_i = \sum_{i=1}^{n} \frac{Q_i}{4\pi\varepsilon_0 r_i} \tag{9.37}$$

式（9.37）的含义为：点电荷系电场在某场点的电势等于各个点电荷电场在同一场点的电势的代数和，这一结论称为**电势叠加原理**。

（三）连续分布电荷电场中的电势

对于连续分布电荷系统，可将其分成无限个电荷元 $\mathrm{d}q$，如图 9.19 所示，每个电荷元可以视为一个点电荷，其在 P 点产生的电势为

$$\mathrm{d}V = \frac{\mathrm{d}q}{4\pi\varepsilon_0 r}$$

按电势叠加原理，P 点的总电势为

$$V = \int \frac{\mathrm{d}q}{4\pi\varepsilon_0 r} \tag{9.38}$$

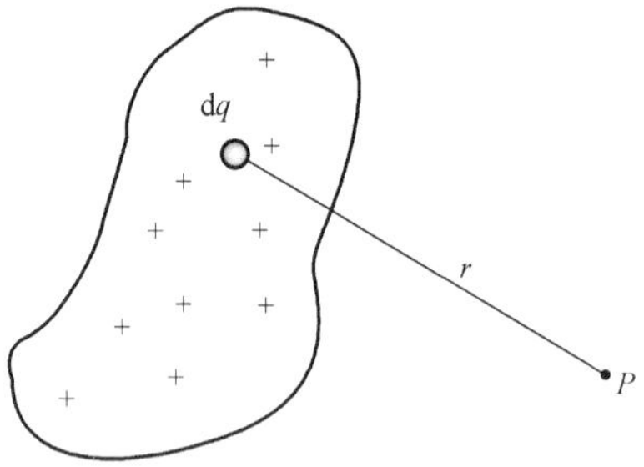

图 9.19　带电体空间的电势

式中，积分区间为电荷所在的空间。

总结：在真空中，当电荷系的电荷分布已知时，计算电势的方法有两种。

1）利用公式

$$V_A = \int_A^B \boldsymbol{E} \cdot \mathrm{d}\boldsymbol{l} + V_B$$

V_B 为参考点 B 的电势。应用上式求电势时，应注意参考点的选取，只有电荷分布在有限空间里，才能选无限远处的电势为零（$V_\infty = 0$）；还应注意，在积分路径上 E 的函数表达式必须是已知的。

2）利用点电荷电势的叠加原理，即

$$V = \frac{1}{4\pi\varepsilon_0} \int \frac{\mathrm{d}q}{r}$$

下面举几个用上述两种方法计算电势的例子，供大家分析比较。

例 9.8 如图 9.20 所示，正电荷 q 均匀地分布在半径为 R 的细环上。计算在环的轴线上与环心的距离为 x 处点 P 的电势。

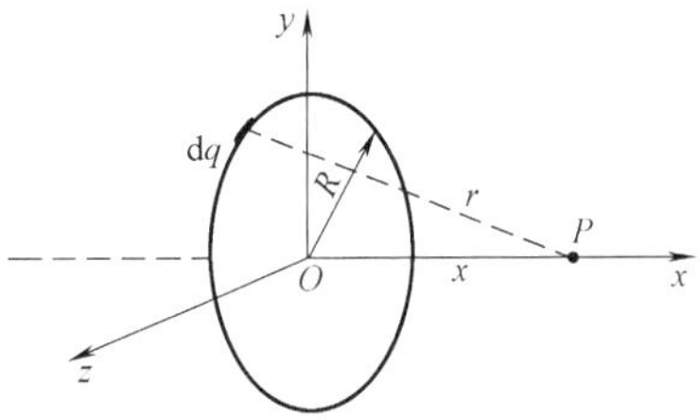

图 9.20 带电细环轴线上的电势

解：建如图所示的直角坐标系。

在圆环上取一电荷元 dq，其电荷的线密度为 λ，故有 $dq=\lambda dl=\frac{q}{2\pi R}dl$，电荷元 dq 在 P 点处的电势为

$$dV=\frac{1}{4\pi\varepsilon_0}\frac{dq}{r}=\frac{1}{4\pi\varepsilon_0}\cdot\frac{q}{2\pi R}\cdot\frac{dl}{r}$$

其中 $r=\sqrt{x^2+R^2}$。考虑到所有的电荷元在 P 点的电势的叠加，P 点处的电势为

$$V=\int dV=\frac{1}{4\pi\varepsilon_0}\int\frac{dq}{r}=\frac{1}{4\pi\varepsilon_0}\cdot\frac{q}{2\pi R}\cdot\frac{2\pi R}{r}=\frac{1}{4\pi\varepsilon_0}\cdot\frac{q}{\sqrt{x^2+R^2}}$$

例 9.9 求均匀带电球面的电场中的电势分布。球面半径为 R，所带电荷量为 q。

解：均匀带电球面的场强分布很有规律性，本题适宜用电势的定义式通过对电场强度的积分来求电势。以无限远为电势零点。若场点 P 在球面外，由于在球面外直到无限远处电场强度的分布都和电荷集中到球心处的一个点电荷的电场强度分布一样，因此，把电场强度从 P 点积分到无穷远的计算结果应与点电荷电场中的计算结果相同，即球面外任一点的电势应为

$$V=\int_r^{\infty}\boldsymbol{E}\cdot d\boldsymbol{r}=\int_r^{\infty}\frac{q}{4\pi\varepsilon_0 r^2}dr=\frac{q}{4\pi\varepsilon_0 r}\quad(r>R)$$

若 P 点在球面内（$r<R$），由于球面内、外电场强度的分布不同，所以定义式中的积分要分两段进行，即

$$V=\int_r^{\infty}\boldsymbol{E}\cdot d\boldsymbol{r}=\int_r^{R}\boldsymbol{E}\cdot d\boldsymbol{r}+\int_R^{\infty}\boldsymbol{E}\cdot d\boldsymbol{r}$$

由于在球面内各点电场强度为零，而球面外电场强度为点电荷的电场强度 $\boldsymbol{E}=\frac{1}{4\pi\varepsilon_0}\frac{q}{r^2}\boldsymbol{e}_r$，所以电势为

$$V=\int_r^{\infty}\boldsymbol{E}\cdot d\boldsymbol{r}=\int_R^{\infty}\frac{q}{4\pi\varepsilon_0 r^2}d\boldsymbol{r}=\frac{q}{4\pi\varepsilon_0 R}\quad(r\leqslant R)$$

这说明均匀带电球面内各点电势相等，都等于球面上的电势。电势随 r 的变化曲线（$V-r$ 曲线）如图 9.21 所示。和电场强度分布 $\boldsymbol{E}-r$ 曲线相比，可看出，在球面处（$r=R$）电场强度

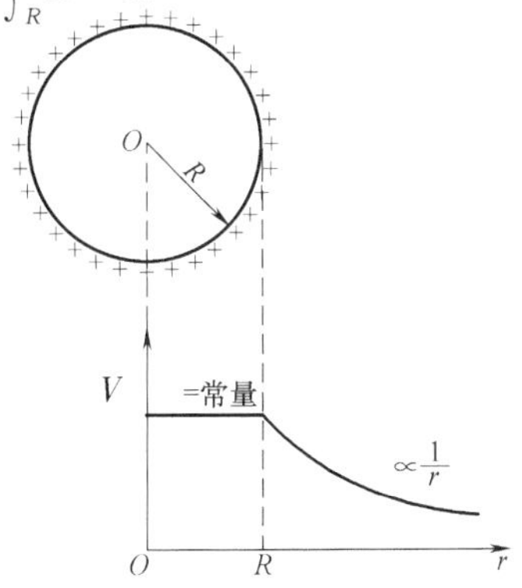

图 9.21 均匀带电球面空间的电势

不连续，而电势是连续的。在经典物理学中，能量始终是连续的。

例 9.10 求电荷线密度为 λ 的无限长均匀带电直线电场中的电势分布。

解：无限长均匀带电直线周围的电场强度的大小为 $E=\dfrac{\lambda}{2\pi\varepsilon_0 r}$，方向垂直于带电直线。如果仍选无限远处作为电势零点，则由 $\int_P^{\infty}\boldsymbol{E}\cdot\mathrm{d}\boldsymbol{r}$ 积分的结果可知各点电势都将为无限大而失去意义。这时我们可选距离带电直线为 r_0 处为电势零点，如图 9.22 所示，则距带电直线为 r 处的电势为

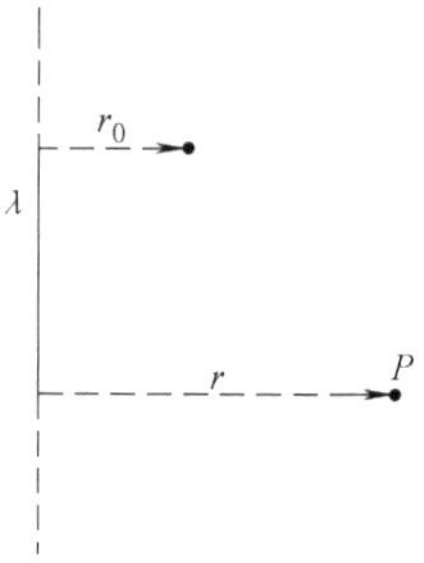

图 9.22 长直带电线的电势

$$V_P=\int_r^{r_0}\boldsymbol{E}\cdot\mathrm{d}\boldsymbol{r}=\int_r^{r_0}\frac{\lambda}{2\pi\varepsilon_0 r}\mathrm{d}r=\frac{\lambda}{2\pi\varepsilon_0}\ln\frac{r_0}{r}$$

由此例看出，当电荷的分布扩展到无限远时，电势零点不能再选在无限远处。

第五节 电场强度与电势的关系

等势面

我们在前面曾用电场线来形象地描绘电场中电场强度的分布。这里，我们将用等势面来形象地描绘电场中电势的分布，并指出两者的联系。

电场中电势相等的点所构成的面叫做**等势面**。在电场中，当电荷 q 沿等势面运动时，电场力对电荷不做功，即 $q\boldsymbol{E}\cdot\mathrm{d}\boldsymbol{l}=0$。由于 q，$\boldsymbol{E}$ 和 $\mathrm{d}\boldsymbol{l}$ 均不为零，故此式成立的条件是：电场强度 $\boldsymbol{E}$ 必须与 $\mathrm{d}\boldsymbol{l}$ 垂直，即某点的 $\boldsymbol{E}$ 与通过该点的等势面垂直。

前面曾用电场线的疏密程度来表示电场的强弱，这里我们也可以用等势面的疏密程度来表示电场的强弱。为此，对等势面的疏密作这样的规定：**电场中任意两个相邻等势面之间的电势差都相等**。

研究等势面是研究电场的一种有用的方法。经常是通过测量绘出带电体周围电场的等势面，然后推知电场的分布。

图 9.23 所示为几种常见电场的等势面和电场线。

电势定义式 $V=\int_r^{\infty}\boldsymbol{E}\cdot\mathrm{d}\boldsymbol{l}$ 反映了静电场中电势与电场强度的积分关系，在求出电场强度分布后可由该式求得电势分布。然而，在许多实际问题中，静电场的电势分布往往容易求得，要由电势分布求得电场强度分布，就必须了解电场强度与电势的微分关系。

图 9.24 表示任意静电场中两个十分靠近的等势面 1 和等势面 2，电势分别

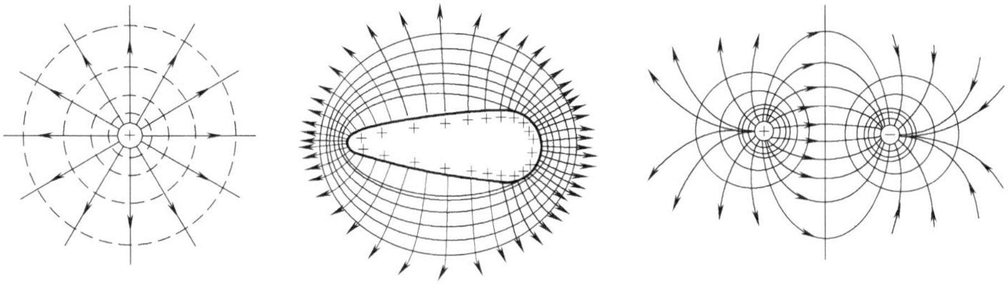

图 9.23 几种常见电场的等势面和电场线

为 V 和 $V+dV$，dV 很小，且设 $dV>0$。$\boldsymbol{n}$ 为等势面 1 在 a 点处的法向单位矢量，指向电势增加的一方。$\boldsymbol{E}$ 为 a 点的电场强度，应在 a 点与等势面 1 正交。因为沿电场线的方向电势是降低的，所以 $\boldsymbol{E}$ 的指向与 $\boldsymbol{n}$ 相反。

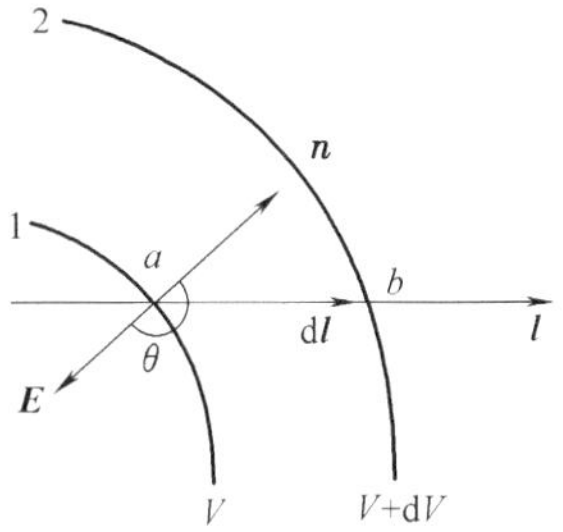

图 9.24 电场强度与电势的关系

设想有一试验电荷 q_0 从 a 点沿图 9.24 中 $\boldsymbol{l}$ 方向经一微小位移 $d\boldsymbol{l}$ 移到等势面 2 上的 b 点，由于 $d\boldsymbol{l}$ 很小，在这段位移上电场力做功为

$$A \approx q_0 \boldsymbol{E} \cdot d\boldsymbol{l} = q_0 E\cos\theta dl = q_0 E_l dl$$

式中，$E_l = E\cos\theta$ 是电场强度 $\boldsymbol{E}$ 在 $\boldsymbol{l}$ 方向上的分量。又根据电场力做功等于电势能增量的负值，得

$$A = q_0(V_a - V_b) = q_0[V-(V+dV)] = -q_0 dV$$

由上两式得

$$E_l = \frac{dV}{dl}$$

此式表明：电场中某一点的电场强度 $\boldsymbol{E}$ 沿某一方向的分量 E_l 等于电势沿该方向上变化率的负值。显然，在直角坐标系中，V 是坐标 x，y，z 的函数，电场强度 $\boldsymbol{E}$ 在 x，y，z 三个方向上分量分别为

$$E_x = -\frac{\partial V}{\partial x},\quad E_y = -\frac{\partial V}{\partial y},\quad E_z = -\frac{\partial V}{\partial z} \tag{9.39}$$

即电场强度 $\boldsymbol{E}$ 的矢量表达式可写成

$$\boldsymbol{E} = -\left(\frac{\partial V}{\partial x}\boldsymbol{i} + \frac{\partial V}{\partial y}\boldsymbol{j} + \frac{\partial V}{\partial z}\boldsymbol{k}\right) \tag{9.40}$$

在数学上，矢量 $\frac{\partial V}{\partial x}\boldsymbol{i} + \frac{\partial V}{\partial y}\boldsymbol{j} + \frac{\partial V}{\partial z}\boldsymbol{k}$ 称为电势梯度，用 grad$V$ 或 ∇V 表示。所以，式（9.40）又可写成

$$\boldsymbol{E} = -\,\mathrm{grad}V = -\nabla V \tag{9.41}$$

其中，微分算符

$$\nabla=\frac{\partial}{\partial x}\boldsymbol{i}+\frac{\partial}{\partial y}\boldsymbol{j}+\frac{\partial}{\partial z}\boldsymbol{k}$$

式（9.41）表明：电场中任意一点的电场强度等于该点电势梯度的负值。在 SI 制中电势梯度的单位为伏特每米（V/m），所以电场强度也用这个单位。

式（9.39）和式（9.40）建立了电场强度与电势之间的微分关系。一般求电势分布比较容易，已知电势分布后，根据这些关系式通过微分运算便可求出电场强度分布。

本章小结

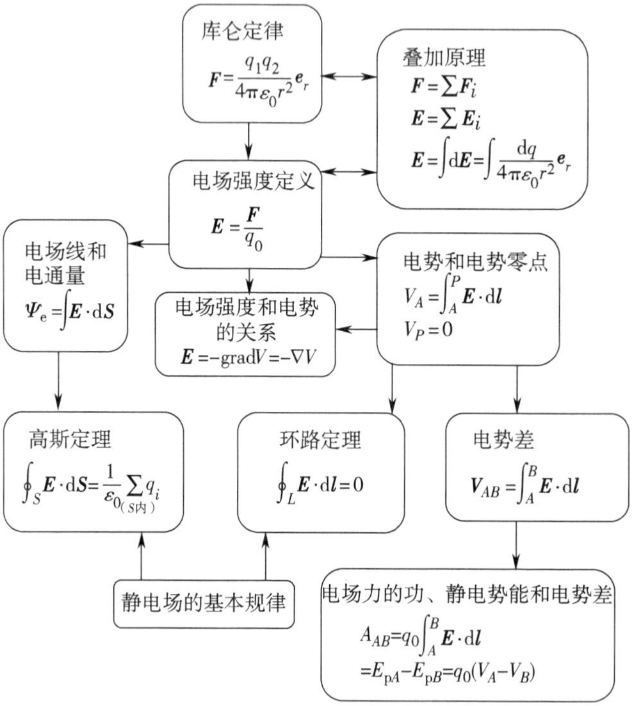

思考与练习

1. 电荷量都是 q 的三个点电荷，分别放在正三角形的三个顶点。试问：(1) 在这三角形的中心放一个什么样的电荷，就可以使这四个电荷都达到平衡（即每个电荷受其他三个电荷的库仑力之和都为零）？(2) 这种平衡与三角形的边长有无关系？

2. 根据点电荷电场强度公式 $E=\frac{q}{4\pi\varepsilon_0 r^2}$ ，当被考察的场点距源点电荷很近（$r\to 0$）时，则电场强度 $E\to\infty$，这是没有物理意义的，对此应如何理解？

3. 一点电荷 q 处在球形高斯面的中心，试问在下列情况中穿过此高斯面的电通量是否会发生变化？此高斯面上任意点的电场强度是否会发生变化？

（1）将另一个点电荷置于高斯球面外附近；

（2）将另一个点电荷置于高斯球面内；

（3）将原来的点电荷移离高斯球面的中心，但仍在高斯面内。

4. 在真空中有 A，B 两平行板，相对距离为 d，板面积为 S，其所带电荷量分别为 $+q$ 和 $-q$，则这两板之间有相互作用力 F，有人说 $F=\frac{q^2}{4\pi\varepsilon_0 d^2}$，又有人说，因为 $F=qE$，$E=\frac{q}{\varepsilon_0 S}$，所以 $F=\frac{q^2}{\varepsilon_0 S}$。试问这两种说法对吗？为什么？$F$ 到底应等于多少？

5. 下列几个说法中哪一个是正确的。

（A）电场中某点电场强度的方向，就是将点电荷放在该点所受电场力的方向；

（B）在以点电荷为中心的球面上，由该点电荷所产生的电场强度处处相同；

（C）电场强度的定义式为 $\boldsymbol{E}=\frac{\boldsymbol{F}}{q}$，其中 q 为试验电荷的电荷量，$\boldsymbol{F}$ 为试验电荷所受的电场力；

（D）以上说法都不正确。

6. 对静电场高斯定理的理解，下列四种说法中哪一个是正确的。

（A）如果通过高斯面的电通量不为零，则高斯面内必有净电荷；

（B）如果通过高斯面的电通量为零，则高斯面内必无电荷；

（C）如果高斯面内无电荷，则高斯面上电场强度必处处为零；

（D）如果高斯面上电场强度处处不为零，则高斯面内必有电荷。

7. 如图 9.25 所示，在点电荷 q 的电场中，选取以 q 为中心、R 为半径的球面上一点 P 处作为电势零点，则与点电荷 q 距离为 r 的 P' 点的电势为

（A）$\frac{q}{4\pi\varepsilon_0 r}$　　（B）$\frac{q}{4\pi\varepsilon_0}\left(\frac{1}{r}-\frac{1}{R}\right)$

（C）$\frac{q}{4\pi\varepsilon_0 (r-R)}$　　（D）$\frac{q}{4\pi\varepsilon_0}\left(\frac{1}{R}-\frac{1}{r}\right)$

8. 如图 9.26 所示，AB 和 CD 为两段同心（在点 O）的圆弧，它们所张的圆心角为 φ，两圆弧都均匀带电，并且电荷线密度也相等。设 AB 和 CD 在 O 点产生的电势分别为 V_1 和 V_2，则正确的是？

(A) $V_1 > V_2$；　(B) $V_1 < V_2$；　(C) $V_1 = V_2$；　(D) V_1，V_2 大小不定

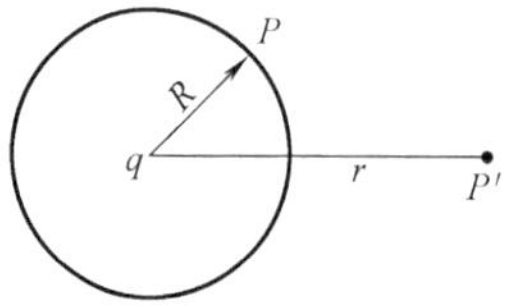

图 9.25　题 7 图

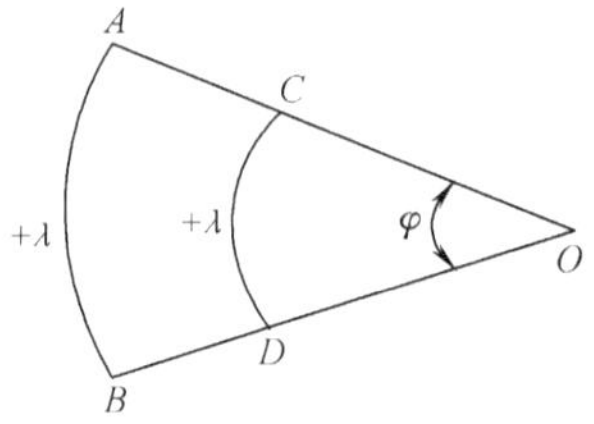

图 9.26　题 8 图

9. 将一“无限长”带电细线弯成图 9.27 所示的形状，设电荷均匀分布，电荷线密度为 λ，四分之一圆弧 AB 的半径为 R，试求圆心 O 点的电场强度。

10. 一个半径为 R 的均匀带电半圆环，电荷线密度为 λ，求环心处 O 点的电场强度。

11. 一半径为 R 的半球面，均匀地带有电荷，电荷面密度为 σ，求球心 O 处的电场强度。

12. 图 9.28 所示为一厚度为 d 的“无限大”均匀带电平板，电荷体密度为 ρ。求板内、外的电场强度分布，并画出电场强度随坐标 x 变化的曲线，即 E-x 曲线（设原点在带电平板的中央平面上，Ox 轴垂直于平板）。

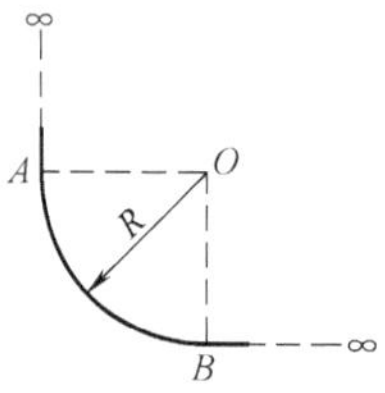

图 9.27　题 9 图

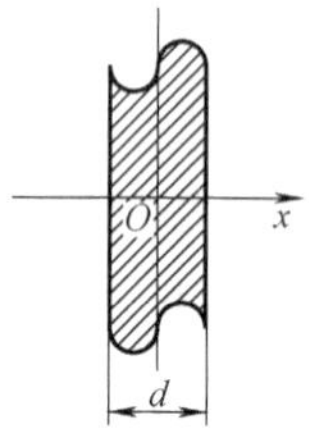

图 9.28　题 12 图

13. 两无限长同轴圆柱面，半径分别为 R_1 和 $R_2(R_2 > R_1)$，分别带有等量异号电荷（内圆柱面带正电），且两圆柱面沿轴线每单位长度所带电荷的数值都为 λ。试分别求出以下三区域中离圆柱面轴线为 r 处的电场强度：(1) $r < R_1$；(2) $r > R_2$；(3) $R_1 < r < R_2$。

14. 一无限长、半径为 R 的圆柱体上电荷均匀分布。圆柱体单位长度的电荷为 λ，用高斯定理求圆柱体内距轴线距离为 r 处的电场强度。

15. 一无限大均匀带电薄平板，电荷面密度为 σ，在平板中部有一半径为 r 小圆孔，如图 9.29 所示。求圆孔中心轴线上与平板相距为 x 的一点 P 的电场强度。

16. 如图 9.30 所示的绝缘细线上均匀分布着线密度为 λ 的正电荷，两直导

线的长度和半圆环的半径都等于 R。试求环中心 O 点处的电场强度和电势。

17. 电荷量 Q 均匀分布在半径为 R 的球体内，试求：离球心 r 处 $(r<R)P$ 点的电势。

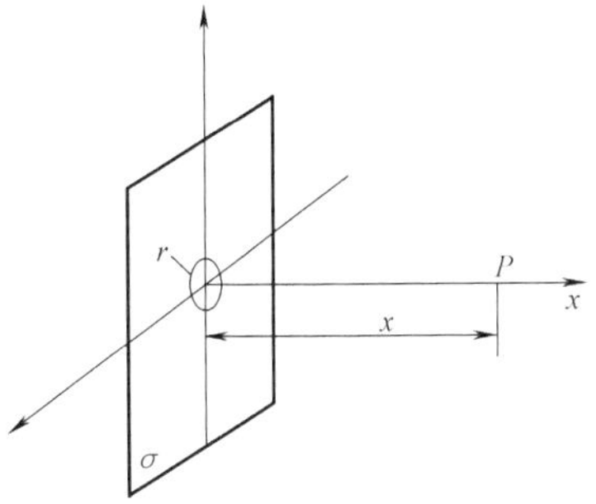

图 9.29 题 15 图

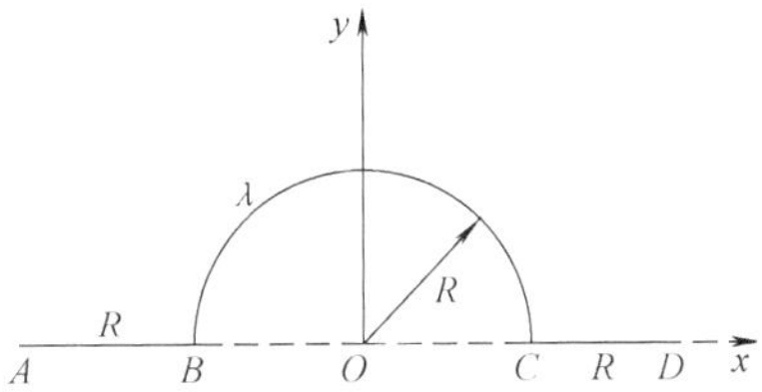

图 9.30 题 16 图

18. 两个半径分别为 R_1 和 $R_2(R_1<R_2)$ 的同心薄金属球壳，现给内球壳带电荷 $+q$，试计算：

(1) 外球壳上的电荷分布及电势大小；

(2) 先把外球壳接地，然后断开接地线重新绝缘，此时外球壳的电荷分布及电势；

*(3) 再使内球壳接地，此时内球壳上的电荷以及外球壳上的电势的改变量。

19. 根据电场强度 $\boldsymbol{E}$ 与电势 V 的关系 $\boldsymbol{E}=-\Delta V$，求下列电场的电场强度：

(1) 点电荷 q 的电场；

(2) 总电荷量为 q，半径为 R 的均匀带电圆环轴上一点；

*(3) 电偶极子 $(p=ql)$ 的 $r \gg l$ 处（见图 9.31）。

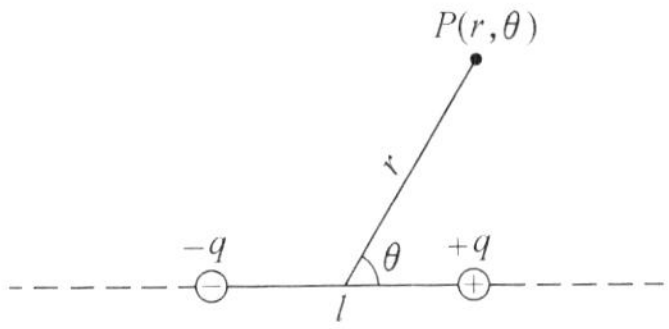

图 9.31 题 19 图

上一章介绍了真空中静电场的基本性质和规律，而在现实生活中，静电场所在的空间往往存在物质——气体、固体、液体。按导电性划分，有导体和绝缘体（在电学中称为电介质）。因为物质是由原子（或分子）组成的，而原子是由带正电的原子核和带负电的电子组成的，静电场与正、负电荷之间有力的作用，这样，物质与静电场之间必然会产生相互作用和相互影响。那么，静电场中的导体和电介质会表现出什么样的物理现象和规律呢？

本章主要介绍静电场中的导体和电介质所表现出的物理现象和基本规律，由导体组成的一种重要器件——电容器，电流、稳恒电场、电动势以及静电场的能量等知识。同时还介绍静电屏蔽、尖端放电等的应用。

重点：静电场中导体和电介质的基本性质和规律。**难点**：电介质极化现象的解释。电动势概念的理解。

第十章 静电场中的导体和电介质

第一节 静电场中的导体

一、导体的静电平衡条件

按导电的性能，物质可被分为导体、绝缘体（在本章中称为电介质）和半导体三类。金属导体具有良好的导电性，原因是金属导体内的原子是由可以在金属内自由运动的最外层价电子（称为自由电子）和按一定分布规则排列着的晶体点阵正离子组成。在导体不带电或无外电场作用时，整个导体呈电中性。

将导体放在静电场中，导体中的自由电子在电场力的作用下将逆着电场方向移动，如图 10.1a 所示，从而使导体上的电荷重新分布：在一些区域出现负电荷，而另一些地方出现等量正电荷，这种现象称为**静电感应现象**，出现的电荷称

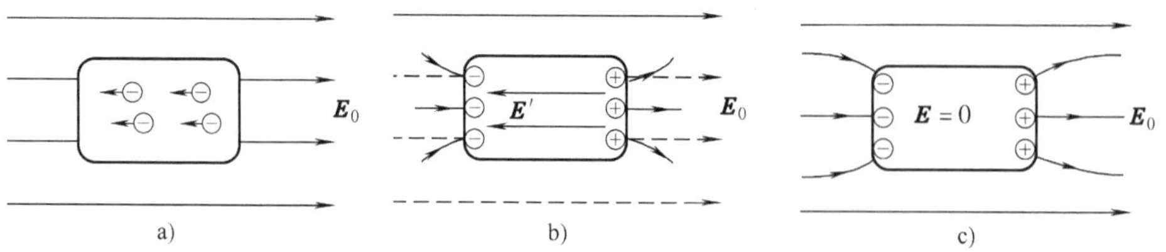

图 10.1 静电感应现象

a）在外电场作用下，导体内自由电子作定向移动 b）导体两端出现感应电荷，感应电荷产生附加电场

c）静电平衡时，感应电荷不再变化，导体内总电场强度为零

为**感应电荷**。

导体在外电场 $\boldsymbol{E}_0$ 中产生的感应电荷也要激发电场 $\boldsymbol{E}'$，称为附加电场，如图 10.1b 所示，附加电场 $\boldsymbol{E}'$ 的方向与外电场 $\boldsymbol{E}_0$ 的方向相反，因此导体所在的空间总电场强度 $\boldsymbol{E}=\boldsymbol{E}_0+\boldsymbol{E}'$，总电场强度的大小随自由电子的移动将减小。但只要 $E_0>E'$，即 $E\neq0$，自由电子就将继续定向移动，E' 不断增大，直至达到导体内总电场强度 $E=0$，自由电子定向移动停止，如图 10.1c 所示。我们把导体上任何部分都没有自由电子作宏观运动的状态，称为**导体的静电平衡状态**，简称**静电平衡**。

静电平衡时，自由电子在导体表面上也应该没有宏观运动，这就要求导体表面附近的电场强度处处与表面垂直。否则电场强度沿导体表面会有切向分量，电子仍将沿导体表面作宏观运动。

由此可见，导体处于静电平衡状态，需要满足两个条件：

1）导体内任意一点的电场强度都为零；

2）导体表面附近的电场强度方向处处与表面垂直。

二、处于静电平衡状态的导体的性质

（一）导体是等势体，导体表面是等势面

在导体的空间内任意取 a，b 两点，两点间的电势差为 $U_{ab}=\int_a^b \boldsymbol{E}\cdot d\boldsymbol{l}$，由于导体内各点的 $\boldsymbol{E}=0$，所以 $U_{ab}=0$，即 a，b 两点电势相等，从而证明导体是一个等势体。

在导体表面上任取 a，b 两点，设想在两点之间移动一正电荷 q，电场力所做的功 $A_{ab}=qU_{ab}$，由于表面上任一点处电场强度方向与表面垂直，则电场对电荷 q 的作用力方向始终与位移垂直，有 $A_{ab}=0$，所以 $U_{ab}=0$，任何两点间无电势差，导体表面也就是一个等势面。

（二）导体上的电荷分布

1. 实心导体

一个与大地绝缘的带电导体处于静电平衡状态时，电荷只分布在导体表面。这一结论可用高斯定理证明如下：

在导体内任取一高斯面，因为静电平衡时导体内部任何点的电场强度皆为零，所以通过该高斯面的电通量为零，高斯面内的净电荷也必为零。这样导体上的电荷不能在体内，那就只有分布在表面上。

2. 空腔导体

若腔内无带电体，则除以上特性外，同样由高斯定理可得空腔内表面上无电荷，空腔内无电场，腔内是等势区。

若腔内有带电体，利用高斯定理还可以证明腔的内表面会感应出等量异号电荷，腔内电荷与内表面上的感应电荷之间有电场线，同时，空腔外表面相应地出现与腔内电荷等量同号电荷。如果空腔导体本身带电，则导体外表面所带的电荷量为二者之和。

思考：如何用高斯定理证明以上两个结论？

应用：

如前所述，在静电平衡条件下，腔内没有带电体的空腔导体内不可能有电场，空腔导体外的电场对空腔导体内空间没有任何影响，即空腔导体“保护”了它所包围的区域。

如果腔内有带电体，在静电平衡条件下，空腔导体外表面相应地出现与腔内电荷等量同号电荷，这样腔内电荷的电场是可以对腔外产生影响的。若将空腔接地，则外表面电荷与地中和，电场消失。这样，腔内电荷产生的电场对外界没有影响。

空腔导体内部空间不受导体外电场的影响，接地空腔导体使得外空间不受腔内电荷的影响，这两种现象都称为**静电屏蔽现象**。

静电屏蔽在实际中应用很广。电气设备或电子器件常采用金属外壳以使内部电路不受外界电场的干扰；将传递电信号的电缆外层包以金属丝网罩作为屏蔽层（见图 10.2），将弹药库罩以金属网、在高压带电作业时穿上均压服（见图 10.3）等，都是静电屏蔽原理的应用。

图 10.2　有线电视信号线

图 10.3　高压带电作业

（三）带电导体表面附近的电场强度

在静电平衡条件下，导体表面处电场强度的方向必定处处与导体表面垂直，那么导体表面处电场强度的大小情况如何呢？

设 P 点是导体外紧靠导体表面处的任意一点，在邻近 P 点的导体表面上取一面元 dS，设想 dS 面元是一个面积非常小的圆。作扁圆柱形闭合高斯面，使其上底面通过 P 点，下底面在导体内部，两底面均与导体表面 dS 面元平行且无限靠近，如图 10.4 所示。

计算通过该高斯面的电通量：

$$\Psi_e = \oint_S \boldsymbol{E} \cdot d\boldsymbol{S}$$

$$= \int_{上底} \boldsymbol{E} \cdot d\boldsymbol{S} + \int_{下底} \boldsymbol{E} \cdot d\boldsymbol{S} + \int_{侧面} \boldsymbol{E} \cdot d\boldsymbol{S}$$

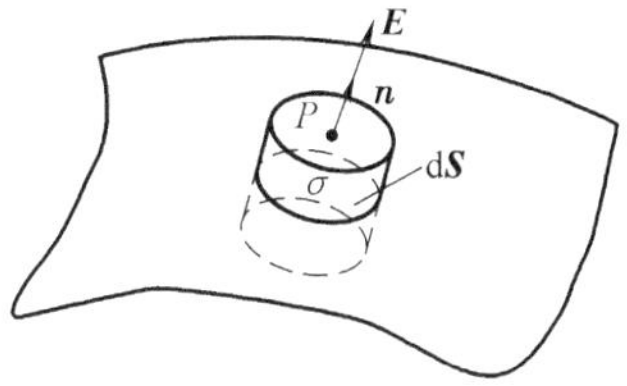

图 10.4 导体表面处的电场强度

通过上底面的电通量：由于 $\boldsymbol{E}$ 的方向与 $d\boldsymbol{S}$ 的方向同向，所以通过上底的电通量为 $\boldsymbol{E} \cdot d\boldsymbol{S}$ 。

通过下底面的电通量：由于导体内 $\boldsymbol{E}$ 的值处处为零，所以通过下底面的电通量为零。

通过侧面的电通量：导体内的侧面上每一点处的电场强度为零，导体外的侧面上 $\boldsymbol{E}$ 的方向与侧面的法线方向垂直，所以通过侧面的电通量为零。

则通过该高斯面的电通量等于 $E \cdot dS$ 。

根据高斯定理，有

$$E \cdot dS = \frac{\sum_{S内} q_i}{\varepsilon_0} = \frac{\sigma dS}{\varepsilon_0}$$

得

$$E = \frac{\sigma}{\varepsilon_0} \tag{10.1}$$

当 $\sigma > 0$ 时，$\boldsymbol{E}$ 的方向垂直表面向外；当 $\sigma < 0$ 时，$\boldsymbol{E}$ 的方向垂直表面向内。式（10.1）给出了导体表面处电场强度的大小与电荷面密度的关系。

对于孤立的带电导体来说，电荷面密度与表面曲率之间一般不存在单一的函数关系，大致说来，导体表面凸而尖的地方曲率大，电荷面密度也大；导体表面较平坦处曲率小，电荷面密度小；导体表面凹进去处曲率为负值，电荷面密度更小。

在强电场作用下，导体表面凸而尖的地方发生的放电现象称为**尖端放电**。它的原理是：物体尖锐处电场强度大，致使其附近部分气体被击穿而发生放电。如果物体尖端在暗处或放电特别强烈，这时往往可以看到它周围有浅蓝色的光晕。

如高压线有轮廓的地方，就会出现尖端放电。这种放电会持续下去，造成电能的损失。为了防止因尖端放电而引起的危险和漏电造成的损失，高压线的表面必须做成十分光滑，具有高电压的零部件表面和电子线路的焊点也应该这样。

避雷针是另外一个好的应用例子。高大建筑物上安装避雷针，当带电云层靠近建筑物时，建筑物会感应上与云层相反的电荷，这些电荷会聚集到避雷针的尖端，达到一定的值后便开始放电。避雷针的另外一端要深埋入大地，与云层相同的电荷就流入大地。这样不停地将建筑物上的电荷中和掉，永远达不到会使建筑物遭到损坏的强烈放电所需要的电荷。显然，要使避雷针起作用，必须保证尖端的尖锐和接地通路的良好，一个接地通路损坏的避雷针将使建筑物遭受更大的损失。

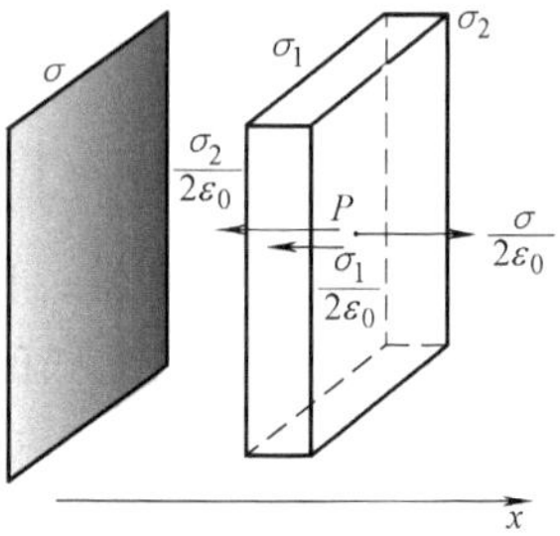

图 10.5　例 10.1 图

例 10.1　如图 10.5 所示，在电荷面密度为 σ 的无限大均匀带电平面附近，平行放置一无限大不带电的金属平板，求金属板两侧面上感应电荷的面密度。

解：

一个无限大均匀带正电平面在两边产生的电场是均匀电场，电场强度方向垂直于平面向外，大小为

$$E=\frac{\sigma}{2\varepsilon_0}$$

金属板处于静电平衡状态时，靠近带电平面的金属板侧面带负电，离带电平面远的侧面带正电。设金属板两侧面上感应电荷的面密度分别为 $-\sigma_1$ 和 σ_2（其中 σ_1、σ_2 都为正数）。对金属板来讲，总的电荷量为零。根据电荷守恒定律，有

$$\sigma_1=\sigma_2$$

金属板两侧面的感应电荷在空间产生的电场强度大小分别为

$$E_1=\frac{\sigma_1}{2\varepsilon_0},\quad E_2=\frac{\sigma_2}{2\varepsilon_0}$$

我们知道，静电平衡时导体内部任一点 P 处电场强度为零。利用电场强度叠加原理，考虑到方向，有

$$\frac{\sigma}{2\varepsilon_0}-\frac{\sigma_1}{2\varepsilon_0}-\frac{\sigma_2}{2\varepsilon_0}=0$$

解得

$$\sigma_1=\sigma_2=\frac{1}{2}\sigma$$

即靠近带电平面的金属板侧面感应电荷的面密度为 $-\frac{1}{2}\sigma$，离带电平面远的侧面感应电荷的面密度为 $\frac{1}{2}\sigma$。

尖端放电演示实验：

将两块铝板安装在一个绝缘的支架上，在下铝板上放置两个等高、一个顶端尖一个顶端圆滑的金属体，调节铝板的间距使金属体的尖端离上铝板较近，如图 10.6a 所示。在两块铝板上加上直流高压电源，当电压增加到几千伏时（与尖端到上铝板的距离、环境的湿度等有关）会产生尖端放电现象。

图 10.6b 所示为自然界的闪电现象。

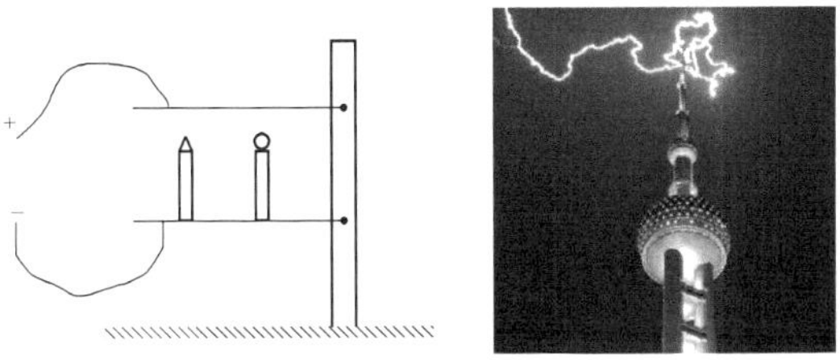

图 10.6 尖端放电实验

第二节 电容 电容器

一、孤立导体的电容

对于孤立、不受外界影响的导体（称为孤立导体），所带电荷量 Q 越多，其电势 V 越高，但其电荷量与电势的比值却是一个与所带电荷量无关的一个物理量，定义其为孤立导体的电容，符号用 C 表示，即

$$C=\frac{Q}{V} \tag{10.2}$$

例如带电球体空间的电势为

$$V=\frac{1}{4\pi\varepsilon_0}\frac{Q}{R}$$

计算得其电容 $C=4\pi\varepsilon_0 R$ 。可见电容值与 Q 无关，与电势 V 无关，只与孤立导体结构有关，如导体的尺寸、形状等。

在 **SI** 单位制中，电容的单位是**法拉**，简称**法**，用 F 表示，1F=1C/V。法拉是一个非常大的单位，因此，在实用中通常采用微法（μF）、皮法（pF）为单位。

$$1\text{F}=10^6\mu\text{F}=10^{12}\text{ pF}$$

二、电容器及其电容

（一）电容器及其电容的概念

1. 电容器

由两个相互隔离并与外界绝缘的导体组成的系统称为**电容器**。这两个导体，称为电容器的**极板**，带正电荷的极板称为**正极板**，带负电荷的极板称为**负极板**。电容器是现代电子工业、电力工业中的重要电子元件，从各种电器到各种电子仪器、无线电通信、遥感测量等都要用到它。

电容器种类繁多，按性能分类有：固定电容器、可变电容器和半可变电容器；按所夹介质分类有：纸介质电容器、瓷介质电容器、云母电容器、空气电容器、电解电容器等；按形状分类有：平行板电容器、球形电容器、柱形电容器等。图 10.7 是几种电容器的图片。

高压电容器　聚丙烯电容器　涤纶电容器　陶瓷电容器　电解电容器

图 10.7　几种电容器

实际中，虽然电容器的品种繁多，但是就其构造来看，多数都是由两块彼此靠近的金属薄片（或金属膜）构成极板，中间隔以电介质（本章下一节介绍）。

2. 电容

使电容器的两极板带上等量异号电荷 $+q$ 和 $-q$，则两极板间有电势差，用 U 表示这个电势差的绝对值，定义 q 与 U 的比值为电容器的电容，用 C 表示，即

$$C = \frac{q}{U} \tag{10.3}$$

其值取决于电容器自身的几何结构，与两极板的电荷量与电势差没有关系。电容是描述电容器容纳电荷能力大小的物理量，即电容越大，容纳电荷的能力越强。

（二）几种常见电容器的电容

1. 平行板电容器

平行板电容器是由两极板相互平行、彼此靠的很近的金属板组成。通常两极板的线度远大于两极板间的距离。

设平行板电容器的两极板面积为 S，间距为 d，分别带电 $\pm q$，如图 10.8 所示。电场在极板的边缘效应忽略不计。根据例 9.7 可知，真空情况下，两极板间的电场强度 $\boldsymbol{E}$ 的大小为

$$E = \frac{\sigma}{\varepsilon_0} = \frac{q}{\varepsilon_0 S}$$

电场是一均匀电场，方向由正极板 A 指向负极板 B。两个极板间的电势差为

$$U = \int_A^B \boldsymbol{E} \cdot d\boldsymbol{l} = Ed = \frac{qd}{\varepsilon_0 S}$$

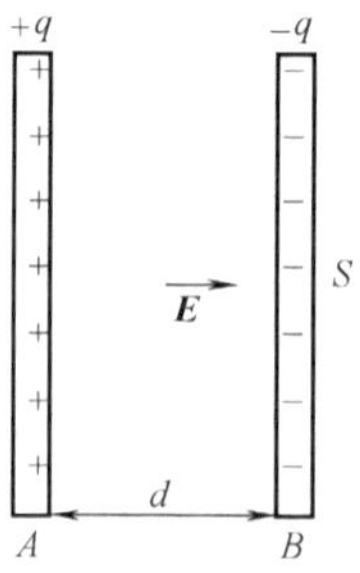

图 10.8　平行板电容器

根据电容的定义式，可得

$$C=\frac{q}{U}=\frac{\varepsilon_0 S}{d} \tag{10.4}$$

式（10.4）表明，真空情况下，平行板电容器的电容与极板面积成正比，与极板间的距离成反比。

2. 圆柱形电容器

圆柱形电容器是由两个同轴金属柱面组成，如图10.9所示。设内外圆柱面的半径分别为 R_A 和 R_B，柱面高度为 l，两圆柱面之间为真空。

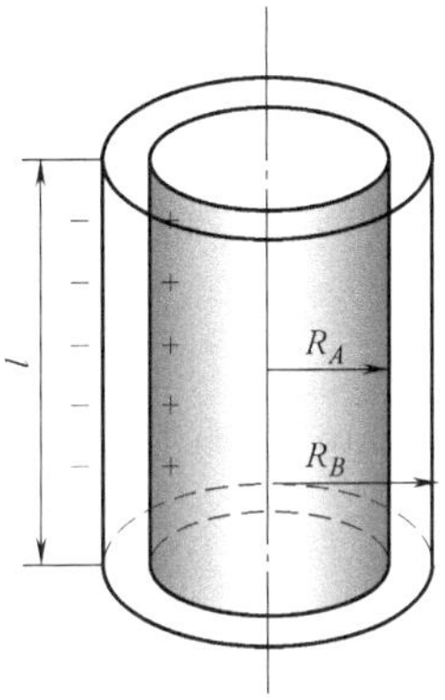

图 10.9 圆柱形电容器

使内外柱面分别带上 $+q$ 和 $-q$ 电荷，则单位长度上圆柱面所带的电荷 $\lambda=q/l$。忽略边缘效应，利用高斯定理可求得空间的电场分布：内半径以内和外半径以外空间没有电场，电场只分布在两柱面之间，距轴线为 r 处的电场强度大小为

$$E=\frac{\lambda}{2\pi\varepsilon_0 r}\quad (R_A<r<R_B)$$

方向垂直于轴线，沿径向向外。

两圆柱面间的电势差为

$$U=\int_A^B \boldsymbol{E}\cdot \mathrm{d}\boldsymbol{l}=\int_{R_A}^{R_B}\frac{\lambda\,\mathrm{d}r}{2\pi\varepsilon_0 r}=\frac{q}{2\pi\varepsilon_0 l}\ln\frac{R_B}{R_A}$$

则圆柱形电容器的电容为

$$C=\frac{q}{U}=\frac{2\pi\varepsilon_0 l}{\ln\frac{R_B}{R_A}} \tag{10.5}$$

由以上分析可以看出，计算电容的步骤如下：

1）假定电容器带有电荷 q；

2）计算两极板间的电场强度 $\boldsymbol{E}$；

3）求两极板间的电压；

4）根据电容的定义式计算电容 C。

例 10.2 球形电容器是由两个同心导体球壳组成，设两球壳的半径分别为 R_A 和 R_B，两球壳之间为真空，如图10.10所示。求球形电容器的电容。

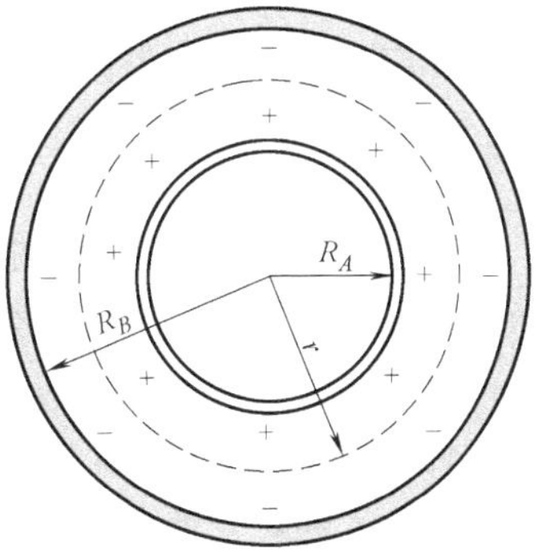

图 10.10 球形电容器

解：

设内外球壳分别带上 $+q$ 和 $-q$ 电荷。利用高斯定理，可求得空间的电场只分布在两球壳之间，距球心为 r 处电场强度的大小为

$$E = \frac{q}{4\pi\varepsilon_0 r^2} \quad (R_A < r < R_B)$$

电场强度的方向沿径向向外。

两球壳间的电势差为

$$U = \int_A^B \boldsymbol{E} \cdot \mathrm{d}\boldsymbol{l} = \frac{q}{4\pi\varepsilon_0}\int_{R_A}^{R_B}\frac{\mathrm{d}r}{r^2} = \frac{q}{4\pi\varepsilon_0}\left(\frac{1}{R_A} - \frac{1}{R_B}\right)$$

由电容的定义，可得球形电容器的电容为

$$C = \frac{q}{U} = \frac{4\pi\varepsilon_0 R_A R_B}{R_B - R_A} \tag{10.6}$$

当 $R_B \to \infty$，即 $R_A \ll R_B$ 时，式（10.6）可写成

$$C = 4\pi\varepsilon_0 R_A$$

此式即为孤立导体的电容公式。

小结：从以上三种电容器可以看出，电容与极板所带的电荷无关，只与电容器的几何结构有关。

（三）电容器的并联与串联

实用中，电容器的电容或耐压能力不一定能满足电路的要求，常把几个电容器并联或串联使用。

1. 并联

图 10.11 所示为三个电容器的并联的电路。由于三个电容器的正极板连在一起，电势相等，三个负极板连在一起，电势也相等，所以各电容器上的电压相等，都等于端电压 U。它们的等效电容器极板电压值也为 U，而等效电容器的电荷量等于各个电容器上电荷量和。

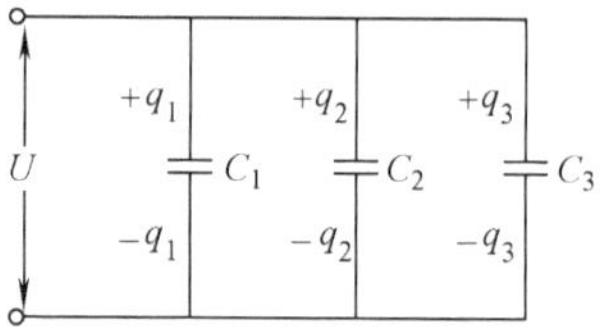

图 10.11　电容器的并联

根据电容的定义，计算三个电容器并联时的等效电容值为

$$C = \frac{q}{U} = \frac{q_1 + q_2 + q_3}{U} = \frac{q_1}{U} + \frac{q_2}{U} + \frac{q_3}{U} = C_1 + C_2 + C_3$$

推广到 n 个电容器并联，其等效电容值为

$$C = \sum_{i=1}^{n} C_i \tag{10.7}$$

可见，利用电容器的并联可获得较大的电容。不难理解，电容器并联相当于增大了极板的面积，所以等效电容增加了。

结论：当给多个并联的电容器加上电压时，该电压也就加到每一个电容器上，它们等效电容器的电压与每一个电容器的电压相同，电荷等于所有并联的电容器电荷之和，等效电容等于所有并联电容器的电容和。

2. 串联

图 10.12 所示为三个电容器的串联电路。电源使 C_1 的正极板带 $+q$ 电荷，

使 C_3 的负极板带 $-q$，三个电容器的其他极板感应出相应的正负电荷，各电容器所带的电荷相同，端电压等于各个电容器的电压之和，即

$$U=U_1+U_2+U_3$$

根据电容的定义，计算三个电容器串联时的等效电容值为

$$\frac{1}{C}=\frac{U}{q}=\frac{U_1+U_2+U_3}{q}$$

$$=\frac{U_1}{q}+\frac{U_2}{q}+\frac{U_3}{q}=\frac{1}{C_1}+\frac{1}{C_2}+\frac{1}{C_3}$$

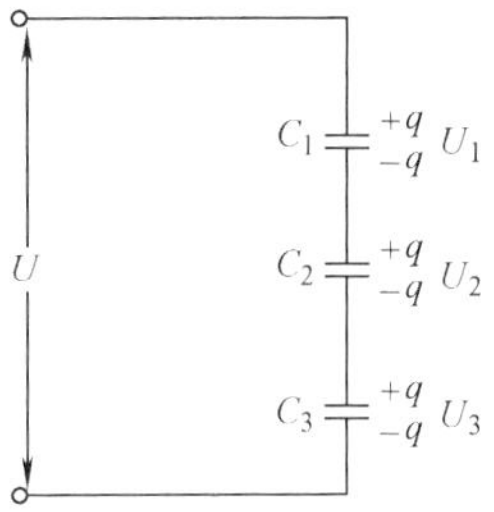

图 10.12　电容器的串联

如果是 n 个电容器串联，其等效电容值为

$$\frac{1}{C}=\sum_{i=1}^{n}\frac{1}{C_i} \tag{10.8}$$

可见，电容器串联时等效电容比每一个电容器的电容都小。不难理解，串联时相当于增大了极板间的距离，所以等效电容减小了。同时，由于总电压分配到各个电容器上，所以串联后的等效电容器耐压能力得到提高。

结论：当给多个串联的电容器加上电压时，各电容器具有相等的电荷，多个串联电容器同样可以用一个等效电容器替代，等效电容器的电压等于所有串联的电容器电压之和，电荷与每一个串联的电容器电荷相等，等效电容的倒数等于各个电容的倒数和。

第三节　静电场中的电介质

一、有极分子电介质和无极分子电介质

电介质是电阻率很大、导电能力很差的物质，电介质的主要特征在于它的原子或分子中的电子和原子核的结合力很强，电子处于束缚状态。在一般条件下，电子不能挣脱原子核的束缚，因而在电介质内部能作自由运动的电子极少，导电能力也就极弱。

电介质分子是由原子组成的，原子是由带正电的原子核与分布在核外的电子系组成，核内的正电荷与核外的电子系都在作复杂的运动。在远大于分子线度的距离处观察电介质分子，分子的全部正电荷对外的影响将与一个单独的正点电荷等效，分子的全部负电荷也等效于一个单独的负点电荷对外的影响，这个等效的正、负点电荷的位置称为分子的正、负点电荷“中心”。

如果分子中正电荷与负电荷的中心不重合，这类分子称为**有极分子**，电介质称为**有极分子电介质**。有极分子可以看成是一个电偶极子，具有固有电偶极矩。

例如：氨（NH_3）、水（H_2O）、一氧化碳（CO）、二氧化硫（SO_2）、硫化氢（H_2S）等分子都是有极分子。

如果分子中正电荷与负电荷的中心重合，这类分子称为**无极分子**，电介质称为**无极分子电介质**。无极分子没有固有电矩。例如：氦（He）、氮（N_2）、二氧化碳（CO_2）、甲烷（CH_4）等分子都是无极分子。

二、电介质的极化

当电介质处在外电场中时，在电介质中，不论是原子中的电子，还是分子中的离子，或是晶体点阵上的带电粒子，在电场的作用下都会在原子大小的范围内移动，当达到平衡时，在电介质的表面层或在体内会出现带电现象，称为**电介质的极化**。出现的电荷称为**极化电荷**。

（一）有极分子电介质的取向极化

对有极分子电介质来说，每个分子等效为一个电偶极子。在没有外电场存在时，由于分子的热运动，电偶极矩的排列十分纷乱，电介质宏观不显电性。在有外电场存在时，电偶极子在外电场的作用下，将受到力矩的作用，使分子的电偶极矩 $\boldsymbol{p}$ 转向外电场 $\boldsymbol{E}$ 的方向。在宏观上，则在电介质与外电场垂直的两表面上（厚度为分子电偶极矩的轴长 l）出现极化电荷，如图 10.13a 所示。这些电荷不能离开电介质，也不能在电介质中自由移动，所以又称之为束缚电荷。当外电场撤去后，由于分子的热运动而使分子的电偶极矩又变成沿各个方向均匀分布，电介质仍呈中性。有极分子的极化就是等效电偶极子转向外电场的方向，所以叫做**取向极化**。

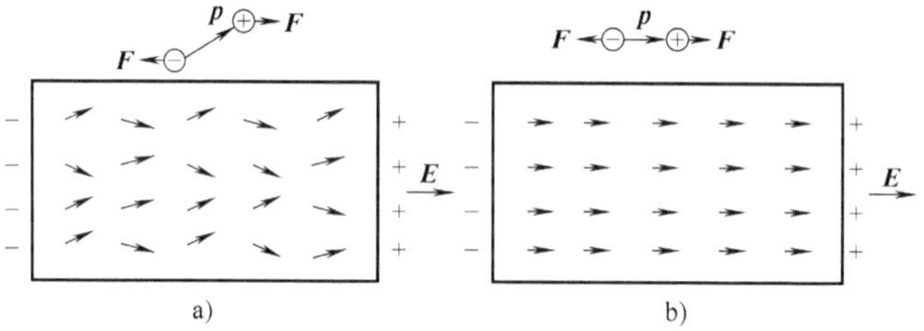

图 10.13　电介质的极化
a）取向极化　b）位移极化

（二）无极分子电介质的位移极化

当无极分子处在外电场中时，在电场力的作用下分子中的正、负电荷“中心”将发生相对位移，形成一个电偶极子，因而使分子具有了电矩。它们的等效电偶极矩的方向都沿着外电场的方向。对于一块电介质的整体来说，由于电介质中每一个分子都形成了电偶极子，它们在电介质中将做如图 10.13b 所示的排列。在电介质的两个和外电场强度相垂直的表面层，将分别出现正、负极化电荷。由于无极分子的极化在于正、负电荷“中心”的相对位移，所以常叫做**位移极化**。

显然，外电场愈强，分子的电偶极矩方向沿外电场方向排列的愈整齐，电介质表面上出现的极化电荷也愈多，电介质被极化的程度愈高。

一般说来，分子在取向极化的同时还会产生位移极化，但是，对有极分子电介质来说，在静电场作用下，取向极化的效应强很多，因而其主要的极化机理是取向极化。这两类电介质极化的微观机制有所不同，但宏观结果都是一样的，都在电介质的两个和外电场强度相垂直的表面上出现正、负极化电荷，所以在宏观描述电介质的极化现象时，不必加以区分。

当外加电场不太强时，它只是引起电介质的极化，不会破坏电介质的绝缘性能。如果外加电场很强，则电介质的分子中的正负电荷有可能被拉开而变成可以自由移动的电荷，由于这种自由电荷的产生，电介质的绝缘性能就会遭到明显的破坏而变成导体。这种现象称为电介质的击穿。一种电介质材料所能承受的不被击穿的最大电场强度叫做这种电介质的**介电强度**或**击穿电场强度**。

表 10.1　几种电介质的击穿电场强度

电　介　质	击穿电场强度/（kV/mm）
空气	3
玻璃	10～25
瓷	6～20
矿物油	15
油浸纸	15
胶木	20
石蜡	30
聚乙烯	50
云母	80～200

三、电介质中的电场

设想在平行板电容器产生的均匀电场 $\boldsymbol{E}_0$ 中放入某种电介质（只考虑各向同性的电介质，以下同），达到静电平衡时，在靠近电容器正极板的电介质表面上出现负的极化电荷，在靠近电容器负极板的电介质表面上出现正的极化电荷，用 $\boldsymbol{E}'$ 表示极化电荷所激发的电场强度，如图 10.14 所示。为了清楚起见，图中电介质表面与电容器极板间留有空隙，同时为了区别，把平行板电容器上的电荷称为自由电荷。

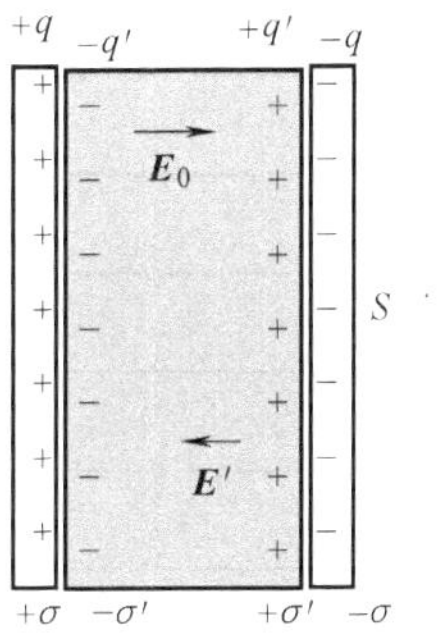

图 10.14　电介质中的电场

在电介质的空间中任一点的总电场强度 $\boldsymbol{E}$ 应是两类电荷所激发的电场强度的矢量和，即

$$\boldsymbol{E}=\boldsymbol{E}_0+\boldsymbol{E}' \tag{10.9a}$$

写成标量式为

$$E=E_0-E' \tag{10.9b}$$

由于 $\boldsymbol{E}'$ 的方向总是与原电场 $\boldsymbol{E}_0$ 的方向相反，所以在电介质中的总电场强度 $\boldsymbol{E}$ 与外电场 $\boldsymbol{E}_0$ 相比变小了。这一点与静电场中的导体有所不同。静电场中的导体达到静电平衡状态后，$\boldsymbol{E}'$ 与 $\boldsymbol{E}_0$ 等大、反向，所以在静电平衡时导体内的空间总电场强度 $\boldsymbol{E}$ 为零。

为了描述电介质对外电场的影响，引入一个物理量——电介质的**相对电容率** ε_r。

其定义式为

$$E=\frac{E_0}{\varepsilon_r} \tag{10.10}$$

显然，相对电容率 $\varepsilon_r>1$（在真空的情况下 $\varepsilon_r=1$）。相对电容率的大小体现了电介质对外电场的影响程度：如果电介质对外电场的影响越大，$\boldsymbol{E}'$ 越大，$\boldsymbol{E}$ 越小，电介质表面上出现的极化电荷越多，电介质的相对电容率 ε_r 越大。

把相对电容率 ε_r 和真空电容率 ε_0 的乘积称为**电介质的电容率**，用 ε 表示，即

$$\varepsilon=\varepsilon_r\varepsilon_0 \tag{10.11}$$

表 10.2 是几种电介质的相对电容率。

表 10.2　几种电介质的相对电容率

电　介　质	相对电容率
空气	1.00054
聚苯乙烯	2.6
油浸纸	3.5
变压器油	4.5
玻璃	5～10
瓷	6.5
乙醇	25
水	80
二氧化钛陶瓷	130
钛酸钡	10^3～10^4

在平行板电容器极板间是真空情况下，有 $E_0 = \sigma/\varepsilon_0$。结合式（10.10）可得极板间充满相对电容率为 ε_r 的电介质后，极板间的电场强度大小为

$$E = \frac{\sigma}{\varepsilon_r \varepsilon_0} = \frac{\sigma}{\varepsilon} \tag{10.12}$$

从表达式形式上看，有电介质后，空间的电场强度公式只需把真空情况下的电场强度公式中的 ε_0 替换为 ε 即可。

上述结果可以扩展到所有含真空电容率 ε_0 的静电学公式。

例如两个点电荷，在相对电容率为 ε_r 的电介质中，二者之间的相互作用力大小为

$$F = \frac{1}{4\pi\varepsilon} \frac{q_1 q_2}{r^2} \tag{10.13}$$

一个点电荷 q，在相对电容率为 ε_r 的电介质中，在空间产生的电场强度公式为

$$E = \frac{1}{4\pi\varepsilon} \frac{q}{r^2} \tag{10.14}$$

平行板电容器之间充满相对电容率为 ε_r 的电介质，电容值为

$$C = \frac{\varepsilon S}{d} \tag{10.15}$$

四、极化电荷与自由电荷的关系

在自由电荷产生的电场 $\boldsymbol{E}_0$ 中放入某种电介质，在电介质的表面出现极化电荷。那么出现的极化电荷的电荷量与自由电荷的电荷量之间有什么关系呢？

还是以上述例子来说明，如图 10.14 所示。设电容器极板自由电荷面密度为 σ，极化电荷面密度为 σ'，有 $E_0 = \sigma/\varepsilon_0$，$E' = \sigma'/\varepsilon_0$。

由式（10.9b）和式（10.10）得

$$E = E_0 - E' = \frac{E_0}{\varepsilon_r}$$

有

$$E' = \frac{\varepsilon_r - 1}{\varepsilon_r} E_0$$

代入 $E_0 = \sigma/\varepsilon_0$，$E' = \sigma'/\varepsilon_0$，得极化电荷面密度与自由电荷面密度的关系为

$$\sigma' = \frac{\varepsilon_r - 1}{\varepsilon_r} \sigma \tag{10.16}$$

而极化电荷的电荷量与自由电荷的电荷量的关系为

$$q' = \frac{\varepsilon_r - 1}{\varepsilon_r} q \tag{10.17}$$

可见，极化电荷的电荷量 q' 与自由电荷的电荷量 q 成正比，另外还与电介质的相对电容率 ε_r 有关。

五、电位移矢量 电介质中的高斯定理

设平行板电容器的两极板所带自由电荷分别为 $\pm q$ 。电介质极化后，在靠近电容器两极板的电介质两表面上分别产生极化电荷 $\pm q'$ 。作一圆柱形闭合面，使闭合面的左右底面与极板平行，左底面在导体极板内，右底面在电介质内，如图 10.15 中虚线所示。

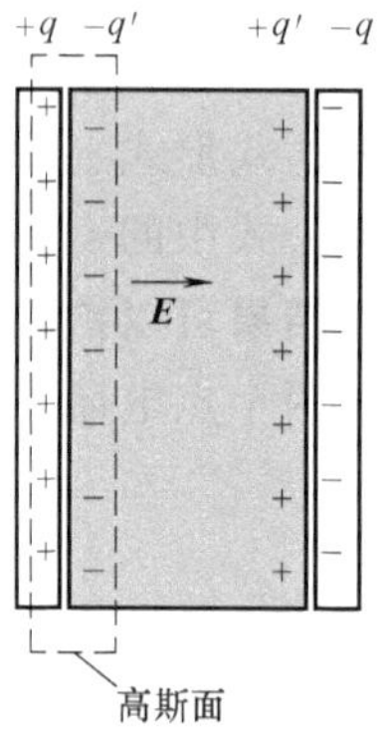

图 10.15　电介质中的电场

由高斯定理

$$\oint_S \boldsymbol{E} \cdot \mathrm{d}\boldsymbol{S} = \frac{1}{\varepsilon_0}\sum_{S内} q$$

式中，$\boldsymbol{E} = \boldsymbol{E}_0 + \boldsymbol{E}'$，为总电场强度；$\sum\limits_{S内} q$ 为闭合曲面内所有正、负电荷量的代数和：这里既有自由电荷，又有极化电荷。

上式可写成

$$\oint_S \boldsymbol{E} \cdot \mathrm{d}\boldsymbol{S} = \frac{1}{\varepsilon_0}(q - q')$$

代入式 (10.17)，有

$$\oint_S \boldsymbol{E} \cdot \mathrm{d}\boldsymbol{S} = \frac{1}{\varepsilon_r \varepsilon_0} q = \frac{1}{\varepsilon} q$$

式中，q 为高斯面内所有自由电荷的和。则有电介质存在时的高斯定理可写成

$$\oint_S \boldsymbol{E} \cdot \mathrm{d}\boldsymbol{S} = \frac{1}{\varepsilon}\sum_{S内} q \qquad (10.18)$$

式 (10.18) 说明，在有电介质的空间中取一高斯面，通过该高斯面的电通量等于高斯面所包围的自由电荷的代数和除以电介质的电容率 ε，即把真空情况下的高斯定理公式中 ε_0 用 ε 替代。

把式 (10.18) 中的 ε 移到等式左端，变为

$$\oint_S \varepsilon \boldsymbol{E} \cdot \mathrm{d}\boldsymbol{S} = \sum_{S内} q$$

定义一个描述电场的辅助物理量——**电位移矢量 $\boldsymbol{D}$**，即

$$\boldsymbol{D} = \varepsilon \boldsymbol{E} \qquad (10.19)$$

这样，有电介质存在时的高斯定理为

$$\oint_S \boldsymbol{D} \cdot \mathrm{d}\boldsymbol{S} = \sum_{S内} q \qquad (10.20)$$

它表示，通过电介质中任一高斯面 S 的电位移通量等于该曲面内所包围的自由电荷的代数和。可见，引进电位移矢量 $\boldsymbol{D}$ 后，高斯定理的表达式中就只包含自

由电荷，极化电荷不再出现在公式中。其实，极化电荷对原电场的影响体现在电位移矢量 $\boldsymbol{D}$ 中。

对电位移矢量 $\boldsymbol{D}$ 和有电介质时的高斯定理的几点说明：

1）电位移矢量 $\boldsymbol{D}$ 的单位是 $C \cdot m^{-2}$。

2）对平行板电容器，极板间电位移矢量 $\boldsymbol{D}$ 的大小为

$$D = \varepsilon E = \varepsilon \frac{\sigma}{\varepsilon} = \sigma \tag{10.21}$$

即等于极板上自由电荷的面密度。

3）电位移通量只与曲面内自由电荷有关，而与极化电荷无关，但电位移矢量 $\boldsymbol{D}$ 与自由电荷和极化电荷均有关；

4）有电介质存在时的高斯定理表达式（10.20）虽是从特殊情况下推出的，但它是普遍适用的，是静电场的基本定理之一。

5）在求解电介质中的电场强度时，可先直接用式（10.20）求 $\boldsymbol{D}$，然后根据式（10.19）求 $\boldsymbol{E}$。这样就无需考虑空间极化电荷的分布情况。

例 10.3 图 10.16 所示为由半径为 R_1 的长直圆柱导体和同轴的半径为 R_2 的薄导体圆筒组成的装置，并在直圆柱导体与薄导体圆筒之间充以相对电容率为 ε_r 的电介质。设直导体与圆筒单位长度上的电荷分别为 $+\lambda$ 和 $-\lambda$，求（1）电介质中的电位移和电场强度；（2）电介质内、外表面的极化电荷面密度。

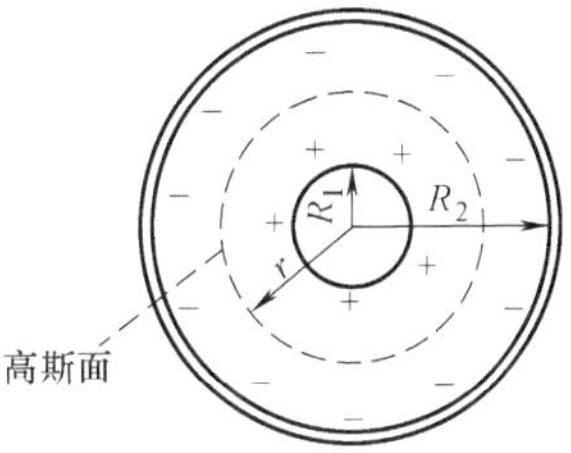

图 10.16 例 10.3 图

解：

（1）由于电荷分布是均匀对称的，所以电介质中的电场也是柱对称的，电位移矢量和电场强度的方向沿柱面的径矢方向向外。

作一与圆柱导体同轴的柱形高斯面，其半径为 r（$R_1 < r < R_2$）、长度为 l。因为电介质中的电位移矢量 $\boldsymbol{D}$ 与柱形高斯面两底面的法线垂直，所以通过这两底面的电位移通量为零。根据电介质中的高斯定理，有

$$\oint_S \boldsymbol{D} \cdot d\boldsymbol{S} = D \cdot 2\pi r l = \lambda l$$

得

$$D = \frac{\lambda}{2\pi r}$$

由 $D = \varepsilon E$，得电介质中的电场强度为

$$E = \frac{\lambda}{2\pi \varepsilon r} \quad (R_1 < r < R_2)$$

（2）直圆柱导体表面自由电荷的面密度为

$$\sigma_1 = \frac{\lambda l}{2\pi R_1 l} = \frac{\lambda}{2\pi R_1}$$

同理可得薄导体圆筒表面自由电荷的面密度为

$$\sigma_2 = \frac{\lambda}{2\pi R_2}$$

根据极化电荷面密度与自由电荷面密度的关系式（10.16），得电介质内表面的极化电荷面密度为

$$\sigma_1' = \frac{\varepsilon_r - 1}{\varepsilon_r}\sigma_1 = \frac{(\varepsilon_r - 1)\lambda}{2\pi\varepsilon_r R_1}$$

外表面的极化电荷面密度为

$$\sigma_2' = \frac{\varepsilon_r - 1}{\varepsilon_r}\sigma_2 = \frac{(\varepsilon_r - 1)\lambda}{2\pi\varepsilon_r R_2}$$

*六、压电效应

电介质在电场中可以极化，某些电介质，当沿着一定方向对其施加外力作用而使其变形时，其内部会产生极化现象，同时在它的两个相对表面上出现正负相反的电荷。当外力去掉后，它又会恢复到不带电的状态，这种没有外电场作用，只是由于形变而产生极化电荷的现象称为**正压电效应**。当作用力的方向改变时，电荷的极性也随之改变。相反，当在电介质的极化方向上施加电场，这些电介质也会发生变形，电场去掉后，电介质的变形随之消失，这种现象称为**逆压电效应**，或称为电致伸缩效应。能够产生压电效应的电介质，称为**压电体**。压电体都是各向异性的电介质。

这一现象最早是在 1880 年由居里兄弟皮尔（P · Curie）与杰克斯（J · Curie）发现的。至今发现的压电体有很多种，如石英、电气石、酒石酸钾钠、钛酸钡、锆钛酸铅（PZT）、聚双氟亚乙烯（PVDF）等。

压电体有广泛的应用。主要有：

1）机械能—电能的转换。压电打火机，煤气灶打火开关，炮弹触发引信，超声发生器（声纳、超声无损探伤、超声清洗、超声医疗）等。

2）石英压电晶体谐振器。把石英压电晶片夹在两个电极之间就成为石英压电晶体谐振器。在两极间接入交流电压，由于逆压电效应，谐振器两极的交变电压使压电晶片产生机械振动，由于振动产生的形变反过来又产生压电效应，在两极间产生交流电压。在此过程中，晶片在交变电压的作用下作受迫振动。当外加交变电信号的频率与晶片的固有频率相等时（不考虑阻尼），出现共振现象，晶片的振动最强，回路中形成的电流最大。我们把这种现象称为晶片的压电谐振。由于压电晶片的固有振动频率是非常稳定的，所以石英振荡器的计时误差非常小，石英电子表、石英钟里就用到了这个核心部件——石英压电晶体谐振器。

3）压电传感器——非电信号与电信号的转换。压电传感器应用于传声器、

扬声器、电唱头等电声器件以及船只上的声纳系统等。

第四节 电流 稳恒电场 电动势

一、电流

（一）电流 电流密度

大量电荷有规则的定向运动形成**电流**。设经过 $\mathrm{d}t$ 时间有 $\mathrm{d}q$ 的电荷量通过截面，则电流为

$$i=\frac{\mathrm{d}q}{\mathrm{d}t} \tag{10.22}$$

电流的单位（SI）是安培（A），规定正电荷的定向运动方向为电流的方向。

电流 i 虽然可以描述电流的大小，但从定义上看，它只能反映导体在某一截面上的整体电流情况。在粗细不均的导线中通过电流时，通过导线不同截面、截面上的不同部分电流的大小和方向不同，即电流在截面上的分布是不均匀的。为了更细致地描述通过导线的电流情况，引入一个电流密度矢量 $\boldsymbol{j}$ 的概念，即

$$\boldsymbol{j}=\frac{\mathrm{d}i}{\mathrm{d}S}\boldsymbol{n} \tag{10.23}$$

它是一个矢量，其大小为通过单位截面积的电流，$\boldsymbol{n}$ 为 $\mathrm{d}S$ 截面的正法线方向，该方向与流过 $\mathrm{d}S$ 截面处电流的方向一致，也与该处电场强度 $\boldsymbol{E}$ 的方向一致。

由电流密度矢量的定义式可得 $\mathrm{d}i=\boldsymbol{j}\cdot\mathrm{d}\boldsymbol{S}$。因此，流过导线上某个截面的电流 i 为

$$i=\int_S \boldsymbol{j}\cdot\mathrm{d}\boldsymbol{S} \tag{10.24}$$

由式（10.24）可以看出，通过导体某截面 S 的电流 i 实质上就是通过该面积的电流密度通量。

（二）电容器充电过程中的电流

在一个由电容器 C、电阻 R 和开关 S 组成的串联电路的 A，B 两端加上电压 U（A 端电势高，B 端电势低），如图 10.17 所示。当开关 S 闭合，电子受电压在导线中建立的电场作用，从电容器的正极板通过导线移动到 A 端，同时电场驱动同样多的电子从 B 端移动到电容器的负极板，这样，电容器的正极板失去电子而带上正电，电容器的负极板得到电子而带上负电，形成对电容器的充电过程。

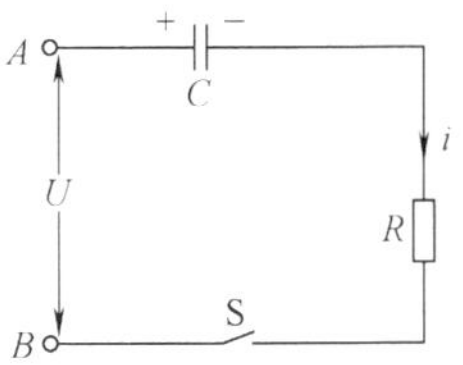

图 10.17 电容器的充电过程

随着电容器充电过程的进行，电容器的两个极板上电荷越来越多，极板间的

电势差也从零开始逐渐增大。当电容器的正极板与 A 端等电势、电容器的负极板与 B 端等电势时，导线中没有电场，电子的移动停止，充电过程结束。这时电容器两极板间的电势差等于 A，B 两端的电压 U 。

设充电过程结束时电容器两极板带的电荷量为 Q，充电过程中 t 时刻电容器两极板带的电荷量为 q，极板间的电势差为 u。

根据闭合电路的欧姆定律，有

$$U = u + iR$$

代入 $u = q/C$，$i = \mathrm{d}q/\mathrm{d}t$，有

$$U = \frac{q}{C} + R\frac{\mathrm{d}q}{\mathrm{d}t}$$

分离变量 q 和 t

$$\frac{\mathrm{d}q}{UC - q} = \frac{1}{RC}\mathrm{d}t$$

考虑初始到某一时刻 t，对上式求定积分

$$\int_0^q \frac{\mathrm{d}q}{UC - q} = \int_0^t \frac{1}{RC}\mathrm{d}t$$

解得

$$q = UC(1 - \mathrm{e}^{-\frac{1}{RC}t}) = Q(1 - \mathrm{e}^{-\frac{1}{RC}t}) \tag{10.25}$$

进一步可以求得

$$u = U(1 - \mathrm{e}^{-\frac{1}{RC}t}) \tag{10.26}$$

$$i = \frac{\mathrm{d}q}{\mathrm{d}t} = \frac{U}{R}\mathrm{e}^{-\frac{1}{RC}t} \tag{10.27}$$

式中，RC 的值称为电路的时间常数，该值的大小决定了电路充电时间的长短。

可见，电容器两极板的电压达到某一值需要一定的时间，这一结论可应用于简单的延时控制电路。

（三）电流与微观量的关系

设导体单位体积内有 n 个定向漂移的、带正电的粒子（导体中通常作定向漂移运动的是电子，等效于带正电的粒子沿相反的方向运动），每个粒子带有的电量为 q，都以漂移速率 v 运动，形成的电流为 I，如图 10.18 所示。

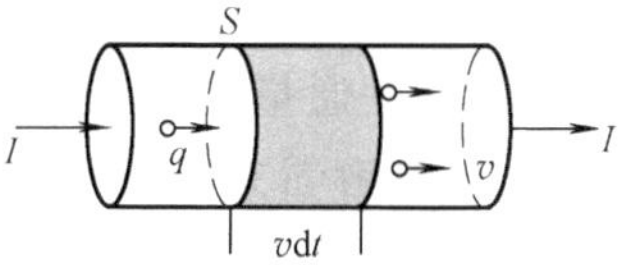

图 10.18　电流与微观量的关系

带电粒子漂移速率是由于外加的、引起电流 I 的电场作用而产生的，它与组成物质的粒子不规则运动速率不同，漂移速率比不规则运动速率要小得多，粒子的漂移速率仅为 $10^{-5} \sim 10^{-4}\,\mathrm{m/s}$ 数量级，甚至更小，不规则运动的平均速率则可达到 $10^{3}\,\mathrm{m/s}$ 数量级甚至更高。

在这里，你可能要问：“粒子的漂移速率这么小，那为什么打开开关时，灯

亮得那么快？”这是因为灯接通的速率是电场分布的改变沿导线传播的速率，这个速率接近光速。这就好像一根充满水的水管接到水龙头上，阀门一打开，另一端会立即有水流出道理类似。

在 $\mathrm{d}t$ 时间内，带电粒子向前运动的距离为 $v\mathrm{d}t$，体积元 $Sv\mathrm{d}t$ 内（图中阴影部分所示）的所有漂移粒子都通过了 S 横截面，通过 S 横截面粒子的个数为 $nSv\mathrm{d}t$，通过横截面的电量 $\mathrm{d}q$ 为 $nSv\mathrm{d}t \cdot q$。

根据电流的定义，可得

$$I = \frac{\mathrm{d}q}{\mathrm{d}t} = qnvS \tag{10.28}$$

式（10.28）是通过导体横截面 S 的电流 I 与微观量 n，q，v 的关系式。

二、稳恒电场

在导体内形成电流，如果各处的电流密度都不随时间而变化，这样的电流称为**稳恒电流**。在稳恒电流情况下，导体内电荷的分布不随时间改变，这种不随时间改变的电荷分布在空间产生不随时间改变的电场，称为**稳恒电场**。

产生稳恒电场的电荷分布虽然不随时间改变，但这种分布伴随着电荷的定向运动。电荷个体是在作定向运动，大量的运动电荷整体在空间的分布却是稳恒不变的。

稳恒电场与静电场都是由电荷产生的，因此它们有许多相似之处，如它们都服从高斯定理和环路定理，也可以在稳恒电场中像静电场那样引入电势的概念等。

稳恒电场与静电场也有区别。静电场是由静止的电荷在空间形成的，二者在形成上是不同的。另外，在形成稳恒电场的导体内部，稳恒电场不等于零，导体内任意两点电势不等；而静电场中的导体处于静电平衡时，导体内的电场为零，导体也是等势体。

三、电动势

在现实生活和生产中，往往需要提供一个稳恒电流。那么如何获得一个稳恒电流呢？下面以电容器放电时产生的电流为切入点来讨论。

如图 10.19 所示，用导线将电阻 R 与已充电的电容器连接起来，则正电荷从正极板通过电阻流向负极板，形成电流 i。随着时间的变化，电容器极板上的电荷量越来越少，电流 i 也越来越小，直到最后极板上的电荷量为零，回路中的电流也为零，电容器放电结束。

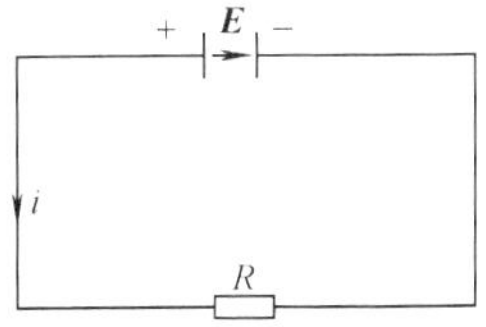

图 10.19 电容器的放电过程

思考：电流 i 随时间如何变化？同学们可以参照电容器充电过程中电流的计算方法寻找答案。

可见，通过电容器的放电过程可以获得电流，但不能获得稳恒电流。如果把到达负极板的正电荷及时地送回正极板，保证两极板上的电荷量不随时间而改变，在两极板间维持恒定的电势差，形成的电流 i 就不会随时间而改变，从而就可以获得稳恒电流。

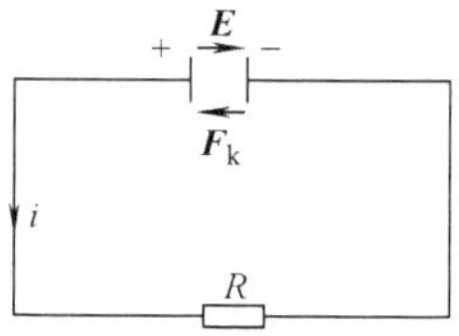

图 10.20　电源

那么，如何把经电阻 R 到达负极板的正电荷 q 及时地送回到正极板呢？移动正电荷 q 这个力一定不是静电场力，因为静电场力对正电荷 q 施加的力的方向指向负极板。把这种与静电场力性质截然不同的、不是静电场力的力称为**非静电力**，用 $\boldsymbol{F}_k$ 表示，如图 10.20 所示。能够提供非静电力的装置称为**电源**，这时的高电势极板和低电势极板，称为电源的正、负极。

对非静电力的理解：电源提供的非静电力，可能是一种真实的力，如第十二章中提到的洛仑兹力，也可能只是一种非静电作用。在化学电池中，非静电力是与离子的溶解和沉积过程相联系的化学作用；在温差电池中，非静电力是与温度差及电子浓度差相联系的扩散作用。

综上所述，要想获得稳恒电流，做法是用导线通过电阻，从电源外部把正、负极连接起来，这时静电场力将驱使正电荷由电源的正极移向负极；在电源内部，电源提供的非静电力驱使等量正电荷反抗静电场力的作用，从电源负极移向正极。这样，在静电场力和电源提供的非静电力共同作用下，正电荷持续不断地移动，在电路中形成稳恒电流。

仿照静电场中电场强度的定义，我们把作用在单位正电荷上的非静电力定义为**非静电场强度**，记为 $\boldsymbol{E}_k$，有

$$\boldsymbol{E}_k = \frac{\boldsymbol{F}_k}{q} \tag{10.29}$$

电源把正电荷 q 从负极经电源内部移到正极，非静电力 $\boldsymbol{F}_k$ 所做的功为

$$A = \int_-^+ \boldsymbol{F}_k \cdot \mathrm{d}\boldsymbol{l} = q\int_-^+ \boldsymbol{E}_k \cdot \mathrm{d}\boldsymbol{l}$$

把单位正电荷从负极经电源内部移到正极非静电力 $\boldsymbol{F}_k$ 所做的功定义为电源的电动势，符号用 $\mathscr{E}$ 表示，即

$$\mathscr{E} = \frac{A}{q} = \int_-^+ \boldsymbol{E}_k \cdot \mathrm{d}\boldsymbol{l} \tag{10.30}$$

电源的电动势是标量，通常规定从负极经电源内部指向正极的方向为电动势的方向。日常生活中常见的直流电源的电动势值有 1.5V，9V，12V 等。

有的电源，非静电力只存在于电源内部，电源外部 $\boldsymbol{E}_k$ 为零；有的情况下，非静电力作用在整个回路上（在第十二章中的电磁感应现象中会涉及），这时电

源的电动势为

$$\mathscr{E} = \oint_L \boldsymbol{E}_{\mathrm{k}} \cdot \mathrm{d}\boldsymbol{l} \tag{10.31}$$

第五节 静电场的能量

能源来自何处？

在电容器的放电过程中，有电流通过电阻 R，会释放出焦耳热，而能量是守恒的，那么这部分能量来自何处呢？

答案是来自于电容器中电场的能量。在放电过程中，电容器中的电场由有到没有，是电容器中电场的能量转换为焦耳热。

想一想，在生活中，还有什么例子可以说明电场具有能量？

下面以平行板电容器的充电过程为例，分析静电场的能量。

设电源给电容器充电前，电容器两极板上没有电荷。充电结束后，两极板上的电荷量为 Q，极板间的电压为 U。

设充电过程中某时刻 t，电容器两极板上的电荷为 q，两极板间的电压为 u，$u=q/C$。经 $\mathrm{d}t$ 时间，电源把 $\mathrm{d}q$ 电荷量移送到电容器的正极板。在这此过程中，电源中的非静电力所做的功为

$$\mathrm{d}A = \mathrm{d}q\, u$$

考虑到整个充电过程，电源所做的功为

$$A = \int \mathrm{d}A = \int_0^Q \frac{q}{C}\mathrm{d}q = \frac{Q^2}{2C} \tag{10.32}$$

上式也可以表示为

$$A = \frac{1}{2}CU^2 = \frac{1}{2}UQ$$

电源所做的功 A 哪去了，或者说转换成什么能量了呢？考虑到电容器充电前极板间没有静电场，充电结束后，极板间存在一均匀电场，可见电源所做的功 A 转换成了电容器中静电场的能量 W_{e}，即

$$W_{\mathrm{e}} = A$$

设平行板电容器极板的面积为 S，极板间距为 d，极板间充有的各向同性电介质的相对电容率为 ε_{r}，充电结束后极板间的电场强度为 $\boldsymbol{E}$。把

$$U = Ed, \quad C = \frac{\varepsilon_{\mathrm{r}}\varepsilon_0 S}{d}$$

代入静电场的能量公式，有

$$W_e=\frac{1}{2}CU^2=\frac{1}{2}\frac{\varepsilon_r\varepsilon_0 S}{d}(Ed)^2=\frac{1}{2}\varepsilon E^2\cdot V \tag{10.33}$$

式中，$V=Sd$，是电容器中静电场的体积。

把体积移到等式的左端，得静电场的能量密度

$$w_e=\frac{W_e}{V}=\frac{1}{2}\varepsilon E^2 \tag{10.34}$$

上式也可以写成

$$w_e=\frac{1}{2}DE=\frac{1}{2}\boldsymbol{D}\cdot\boldsymbol{E} \tag{10.35}$$

注意：静电场的能量密度公式虽然是从平行板电容器的充电过程中分析得来的，但它适用于任何电场的情况。

一般情况下，体积为 V 的空间，电场的总能量为

$$W_e=\int_V w_e\mathrm{d}V=\int_V\frac{1}{2}\varepsilon E^2\mathrm{d}V \tag{10.36}$$

例 10.4 真空中有一个均匀带电的球面，半径为 R，带的总电荷量为 Q，如图 10.21 所示。计算其空间电场的能量。

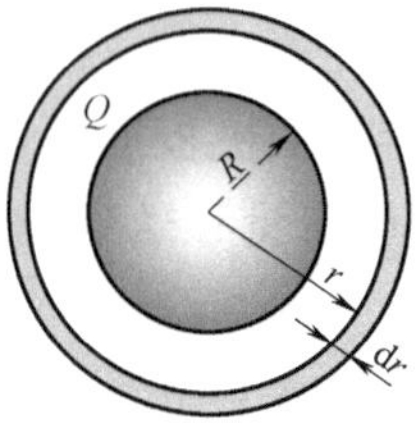

图 10.21 例 10.4 图

解：

均匀带电的球面在空间某点产生的电场强度，利用高斯定理可求得为

$$E=0 \quad (r<R)$$

$$\boldsymbol{E}=\frac{Q}{4\pi\varepsilon_0 r^2}\boldsymbol{e}_r \quad (r>R)$$

可见，电场只存在于球面外，并充满整个球面外空间，方向沿径向向外。

在电场的空间取半径为 r、厚度为 $\mathrm{d}r$ 的一薄球层，该薄层的体积为 $\mathrm{d}V=4\pi r^2\cdot\mathrm{d}r$，所在处的电场强度的大小为

$$E=\frac{Q}{4\pi\varepsilon_0 r^2}$$

则空间电场的能量为

$$W_e=\int_V w_e\mathrm{d}V=\int_V\frac{1}{2}\varepsilon_0E^2\cdot4\pi r^2\mathrm{d}r=\frac{Q^2}{8\pi\varepsilon_0}\int_R^\infty\frac{1}{r^2}\mathrm{d}r=\frac{Q^2}{8\pi\varepsilon_0 R}$$

本章小结

一、静电场中的导体

静电感应现象

处在外电场中的导体，其内部的自由电子沿外电场反方向运动，使垂直外电场方向的两端表面带上等量异号电荷。

静电平衡条件

静电平衡时，导体内部的电场强度处处为零，导体表面附近的电场强度处处与表面垂直。

静电平衡时导体的基本性质

1）导体内部和表面各点的电势都相等，即整个导体是个等势体，导体表面是个等势面。

2）导体上的电荷分布情况

3）带电导体表面附近的电场强度为

$$E=\frac{\sigma}{\varepsilon_0}$$

电容　电容器

1. 电容器的电容

$$C=\frac{q}{U}$$

2. 几种常见电容器的电容

（1）平行板电容器

$$C=\frac{\varepsilon_0 S}{d}$$

（2）圆柱形电容器

$$C=\frac{2\pi\varepsilon_0 l}{\ln\frac{R_B}{R_A}}$$

（3）球形电容器的电容

$$C=\frac{4\pi\varepsilon_0 R_A R_B}{R_B-R_A}$$

3. 电容器的并联

$$C=\sum_{i=1}^{n}C_i$$

4. 电容器的串联

$$\frac{1}{C}=\sum_{i=1}^{n}\frac{1}{C_i}$$

二、静电场中的电介质

电介质的极化现象

电场中的各向同性均匀电介质在垂直外电场方向的两端表面出现等量异号的束缚电荷。

电介质极化对电场分布的影响

$$E=\frac{E_0}{\varepsilon_r}$$

极化电荷与自由电荷的关系

（1）极化电荷面密度与自由电荷面密度的关系

$$\sigma'=\frac{\varepsilon_r-1}{\varepsilon_r}\sigma$$

（2）极化电荷的电荷量与自由电荷的电荷量的关系

$$q'=\frac{\varepsilon_r-1}{\varepsilon_r}q$$

在各向同性均匀电介质中，电位移矢量$\boldsymbol{D}$与电场强度$\boldsymbol{E}$的关系为

$$\boldsymbol{D}=\varepsilon_r\varepsilon_0\boldsymbol{E}=\varepsilon\boldsymbol{E}$$

电介质中的高斯定理

$$\oint_S \boldsymbol{D}\cdot \mathrm{d}\boldsymbol{S}=\sum_{S内}q$$

三、电流 稳恒电场 电动势

1.电流与电流密度

$$i=\frac{\mathrm{d}q}{\mathrm{d}t}=\int_S \boldsymbol{j}\cdot\mathrm{d}\boldsymbol{S}$$

2.电动势

（1）定义：把单位正电荷从负极经电源内部移到正极非静电力所做的功。

（2）表达式1

$$\mathscr{E}=\int_-^+\boldsymbol{E}_k\cdot\mathrm{d}\boldsymbol{l}$$

（3）表达式2

$$\mathscr{E}=\oint_L\boldsymbol{E}_k\cdot\mathrm{d}\boldsymbol{l}$$

四、电场的能量

1.电容器的储能公式

$$W_e=\frac{1}{2}\frac{Q^2}{C}=\frac{1}{2}CU^2=\frac{1}{2}UQ$$

2.电场能量密度

$$w_e=\frac{W_e}{V}=\frac{1}{2}\varepsilon E^2=\frac{1}{2}DE$$

3. 电场的能量

$$W_e=\int_V w_e\mathrm{d}V=\int_V\frac{1}{2}\varepsilon E^2\mathrm{d}V$$

思考与练习

1. 为什么高压电器设备上金属部件的表面要尽可能没有棱角？

2. 电子仪器的外壳通常采用金属板，如微型计算机、示波器等，为什么？

3. 假设在平行板电容器两极板间插入一薄金属板，薄金属板的厚度比电容器两极板间距小很多，可忽略不计。试问插入金属板后，电容器的电容有无变化？

4. 电介质的极化现象和导体的静电感应现象有什么区别？

5. 在电容器的两极板间充入电介质后，电容值如何变化？为什么？

6. 在第九章，我们学习过有关真空中静电场的基本知识，如库仑定律、高斯定理、点电荷空间的电场分布等。如果静电场的空间中有各向同性均匀电介质，上述知识对应的表达式有什么变化？

7. 电动势的大小描述电源的什么性质？

8. 静电场的能量与什么有关？

9. 将一个带正电的带电体 A 从远处移到一个不带电的导体 B 附近，导体 B 的电势将（　　）。

(A) 升高　　(B) 降低　　(C) 不会发生变化　　(D) 无法确定

10. 当一个带电导体达到静电平衡时，（　　）。

(A) 导体表面上电荷密度大处电势较高

(B) 导体内任意一点与其表面上任意一点的电势差等于零

(C) 导体内部的电势比导体表面的电势高

(D) 导体表面曲率较大处电势较高

11. 在一个孤立的导体球壳内，若在偏离球中心处放一个点电荷，则在球壳内、外表面上将出现感应电荷，其分布将是（　　）。

(A) 内表面均匀，外表面也均匀　(B) 内表面不均匀，外表面均匀

(C) 内表面均匀，外表面不均匀　(D) 内表面不均匀，外表面也不均匀

12. 对电位移矢量的理解，下列说法中正确的是（　　）。

(A) 介质中的电位移矢量与自由电荷和极化电荷的分布有关。

(B) 介质中的电位移矢量仅仅与自由电荷的分布有关。

(C) 若电位移矢量沿任意一个闭合曲面的积分等于零，曲面内电荷的代数和一定等于零。

(D) 若电位移矢量沿任意一个闭合曲面的积分等于零，曲面内一定没有自由电荷。

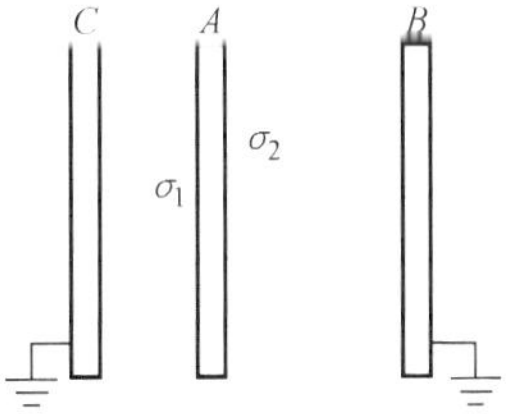

图 10.22　题 13 图

13. 三个平行金属板 A，B 和 C 的面积都是 200cm^2，A 和 B 相距 4.0mm，A 与 C 相距 2.0 mm，B，C 都接地，如图 10.22 所示。如果使 A 板带正电 3.0×10^{-7}C，略去边缘效应，问 B 板和 C 板上的感应电荷各是多少？以地的电势为零，则 A 板的电势是多少？

14. 两个半径分别为 R_1 和 R_2（$R_1 < R_2$）的同心薄金属球壳，现给内球壳带电 $+q$，试计算外球壳上的电荷分布及电势大小。

15. 空气可以承受的电场强度的最大值为 $E = 30\text{kV}\cdot\text{cm}^{-1}$，超过这个数值时空气要发生火花放电。今有一高压平行板电容器，极板间距离为 $d = 0.5\text{cm}$，

求此电容器可承受的最高电压。

16. 如图10.23所示，在平行板电容器的一半容积内充入相对介电常数为 ε_r 的电介质。试求：在有电介质部分和无电介质部分极板上自由电荷面密度 σ_2 和 σ_1 的比值。

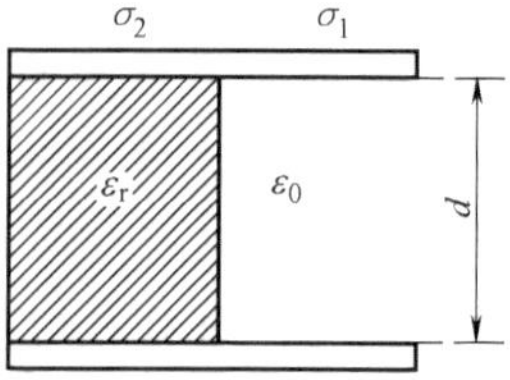

图10.23　题16图

17. 半径为 $R_1 = 2.0\text{cm}$ 的导体球，外套有一同心的导体球壳，壳的内、外半径分别为 $R_2 = 4.0\text{cm}$ 和 $R_3 = 5.0\text{cm}$，如图10.24所示。当内球带电荷 $Q = 3.0\times10^{-8}\text{C}$ 时，求：

(1) 整个电场储存的能量；

(2) 如果将导体壳接地，计算储存的能量；

(3) 此电容器的电容值。

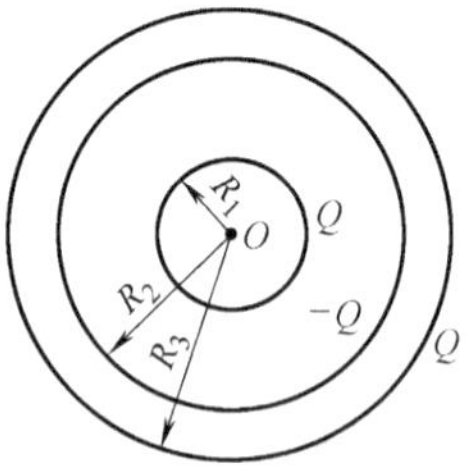

图10.24　题17图

18. 利用电场能量密度 $w_e = \dfrac{1}{2}\varepsilon E^2$ 计算均匀带电球体的静电能，设球体半径为 R，所带电荷量为 Q，空间电介质的电容率为 ε。

19. 球形电容器内外半径分别为 R_1 和 R_2，充有电荷量 Q。(1) 求电容器内电场的总能量；(2) 证明此结果与按 $W_e = \dfrac{1}{2}\dfrac{Q^2}{C}$ 算得的电容器所储电能值相等。

在静止电荷的周围存在着电场。如果电荷在运动，那么在它的周围就不仅有电场，而且还有磁场。也就是说电荷在导体中作恒定流动时在它周围将激发起恒定磁场。磁场也是物质的一种形态，它只对运动电荷或电流施加作用，可用磁感应强度和磁场强度描写。如果磁场中有实物物质存在，在磁场作用下，其内部状态将发生变化，并反过来影响磁场的分布，这就是物质的磁化过程。本章在介绍了基本磁现象之后，着重讨论电流激发磁场的基本公式毕奥-萨伐尔定律、描述磁场基本性质的磁场高斯定理和安培环路定理以及电流和运动电荷在电磁场中的受力和运动的规律。根据实物物质的电结构，本章还将简要说明各类磁介质磁化的微观机制，并介绍有磁介质时磁场所遵循的普遍规律。

第十一章　稳恒磁场

这是为什么？

在高纬度地区的黑夜里，你可能会看到从天空下垂的、变幻的光“幕”，这就是极光。极光被视为自然界中最漂亮的奇观之一。但在近赤道区域，却很少出现极光，这是为什么呢？其他星球也有极光吗？

第一节　磁场　磁感应强度

奥斯特（Hans Christian Oersted，1777—1851），丹麦物理学家。他信奉德国著名哲学家康德在研究天体起源和演化问题时所提出的科学思想：不能用孤立、静止的方法来研究自然界，而要用联系、发展的观点来研究自然界。在这个思想的影响下，他通过大量的实验发现了电流的磁效应，使科学家们纷纷从“电与磁不可能有任何联系”的传统错误观念中摆脱出来，并导致了19世纪中叶电磁理论的统一和发展。

一、基本磁现象

有关天然磁石（Fe_3O_4）吸引铁的现象，我国早在战国时期（公元前 300 年）就已有记载，《管子·地数篇》中有“上有慈石者，下有铜金”。11 世纪时，我国科学家沈括创制了航海用的指南针，并发现了地磁偏角。现在所用的磁铁多半是人工制成的，例如用铁、钴、镍等合金制成的永久磁铁。无论是天然磁石或是人造磁体，都有 N 和 S 两个磁极。由于地球就是一个大磁体，将一条形磁铁悬挂起来，磁铁会自动地转向南北方向，指北的一极称为指北极或 N 极，指南的一极称为指南极或 S 极。同号磁极之间相互排斥，异号磁极之间相互吸引。与正、负电荷可以独立存在不一样，**在自然界中不存在独立的 N 极和 S 极**。任一磁铁，不管把它分割得多小，每一小块磁铁仍然具有 N 极和 S 极。近代理论认为可能有单独磁极存在，这种具有磁南极或磁北极的粒子，叫做磁单极子。但至今未观察到这种粒子。

磁现象和电现象虽然早已被人们发现，但在很长时期内，没能把电现象与磁现象联系起来，一直认为电现象与磁现象是互不相关的。直到 1819 年，丹麦科学家奥斯特发现放在载流导线周围的磁针会受到磁力作用而偏转，后来安培发现，放在磁铁附近的载流导线也会受到磁力的作用而发生运动。随后又发现，载流导线之间或载流线圈之间也有相互作用，并总结出两电流之间的作用力和两磁铁之间的作用力同属磁作用力。这时人们才知道，磁现象与电荷的运动是密切相关的，一切磁现象的根源是电流。1822 年，安培由此提出了有关物质磁性本质的假说，他认为，任何物质中的分子都存在有回路电流，称为分子电流，分子电流相当于一个基元磁体，物质对外显示出的磁性，就是分子电流在外界作用下趋向于沿同一方向排列的结果。安培假说与现代物理对物质磁性的理解是相符的。近代理论表明，原子核外电子绕核的运动和电子自旋等运动就构成了等效的分子电流，一切磁现象起源于电荷的运动。

二、磁场

从静电场的研究中我们已经知道，在静止电荷周围的空间存在着电场，静止电荷间的相互作用是通过电场来传递的。电流间（包括运动电荷间）的相互作用也是通过场来传递的，这种场称为**磁场**。磁场是存在于运动电荷周围空间除电场以外的一种特殊物质，实验表明，磁场的基本性质在于对位于其中的运动电荷或电流有作用力。因此，运动电荷与运动电荷之间、电流与电流之间、电流与磁铁之间的相互作用，都可以看成是它们中任意一个所激发的磁场对另一个施加作用力的结果。

在现代生产和日常生活中，磁场已有很多应用。例如：在工业上，把线圈绕在铁心上通入电流以形成电磁铁，用它所激发的磁场从杂物中拣出金属碎片，如图 11.1 所示。又如：家里使用的冰箱磁贴，利用的就是小块永久磁体所激发的磁场。

图 11.1 电磁铁

三、磁感应强度

在研究电场的时候，为了探测电场中电场强弱的分布情况，我们在电场中放入试验电荷 q_0，若 q_0 受到力 $\boldsymbol{F}$ 的作用，则定义该点处的电场强度为 $\boldsymbol{E}=\boldsymbol{F}/q_0$，用此来定量描述电场。与此相似，由于磁场对运动电荷有力的作用，因此，我们引入一个运动电荷，根据磁场对运动电荷的作用情况，建立磁感应强度 $\boldsymbol{B}$ 的概念，用来定量描述磁场对运动电荷的作用这一性质。

我们可以用图 11.2 所示的实验装置来演示磁场对运动电荷有作用力。

图 11.2 运动电荷在磁场中运动演示仪

给匝数相同、间距与半径相同且相互平行的两组线圈通有流向相同的电流时，在两线圈轴线中心附近的区域可获得比较均匀的磁场，这个装置称为亥姆霍兹线圈（电流在空间产生磁场有关知识在本章下一节介绍）。

在亥姆霍兹线圈产生的均匀磁场中间放置一个充有少量氩气的圆形玻璃泡，玻璃泡内的电子枪可发射不同速率、不同运动方向的电子束。在电子束所经过的路径上，由于氩气被电离发出辉光，从而可显示出电子束受力后的运动轨迹情况。

实验发现：

1）电荷在磁场中运动，受到的磁场力与电荷的正、负有关（负电荷沿某方向运动可以看成是正电荷沿相反方向运动）。

2）当运动电荷以同一速率 v 沿不同方向运动时，电荷所受磁场力的大小是不同的，但磁场对运动电荷作用力的方向却总是与电荷运动方向垂直。

3）在磁场中存在着一个特定的方向，当电荷沿这特定方向运动时，运动电荷不受力，即磁场力为零。

4）如果电荷沿着与这个特定方向垂直的方向运动时，所受到的磁场力最大，即这个最大磁场力 F_{m} 正比于运动电荷的电荷量 q 与速率 v 的乘积，但比值 F_{m}/qv 却在空间具有确定的量值（如果是非均匀磁场，比值与电荷所经过的位置有关，因为不同位置处，磁场的强弱不同）。显然，它反映出磁场本身的一个性质。我们用这个比值定义均匀磁场空间磁感应强度的大小，符号为 B，即有

$$B=\frac{F_{\mathrm{m}}}{qv} \tag{11.1}$$

就如用 $E=F/q_0$ 来描述电场的强弱一样，用 $B=F_m/qv$ 来描述磁场的强弱。

实验同时发现，磁场力 $\boldsymbol{F}$ 总是垂直于 $\boldsymbol{B}$ 和 $\boldsymbol{v}$ 所组成的平面，且相互构成右手螺旋系统。

磁感应强度的方向与小磁针放置于该处 N 极的指向相同。

如果磁场是非均匀磁场，上述分析对磁场空间某一点也是成立的。

通过实验现象，总结出一般情况：我们可以用一个矢量关系式来表示一个带有电荷 q 的粒子以速度 $\boldsymbol{v}$ 通过磁感应强度为 $\boldsymbol{B}$ 的某一点时，该粒子受到的磁场力，即

$$\boldsymbol{F}=q\boldsymbol{v}\times\boldsymbol{B} \tag{11.2}$$

这个力称为**洛伦兹力**。上式说明，作用在粒子上的力 $\boldsymbol{F}$ 等于电荷 q 乘以粒子的速度 $\boldsymbol{v}$ 与磁感应强度 $\boldsymbol{B}$ 的矢积。

根据矢积的定义，洛伦兹力 $\boldsymbol{F}$ 的大小为

$$F=q\boldsymbol{v}B\sin\theta \tag{11.3}$$

式中，θ 是速度 $\boldsymbol{v}$ 和磁感应强度 $\boldsymbol{B}$ 之间的夹角。显然，当 $\theta=0$ 或 π，即 $\boldsymbol{v}//\boldsymbol{B}$ 时，$F=0$；当 $\theta=\pi/2$，即 $\boldsymbol{v}\perp\boldsymbol{B}$ 时，$F=F_m$。这与前面所述实验现象相符合。

洛伦兹力 $\boldsymbol{F}$ 的方向由右手螺旋法则判断：右手四指先指向 $\boldsymbol{v}$ 的方向，然后通过 $\boldsymbol{v}$ 与 $\boldsymbol{B}$ 小于180°的角弯向 $\boldsymbol{B}$，此时，大拇指的方向即为力 $\boldsymbol{F}$ 的方向，如图 11.3 所示。如果 q 为正，则洛伦兹力 $\boldsymbol{F}$ 与 $\boldsymbol{v}\times\boldsymbol{B}$ 方向相同；如果 q 为负，则洛伦兹力 $\boldsymbol{F}$ 与 $\boldsymbol{v}\times\boldsymbol{B}$ 方向相反。

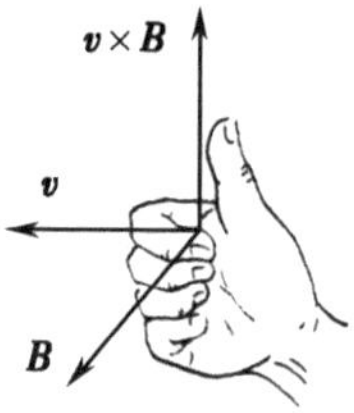

图 11.3 右手螺旋法则

注意：无论电荷的符号如何，作用在以速度 $\boldsymbol{v}$ 通过磁感应强度为 $\boldsymbol{B}$ 的磁场时，带电粒子上的洛伦兹力 $\boldsymbol{F}$ 永远垂直于 $\boldsymbol{v}$ 和 $\boldsymbol{B}$。因而，$\boldsymbol{F}$ 只能改变带电粒子的运动方向，不能改变粒子的速率。

磁感应强度 $\boldsymbol{B}$ 是描述磁场性质的基本物理量。在国际单位制中，按上述定义式，磁感应强度 $\boldsymbol{B}$ 的单位为 N · s/（C · m）=N/（A · m），称为特斯拉(tesla)，符号为 T 。

表 11-1 列出了有关自然界中的一些磁场的近似值。

表 11-1 有关自然界中的一些磁场（近似值） （单位：T）

位 置	磁感应强度	位 置	磁感应强度
中子星表面处	10^{8}	地球赤道附近	3×10^{-5}
超导电磁铁附近	5～40	地球两极附近	6×10^{-5}
大型电磁铁附近	1.5	太阳在地球轨道上的磁场	3×10^{-9}
小条形磁铁附近	10^{-2}	人体磁场	10^{-12}
太阳表面的磁场	10^{-2}	磁屏蔽室内的最小值	10^{-14}

顺便指出，如果磁场中某一区域内各点的磁感应强度 $\boldsymbol{B}$ 都相同，即该区域内各点 $\boldsymbol{B}$ 的方向一致、大小相等，那么，该区域内的磁场就叫做均匀磁场。否则都称为非均匀磁场。长直密绕螺线管内部的磁场，常被认为是均匀磁场。

问题：图 11.4 所示为带电粒子以速度 $\boldsymbol{v}$ 穿过一均匀磁场 $\boldsymbol{B}$ 的三种情况。在每一种情况中，粒子受到的洛伦兹力 $\boldsymbol{F}$ 沿什么方向？

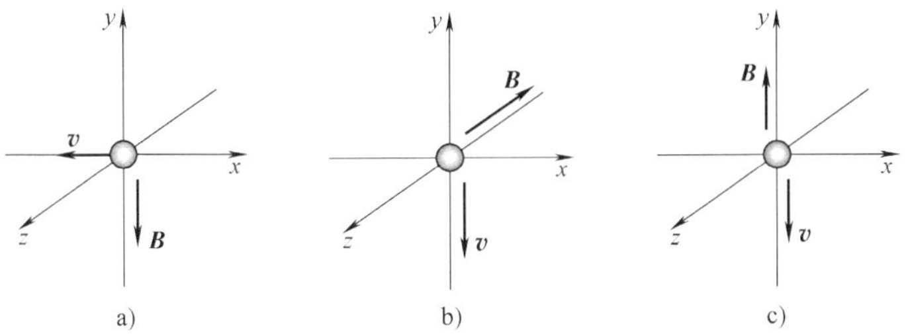

图 11.4　带电粒子穿过均匀磁场

例 11.1　如图 11.5 所示，一垂直纸面向外，大小为 1.2mT 的均匀磁场 $\boldsymbol{B}$ 遍及一实验用小箱内各处，一具有 5.3MeV 动能的质子进入小箱并从下向上运动。当质子进入该箱时，作用在其上的磁场力有多大？质子的质量为 $1.67\times10^{-27}\,\text{kg}$。（忽略地球的磁场）

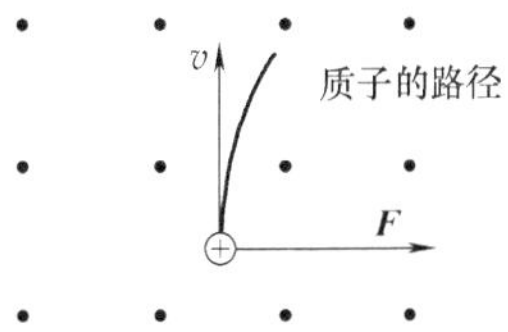

图 11.5　例 11.1 图

解：　因为质子带电并通过磁场，所以受到磁场力 $\boldsymbol{F}$ 的作用。为了求出 $\boldsymbol{F}$ 的大小，得先求出质子的速率 v，就可以用式（11.3）求解了。我们可从给定的动能求出 v。由 $E_\text{k}=\dfrac{1}{2}mv^2$，可解得

$$\begin{aligned}v&=\sqrt{\frac{2E_\text{k}}{m}}\\&=\sqrt{\frac{2\times5.3\text{MeV}\times1.60\times10^{-13}\text{J/MeV}}{1.67\times10^{-27}\text{kg}}}\\&=3.2\times10^{7}\text{m/s}\end{aligned}$$

由式（11.3）得

$$\begin{aligned}F&=qvB\sin\theta\\&=1.6\times10^{-19}\text{C}\times3.2\times10^{7}\text{m/s}\times1.2\times10^{-3}\text{T}\times\sin90^\circ\\&=6.1\times10^{-15}\text{N}\end{aligned}$$

这个力似乎很小，但它作用在质量很小的粒子上，就产生了很大的加速度，即

$$a=\frac{F}{m}=\frac{6.1\times10^{-15}\text{N}}{1.67\times10^{-27}\text{kg}}=3.7\times10^{12}\ \text{m/s}^2$$

利用式（11.2）判断此质子受力方向为水平向右。

第二节 毕奥-萨伐尔定律及其应用

19 世纪以来物理学的发展表明，在宏观世界中，虽然永磁体和电流都能激发磁场，但是源却只有一个，就是电流，也就是说，运动电荷不仅激发电场，还激发磁场。本节中，我们将介绍电流激发磁场的规律。

1820 年 7 月，奥斯特发现了电流的磁效应之后，法国科学家毕奥（J. B. Biot）和萨伐尔（F. Savart）等人对载流导体产生的磁场作了大量的实验研究，并在法国数学家拉普拉斯的帮助下，总结出毕奥-萨伐尔定律。

一、毕奥-萨伐尔定律

在静电场中计算任意带电体在某点产生的电场强度 $\boldsymbol{E}$ 时，曾把带电体先分成无限多个电荷元 $\mathrm{d}q$，求出任意一个电荷元在该点产生的电场强度 $\mathrm{d}\boldsymbol{E}$，则整个带电体在该点的电场强度 $\boldsymbol{E}$ 即为所有电荷元在该点的 $\mathrm{d}\boldsymbol{E}$ 的叠加。对于计算载流导线在某点激发的磁感强度 $\boldsymbol{B}$，可以仿照此思路，把整根载流导线先分成无限多个小的电流元，每一个电流元记为 $I\mathrm{d}\boldsymbol{l}$，于是该点的 $\boldsymbol{B}$ 即为每一电流元在该点所激发的 $\mathrm{d}\boldsymbol{B}$ 的叠加。那么电流元 $I\mathrm{d}\boldsymbol{l}$ 在该点所激发的磁感应强度 $\mathrm{d}\boldsymbol{B}$ 是多少呢？

图 11.6 所示是一条任意形状的载流导线，$\mathrm{d}\boldsymbol{l}$ 是导线上的一微元，称 $I\mathrm{d}\boldsymbol{l}$ 为**电流元**，大小为电流 I 与 $\mathrm{d}l$ 的乘积，方向与电流方向相同。

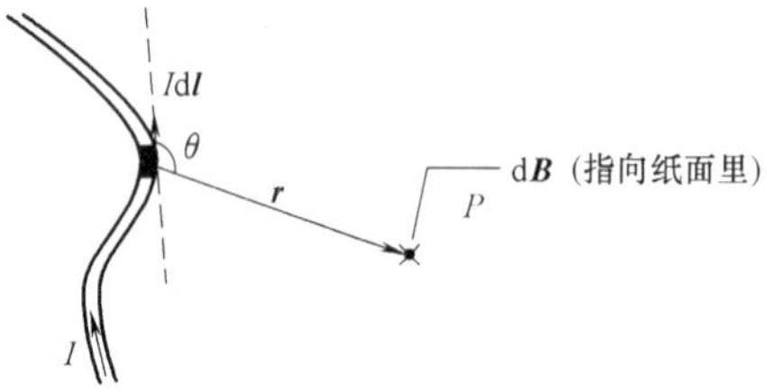

图 11.6 电流元的磁感应强度

该电流元在位矢为 $\boldsymbol{r}$ 的 P 点所激发的磁感应强度 $\mathrm{d}\boldsymbol{B}$ 为

$$\mathrm{d}\boldsymbol{B}=\frac{\mu_0}{4\pi}\frac{I\mathrm{d}\boldsymbol{l}\times\boldsymbol{r}}{r^3}\qquad(11.4\mathrm{a})$$

式中，μ_0 叫做真空磁导率，在国际单位制中，其值为 $\mu_0=4\pi\times10^{-7}\mathrm{N}\cdot\mathrm{A}^{-2}$。而 $\mathrm{d}\boldsymbol{B}$ 的方向垂直于 $\mathrm{d}\boldsymbol{l}$ 和 $\boldsymbol{r}$ 组成的平面，并沿矢积 $\mathrm{d}\boldsymbol{l}\times\boldsymbol{r}$ 的方向，用右手螺旋法则判断方向，即四指先指向 $I\mathrm{d}\boldsymbol{l}$ 的方向，然后经小于 180°的角转向 $\boldsymbol{r}$ 的方向，此时大拇指的方向即为 $\mathrm{d}\boldsymbol{B}$ 的方向。

若用标量式表示 $\mathrm{d}\boldsymbol{B}$ 的大小，则

$$\mathrm{d}B=\frac{\mu_0}{4\pi}\frac{I\mathrm{d}l\sin\theta}{r^2}\qquad(11.4\mathrm{b})$$

式中，θ 为 $\mathrm{d}\boldsymbol{l}$ 和 $\boldsymbol{r}$ 的夹角。式（11.4）就是**毕奥-萨伐尔定律**。

这样，任意载流导线在点 P 所激发的磁感应强度 $\boldsymbol{B}$ 为

$$\boldsymbol{B}=\int \mathrm{d}\boldsymbol{B}=\int \frac{\mu_0}{4\pi}\frac{I\mathrm{d}\boldsymbol{l}\times\boldsymbol{r}}{r^3} \tag{11.5}$$

需要指出的是，毕奥-萨伐尔定律虽是以毕奥和萨伐尔所做的实验为基础，经过科学抽象得到的，但是它不能由实验直接证明，然而由这个定律出发得出的结果都很好地和实验相符合。此外，还应当指出，导体中的电流是导体中大量自由电子作定向运动形成的，且运动速度 $v \ll c$（光速），因此，所谓电流激发磁场，实质上就是运动的带电粒子在其周围空间激起的磁场。因而运动电荷所激起的磁场的磁感应强度也可由毕奥-萨伐尔定律求得。

二、毕奥-萨伐尔定律应用举例

在应用毕奥-萨伐尔定律计算载流导体的磁感应强度 $\boldsymbol{B}$ 时，首先必须将载流导体分割成无限多个电流元 $I\mathrm{d}\boldsymbol{l}$，按式（11.4a）写出电流元 $I\mathrm{d}\boldsymbol{l}$ 在所求点的磁感应强度 $\mathrm{d}\boldsymbol{B}$，然后按照式（11.5）求出所有电流元在该点的磁感应强度的矢量和。由于式（11.5）是一矢量积分，各电流元在所求点的磁感应强度 $\mathrm{d}\boldsymbol{B}$ 的方向可能不同，所以还必须按所选取的坐标将 $\mathrm{d}\boldsymbol{B}$ 分解，例如在直角坐标系中可将 $\mathrm{d}\boldsymbol{B}$ 分解为

$$\mathrm{d}\boldsymbol{B}=\mathrm{d}B_x\boldsymbol{i}+\mathrm{d}B_y\boldsymbol{j}+\mathrm{d}B_z\boldsymbol{k}$$

然后对各分量进行积分

$$B_x=\int \mathrm{d}B_x,B_y=\int \mathrm{d}B_y,B_z=\int \mathrm{d}B_z$$

最后得到所求点的磁感应强度

$$\boldsymbol{B}=B_x\boldsymbol{i}+B_y\boldsymbol{j}+B_z\boldsymbol{k} \tag{11.6}$$

下面应用毕奥-萨伐尔定律来讨论几种载流导体所激发的磁场。

例 11.2 载流长直导线的磁场。如图 11.7 所示，在真空中有一通有电流 I 的长直导线 CD，试求此长直导线附近任意一点 P 处的磁感应强度 $\boldsymbol{B}$。已知 P 与长直导线间的垂直距离为 r_0。

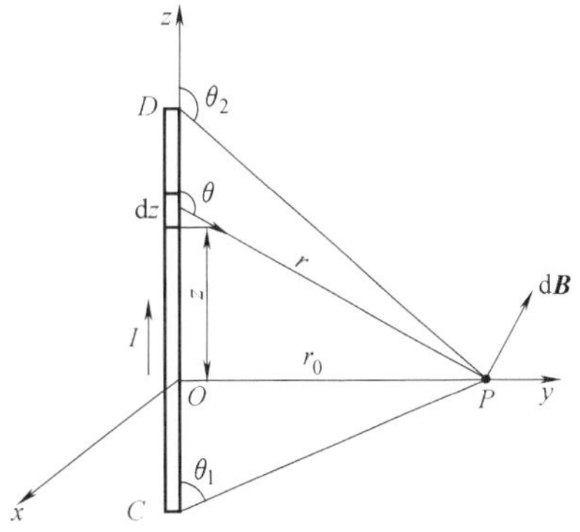

图 11.7 载流长直导线附近磁场的计算

解：选取如图所示的坐标轴，其中 Oy 轴通过点 P，Oz 轴沿载流直导线 CD。在载流长直导线上取一电流元 $I\mathrm{d}z$，根据毕奥-萨伐尔定律，此电流元在点 P 所激发的磁感应强度 $\mathrm{d}\boldsymbol{B}$ 的大小为

$$\mathrm{d}B=\frac{\mu_0}{4\pi}\frac{I\mathrm{d}l\sin\theta}{r^2}$$

式中，θ 为电流元 $I\mathrm{d}z$ 与矢量 $\boldsymbol{r}$ 之间的夹角。$\mathrm{d}\boldsymbol{B}$ 的方向垂直于 $I\mathrm{d}z$ 与 $\boldsymbol{r}$ 所组成的平面（即 Oyz 平面），沿 Ox 负轴方向。从图中可以看出，直导线上各个电流元的 $\mathrm{d}\boldsymbol{B}$ 的方向都相同。因此，P 点的磁感应强度的大小就等于各个电流元的磁感应强度之和，用积分表示，有

$$B=\int\mathrm{d}B=\frac{\mu_0}{4\pi}\int_{CD}\frac{I\mathrm{d}z\sin\theta}{r^2}$$

从图 11.7 可以看出 z、r 和 θ 之间有如下关系

$$z=-r_0\cot\theta, r=\frac{r_0}{\sin\theta}$$

于是，$\mathrm{d}z=r_0\mathrm{d}\theta/\sin^2\theta$，因而上式可写成

$$B=\frac{\mu_0 I}{4\pi r_0}\int_{\theta_1}^{\theta_2}\sin\theta\mathrm{d}\theta$$

θ_1 和 θ_2 分别是直电流的始点 C 和终点 D 处电流流向与该处到点 P 的矢量 $\boldsymbol{r}$ 间的夹角。由上式的积分得

$$B=\frac{\mu_0 I}{4\pi r_0}(\cos\theta_1-\cos\theta_2) \tag{11.7}$$

若载流直导线可视为“无限长”直导线，那么，可近似取 $\theta_1=0$，$\theta_2=\pi$。这样，由上式可得

$$B=\frac{\mu_0 I}{2\pi r_0} \tag{11.8}$$

这就是“无限长”载流直导线附近的磁感应强度，它表明，其磁感应强度与电流 I 成正比，与场点到导线的垂直距离成反比。可以指出，上述结论与毕奥-萨伐尔早期的实验结果是一致的。

例 11.3 圆形载流导线轴线上的磁场。设在真空中，有一半径为 R 的载流导线通过的电流为 I，通常称作圆电流。试求通过圆心并垂直于圆形导线平面的轴线上任意点 P 处的磁感应强度 $\boldsymbol{B}$。

解：选取如图 11.8 所示的坐标轴，其中 Ox 轴通过圆心 O，并垂直圆形导线的平面。在圆上任取一电流元 $I\mathrm{d}\boldsymbol{l}$，这电流元到 P 点的矢量为 $\boldsymbol{r}$，它在 P 点处的磁感应强度大小为

$$\mathrm{d}B=\frac{\mu_0}{4\pi}\frac{I\mathrm{d}l\sin\theta}{r^2}$$

由于 $\mathrm{d}\boldsymbol{l}$ 与矢量 $\boldsymbol{r}$ 的方向垂直，所以 $\theta=90°$，因此

$$\mathrm{d}B=\frac{\mu_0}{4\pi}\frac{I\mathrm{d}l}{r^2}$$

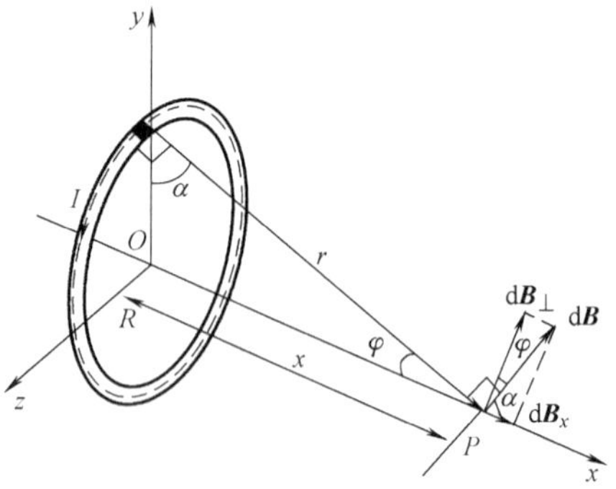

图 11.8 圆电流轴线上磁场的计算

而 d$\boldsymbol{B}$ 的方向垂直于 $I\mathrm{d}\boldsymbol{l}$ 与 $\boldsymbol{r}$ 所组成的平面，即 d$\boldsymbol{B}$ 与 Ox 夹角为 α。因此，可以把 d$\boldsymbol{B}$ 分解成两个分量：一个沿 Ox 轴的分量 $\mathrm{d}B_x = \mathrm{d}B\cos\alpha$；另一个是垂直于 Ox 轴的分量 $\mathrm{d}B_\perp = \mathrm{d}B\sin\alpha$。考虑到圆上任一直径两端的电流元对 Ox 轴的对称性，故所有电流元在 P 点处的磁感应强度的分量 $\mathrm{d}B_\perp$ 的总和应等于零。所以，P 点处的磁感应强度的大小为

$$B = \int_l \mathrm{d}B_x = \int_l \mathrm{d}B\cos\alpha = \int_l \frac{\mu_0}{4\pi}\frac{I\mathrm{d}l}{r^2}\cos\alpha$$

由于 $\cos\alpha = R/r$，且对给定点 P 来说，r, I 和 R 都是常量，于是有

$$B = \frac{\mu_0}{4\pi}\frac{IR}{r^3}\int_0^{2\pi R}\mathrm{d}l = \frac{\mu_0}{2}\frac{R^2 I}{r^3} = \frac{\mu_0}{2}\frac{R^2 I}{(R^2 + x^2)^{3/2}} \tag{1}$$

$\boldsymbol{B}$ 的方向垂直于圆形导线平面沿 Ox 轴的正向。

由式（1）可以看出，当 $x = 0$ 时，则圆心点 O 处的磁感应强度 $\boldsymbol{B}$ 的大小为

$$B = \frac{\mu_0}{2}\frac{I}{R} \tag{2}$$

$\boldsymbol{B}$ 的方向垂直于圆形导线平面沿 Ox 轴的正向。

若 $x \gg R$，即场点 P 在远离原点 O 的 Ox 轴上，则 $(R^2 + x^2)^{3/2} \approx x^3$。由式（1）可得

$$B = \frac{\mu_0 IR^2}{2x^3}$$

圆电流的面积为 $S = \pi R^2$，上式可写成

$$B = \frac{\mu_0 IS}{2\pi x^3} \tag{3}$$

二、磁矩

在静电场一章中，我们介绍了电偶极子，引入电偶极矩的概念，即 $\boldsymbol{p} = q\boldsymbol{l}$。外电场的作用总是使得电偶极矩 $\boldsymbol{p}$ 转到与电场一致的方向。在此处，我们将引入磁矩 $\boldsymbol{m}$ 的概念来描述载流线圈的性质。如图 11.9 所示，有一平面圆电流，其面积为 S，电流为 I，$\boldsymbol{n}$ 为圆电流的单位正法线矢量，它与电流 I 的流向遵守右手螺旋法则，即右手四指顺着电流流动方向回转时，大拇指的指向为圆电流单位正法线矢量 $\boldsymbol{n}$ 的方向。我们定义圆电流的磁矩 $\boldsymbol{m}$ 为

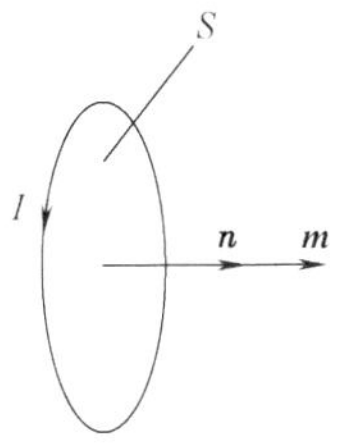

图 11.9 磁矩

$$\boldsymbol{m} = IS\boldsymbol{n}$$

$\boldsymbol{m}$ 的方向与圆电流的单位正法线矢量 $\boldsymbol{n}$ 的方向相同，$\boldsymbol{m}$ 的大小为 IS。应当指出，上式对任意形状的载流线圈都是适用的。

因此，例 11.3 中圆电流的磁感应强度式（3）可写成如下矢量形式：

$$B = \frac{\mu_0 IS}{2\pi x^3} = \frac{\mu_0 \boldsymbol{m}}{2\pi x^3}$$

上式说明了磁矩的重要性，它既反映了磁场的大小和方向，也反映了载流线圈在空间的取向，在研究磁介质磁化时其重要性更加不言而喻了。

第三节　磁通量　磁场的高斯定理

一、磁感应线

为了形象地反映磁场的分布情况，就像在静电场中用电场线来表示静电场分布那样，我们也用一些设想的曲线来表示磁场的分布。这种曲线称为磁感应线，其表示规则如下：

1）**在磁场中任一点磁感应线的切线方向即为该点 $\boldsymbol{B}$ 的方向**。

2）**磁感应线的疏密程度表示该点 $\boldsymbol{B}$ 的大小**。磁感应线越密集的地方表示磁场越强，反之亦然。

注意：磁感应线是人为地画出来的，并非磁场中真的有这种线存在。

图 11.10a 所示为条形磁铁吸引铁屑的情况，因此它的磁感应线可以用图 11.10b 来表示，在条形磁铁的两端吸引铁屑最多，磁场最强，因此磁感应线分布最密集。

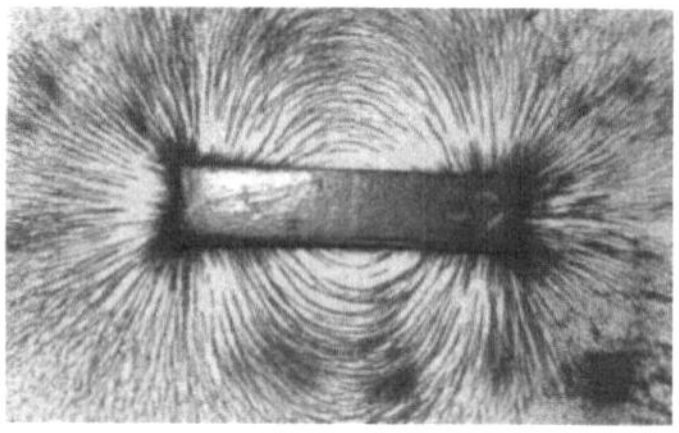

a)

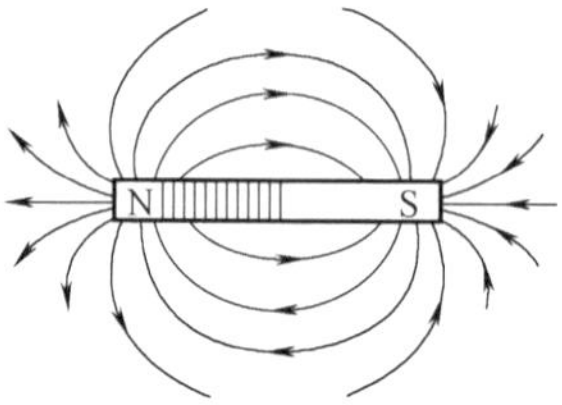

b)

图 11.10　条形磁铁

注意：磁感应线全部穿过磁体，并且全部形成闭合曲线（即使图中未表示出是闭合的）。

（闭合的）磁感应线进入磁体的一端并从另一端出来。磁感应线从磁体出来的那一端叫做磁体的北极；磁感应线进入磁体的那一端叫做磁体的南极。

图 11.11 给出几种磁场的磁感应线的表示情况。

注意：相反的磁极相互吸引，而相同的磁极相互排斥。

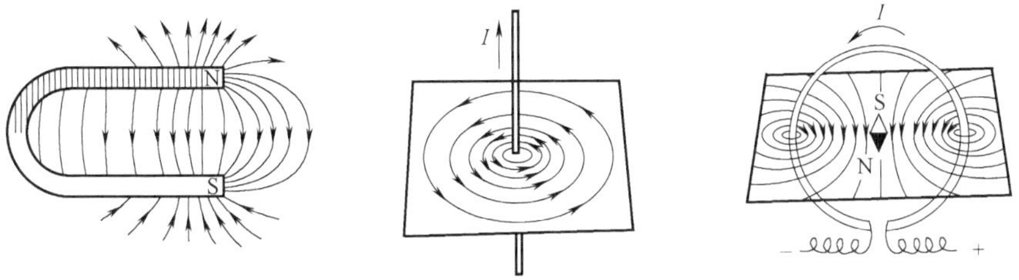

图 11.11　几种不同磁场的磁感应线的分布情况

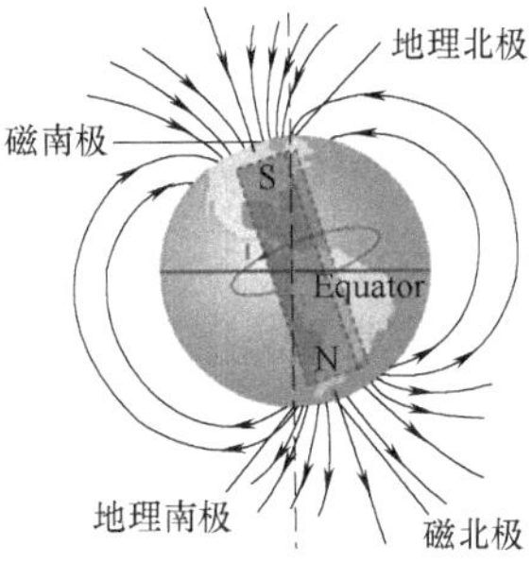

图　11.12

地球具有磁场，如图 11.12 所示，在地球表面可以用指南针来检测这个磁场。我们会发现指南针的北极指向地球的北极，因而，说明地球的北极应该是地磁场的南极，而地球的南极应该是地磁场的北极。

借助更精细的测量，我们将发现在北半球，地球的磁感应线一般是向下进入地球并指向北极方向，在南半球，它们一般从地球向上出来而离开南极区。

二、磁通量 磁场的高斯定理

在磁场中，用磁感应线的密度来表示磁场的强弱，就像电场中用电场线密度表示电场强弱那样，对磁感应线的密度规定如下：**磁场中某点处磁感应强度 $\boldsymbol{B}$ 的方向即为磁感应线上该点的切线方向，而 $\boldsymbol{B}$ 的大小则等于垂直于该点处 $\boldsymbol{B}$ 矢量的单位面积上通过的磁感应线条数**。因此，$\boldsymbol{B}$ 大的地方，磁感应线就密集；$\boldsymbol{B}$ 小的地方，磁感应线就稀疏。对均匀磁场来说，磁场中的磁感应线相互平行，各处磁感应线密度相等；对非均匀磁场来说，磁感应线相互不平行，各处磁感应线密度不相等。

磁通量：通过磁场中某一曲面的磁感应线条数叫做通过此曲面的磁通量，用符号 Φ 表示。

如何计算通过任意一个面的磁通量呢？

在均匀磁场中，磁感应强度为 $\boldsymbol{B}$，如图 11.13a 所示。取一面积矢量 $\boldsymbol{S}$，其大小为 S，其方向用它的单位法线矢量 $\boldsymbol{n}$ 来表示，有 $\boldsymbol{S}=S\boldsymbol{n}$。在图中 $\boldsymbol{n}$ 与 $\boldsymbol{B}$ 之间的夹角为 θ，按照磁通量的定义，通过面 S 的磁通量为

$$\Phi = BS\cos\theta$$

用矢量表示，上式改写为

$$\Phi = \boldsymbol{B}\cdot\boldsymbol{S}$$

在非均匀磁场中，通过任意曲面的磁通量怎么算呢？在图 11.13b 所示的任

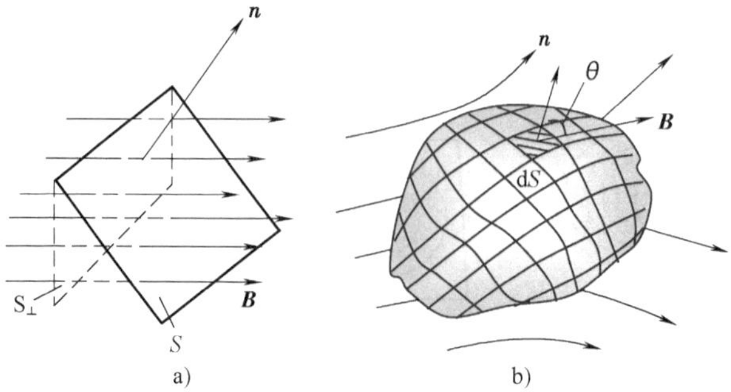

图 11.13　磁通量

意曲面上取一面积元矢量 d$\boldsymbol{S}$，它所在处的磁感应强度 $\boldsymbol{B}$ 与该面元的法线矢量 $\boldsymbol{n}$ 之间的夹角为 θ，则通过面积元 d$\boldsymbol{S}$ 的磁通量

$$\mathrm{d}\Phi = B\mathrm{d}S\cos\theta = \boldsymbol{B}\cdot\mathrm{d}\boldsymbol{S}$$

而通过某一有限面的磁通量 Φ 就等于通过这些面积元 d$\boldsymbol{S}$ 上的磁通量 dΦ 的总和，即

$$\Phi = \int_S \mathrm{d}\Phi = \int_S B\mathrm{d}S\cos\theta = \int_S \boldsymbol{B}\cdot\mathrm{d}\boldsymbol{S} \tag{11.9}$$

对于闭合曲面来说，规定其单位正法线矢量 $\boldsymbol{n}$ 的方向垂直于曲面向外。依照这个规定，当磁感应线从曲面内穿出时（$\theta < \pi/2$，$\cos\theta > 0$），磁通量是正的；而当磁感应线从曲面外穿入时（$\theta > \pi/2$，$\cos\theta < 0$），磁通量是负的。由于磁感应线是闭合的，因此对任一闭合曲面来说，有多少条磁感应线进入闭合曲面，就一定有多少条磁感应线穿出闭合曲面。也就是说，通过任意闭合曲面的磁通量必等于零，即

$$\Phi = \oint_S \boldsymbol{B}\cdot\mathrm{d}\boldsymbol{S} = 0 \tag{11.10}$$

在国际单位制中，$\boldsymbol{B}$ 的单位是特斯拉；S 的单位是 m^2；Φ 的单位称为**韦伯**，其符号为 Wb，有

$$1\mathrm{Wb} = 1\mathrm{T}\times 1\mathrm{m}^2$$

式（11.10）称为**稳恒磁场的高斯定理**，是电磁场理论的基本方程之一。虽然式（11.10）和静电场的高斯定理（$\oint_S \boldsymbol{E}\cdot\mathrm{d}\boldsymbol{S} = q/\varepsilon_0$）在形式上相似，但显然两者存在着明显的不对称性，这反映出磁场和静电场是两类不同特性的场，激发静电场的场源（电荷）是电场线的源头或尾间，所以静电场是属于发散式的场，称作**有源场**；而磁场的磁感线是无头无尾，总是闭合的，所以磁场称作**无源场**，两者有着本质上的区别。

磁单极子：磁场的高斯定理与静电场的高斯定理的不对称，其根本原因是自

然界存在自由的正负电荷，而不存在单个磁极（即磁单极子）。但探索微观领域中是否存在磁单极子一直是物理学家感兴趣的一个课题。1913 年英国物理学家狄拉克曾从理论上预言可能存在磁单极子，并指出磁单极子的磁荷也是量子化的，而且最小磁荷与电子电荷的乘积为 $hc/4\pi$（h 是普朗克常量，c 是光速）。因磁单极子是否存在与基本粒子的构造、相互作用的“统一理论”以及宇宙演化的问题都有密切关系，所以近几十年来物理学家一直希望在实验中找到磁单极子。然而，从高能加速器到宇宙射线，从深海沉积物到月球岩石，人们至今都没有寻觅到它的踪迹。

第四节　安培环路定理

一、安培环路定理

在第九章中，我们曾指出，静电场是保守场，静电场力对电荷做功与路径无关，即电场强度 $\boldsymbol{E}$ 沿任意闭合路径的积分等于零，即 $\oint_l \boldsymbol{E}\cdot \mathrm{d}\boldsymbol{l}=0$，这是静电场的一个重要特征。那么磁场中的磁感应强度 $\boldsymbol{B}$ 沿任意闭合路径的积分 $\oint_l \boldsymbol{B}\cdot \mathrm{d}\boldsymbol{l}$ 等于什么呢？

现以通过长直载流导线周围磁场的特例来具体计算 $\boldsymbol{B}$ 沿任一闭合路径的线积分，并讨论这个积分的结果。

已知一无限长载流直导线，它的磁感应线是以导线为中心的同心圆，如图 11.14a 所示。取一平面 S 与载流直导线垂直，并在平面内任意作一包围电流的闭合曲线 L，如图 11.14b 所示，线上任一点 P 的磁感应强度 $\boldsymbol{B}$ 的大小均为 $B=\mu_0 I/2\pi r$。由图可知，$\mathrm{d}l\cos\theta = r\mathrm{d}\varphi$，所以按图中所示的绕行方向沿这条闭合曲线 $\boldsymbol{B}$ 矢量的线积分为

$$\oint_L \boldsymbol{B}\cdot \mathrm{d}\boldsymbol{l}=\oint_L B\cos\theta \mathrm{d}l=\oint_L Br\mathrm{d}\varphi=\int_0^{2\pi}\frac{\mu_0 I}{2\pi r}r\mathrm{d}\varphi=\frac{\mu_0 I}{2\pi}\int_0^{2\pi}\mathrm{d}\varphi=\mu_0 I$$

如果闭合曲线 L 不在垂直于直导线的平面内，则可将 L 上每一段线元 $\mathrm{d}\boldsymbol{l}$ 分解为在平行于直导线平面内的分矢量 $\mathrm{d}\boldsymbol{l}_{//}$ 与垂直于此平面的分矢量 $\mathrm{d}\boldsymbol{l}_{\perp}$，所以

$$\begin{aligned}\oint_L \boldsymbol{B}\cdot \mathrm{d}\boldsymbol{l} &=\oint_L \boldsymbol{B}\cdot(\mathrm{d}\boldsymbol{l}_{\perp}+\mathrm{d}\boldsymbol{l}_{//})=\oint_L B\cos 90^\circ \mathrm{d}l_{\perp}+\oint_L B\cos\theta \mathrm{d}l_{//}\\ &=0+\oint_L Br\mathrm{d}\varphi=\oint_L \frac{\mu_0 I}{2\pi r}r\mathrm{d}\varphi=\mu_0 I\end{aligned}$$

积分结果与上面相同。

如果沿同一曲线但改变绕行方向积分，如图 11.14c 所示，则得

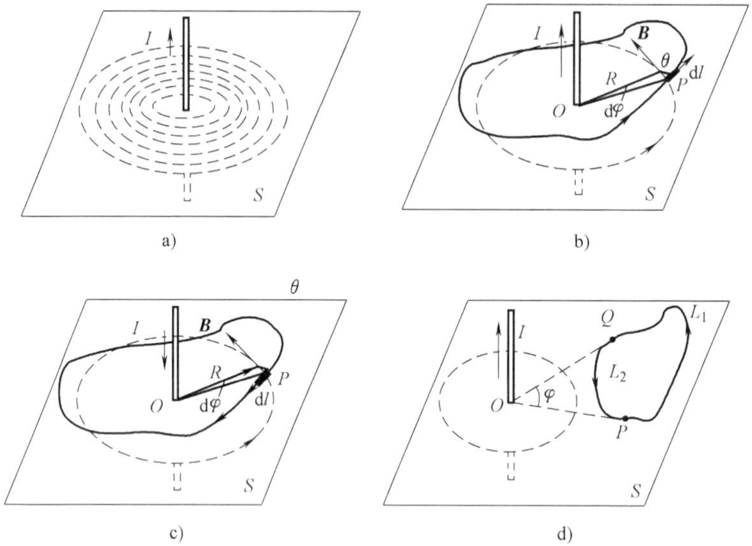

图 11.14 无限长载流直导线 $\boldsymbol{B}$ 的环流

$$\oint_L \boldsymbol{B}\cdot \mathrm{d}\boldsymbol{l}=\oint_L B\cos(\pi-\theta)\mathrm{d}l=\oint_L -B\cos\theta \mathrm{d}l=-\int_0^{2\pi}\frac{\mu_0 I}{2\pi r}r\,\mathrm{d}\varphi=-\mu_0 I$$

积分结果将为负值。如果把式中的负号和电流流向联系在一起，即令 $-\mu_0 I=\mu_0(-I)$，就可认为，对闭合曲线的绕行方向来讲，此时电流取负值。

沿闭合路径的线积分又叫做 $\boldsymbol{B}$ 的环流。上式表明，$\boldsymbol{B}$ 矢量的环流与闭合曲线的形状无关，它只和闭合曲线内所包围的电流有关。

如果所选闭合曲线中没有包围电流，如图 11.14d 所示，此时从 O 点作闭合曲线的两条切线 OP 与 OQ，切点 P 和 Q 把闭合曲线分割为 L_1 和 L_2 两部分。按上面同样的分析，可以得出

$$\oint_L \boldsymbol{B}\cdot \mathrm{d}\boldsymbol{l}=\int_{L_1}\boldsymbol{B}\cdot \mathrm{d}\boldsymbol{l}+\int_{L_2}\boldsymbol{B}\cdot \mathrm{d}\boldsymbol{l}=\frac{\mu_0 I}{2\pi}\left(\int_{L_1}\mathrm{d}\varphi-\int_{L_2}\mathrm{d}\varphi\right)=0$$

即闭合曲线不包围电流时，$\boldsymbol{B}$ 矢量的环流为零。

以上结果虽然是从长直载流导线的磁场的特例导出的，但其结论具有普遍性，对任意几何形状的通电导线的磁场都是适用的，而且当闭合曲线包围多根载流导线时也同样适用，故一般可写成

$$\oint_l \boldsymbol{B}\cdot \mathrm{d}\boldsymbol{l}=\mu_0\sum_{i=1}^{n}I_i \tag{11.11}$$

式（11.11）表达了电流与它所激发磁场之间的普遍规律，称为**磁场的环路定理**，也称**安培环路定理**。可表述为：**在真空的稳恒磁场中，磁感应强度 $\boldsymbol{B}$ 沿任一闭合路径的积分（即 $\boldsymbol{B}$ 的环流）的值，等于 μ_0 乘以该闭合路径所包围的各电流的**

代数和。

注意：式（11.11）中电流的正、负与积分时在闭合曲线上所取的绕行方向有关，如果所取积分的绕行方向与电流流向满足右手螺旋法则关系，则电流为正，相反的电流为负。例如：如图 11.15 所示，有两个闭合回路 C_1 和 C_2 在纸平面内，垂直于纸平面内的电流分别为 I_1，I_2，I_3，I_4 和 I_5。根据安培环路定理，对于闭合回路 C_1，$\boldsymbol{B}$ 的环流为

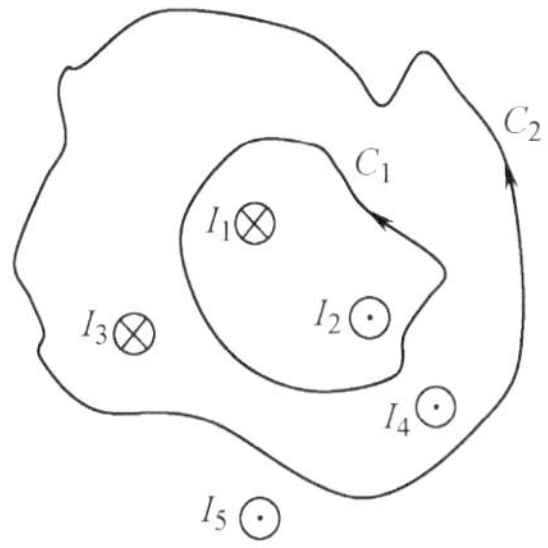

图 11.15 安培环路定理

$$\oint_l \boldsymbol{B} \cdot \mathrm{d}\boldsymbol{l} = \mu_0(I_2 - I_1)$$

而对闭合回路 C_2，$\boldsymbol{B}$ 的环流为

$$\oint_l \boldsymbol{B} \cdot \mathrm{d}\boldsymbol{l} = \mu_0(I_2 + I_4 - I_1 - I_3)$$

知识点的理解：在静电场的高斯定理一节中我们曾强调过，通过闭合曲面的电通量与闭合曲面内的电荷量有关而与闭合曲面外的电荷无关，但闭合曲面上各点的电场强度 $\boldsymbol{E}$ 却是空间所有电荷共同贡献的。在这里也应当注意，安培环路定理中的 $\sum_{i=1}^{n} I_i$ 只是穿过环路的电流和，它说明 $\boldsymbol{B}$ 的环流 $\oint_l \boldsymbol{B} \cdot \mathrm{d}\boldsymbol{l}$ 只和穿过环路的电流和有关，而与没穿过环路的电流无关，但是，环路上任一点的磁感应强度 $\boldsymbol{B}$ 却是空间所有电流（无论是否穿过环路）所激发的磁场在该点叠加后的总磁感应强度。

在研究静电场时，我们曾从电场强度 $\boldsymbol{E}$ 的环流 $\oint_l \boldsymbol{E} \cdot \mathrm{d}\boldsymbol{l}=0$ 这个特性知道静电场是一个保守力场，并由此引入电势这个物理量来描述静电场。但磁感应强度 $\boldsymbol{B}$ 矢量的环流 $\oint_l \boldsymbol{B} \cdot \mathrm{d}\boldsymbol{l}$ 一般不等于零，也不具有功的意义，不能引进标量势的概念来描述磁场。所以，稳恒磁场的基本性质与静电场是不同的。同时，由于 $\boldsymbol{B}$ 矢量的环流并不恒等于零，通常把磁场叫做**有旋场**，而 $\boldsymbol{E}$ 矢量的环流恒等于零，所以把静电场叫做**无旋场**。

二、安培环路定理的应用举例

安培环路定理以积分形式表达了恒定电流和它所激发的磁场间的普遍关系，而毕奥-萨伐尔定律是部分电流和部分磁场相联系的微分表达式。原则上两者都可以用来求解已知电流分布的磁场问题，但当电流分布具有某种对称性时，利用安培环路定理能很简单地算出磁感应强度。在应用安培环路定理求解磁感应强度时，与应用高斯定理求解电场强度相似，首先应对电流和磁场的分布进行对称性分析，看通过所求磁场空间能否找到一条合适的积分回路，使该回路上各点的磁

感应强度都相等，或者在该回路某些线段上均匀相等，而在其余部分的磁感应强度为零或磁感应强度方向与回路方向垂直，使 $\boldsymbol{B}\cdot\mathrm{d}\boldsymbol{l}=0$。只有满足这些条件才能对构造的积分回路应用安培环路定理，通过计算该回路所包围的电流求解出磁感应强度。下面举几个例子来说明。

例 11.4 求无限长载流圆柱体内外的磁场。

解： 在第二节中，我们用毕奥-萨伐尔定律计算了无限长载流直导线的磁场，当时认为通过导线的电流是线电流，而实际上，导线都有一定的半径，流过导线的电流是分布在整个截面内的。

设圆柱形导体的半径为 R，恒定电流 I 沿轴线方向流动，且电流在截面积上的分布是均匀的。如果圆柱形导体很长，那么在导体的中部，磁场的分布可视为是对称的。下面用安培环路定理来求圆柱体内外的磁感应强度。

如图 11.16 所示，设 P 点离圆柱体轴线的垂直距离为 r，且 $r>R$。通过 P 点作半径为 r 的圆，圆面与圆柱体的轴线垂直。由于对称性，在以 r 为半径的圆周上，$\boldsymbol{B}$ 的值相等，方向都是沿圆的切线，故 $\boldsymbol{B}\cdot\mathrm{d}\boldsymbol{l}=B\mathrm{d}l$。于是，根据安培环路定理有

$$\oint_l \boldsymbol{B}\cdot\mathrm{d}\boldsymbol{l}=\oint_l B\,\mathrm{d}l=B\oint_l \mathrm{d}l=B2\pi r=\mu_0 I$$

得

$$B=\frac{\mu_0 I}{2\pi r} \tag{11.12}$$

把式 (11.12) 与无限长载流直导线的磁场相比较可以看出，无限长载流圆柱体外的磁感应强度与无限长载流直导线的磁感应强度是相同的。

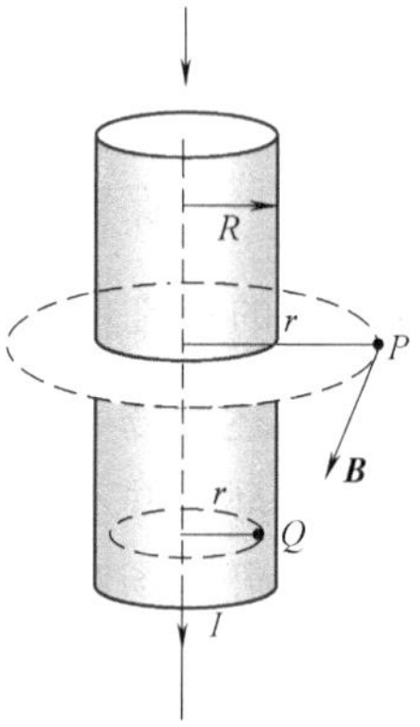

图 11.16 圆柱形电流的磁场

下面计算圆柱体内距轴线垂直距离为 r 处 $(r<R)$ 的磁感应强度。如图 11.16 所示，通过点 Q 作半径为 r 的圆，圆面与圆柱体的轴线垂直。由于对称性，在以 r 为半径的圆周上，$\boldsymbol{B}$ 的值相等，方向都是沿圆的切线，故根据安培环路定理有

$$\oint_l \boldsymbol{B}\cdot\mathrm{d}\boldsymbol{l}=B2\pi r=\mu_0\sum I_i$$

式中，$\sum I_i$ 是以 r 为半径的圆所包围的电流。如果在圆柱体内电流密度是均匀的，有 $j=I/\pi R^2$，那么，通过截面积 πr^2 的电流 $\sum I_i=j\pi r^2=Ir^2/R^2$。于是上式为

$$\oint_l \boldsymbol{B}\cdot\mathrm{d}\boldsymbol{l}=B2\pi r=\mu_0\frac{Ir^2}{R^2}$$

$$B=\frac{\mu_0 Ir}{2\pi R^2} \tag{11.13}$$

由上述结果可得图 11.17 所示的曲线，它给出 $\boldsymbol{B}$ 的值随 r 变化的情形。

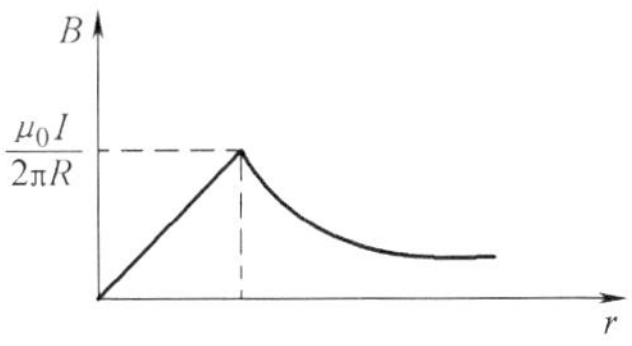

图 11.17 B-r 曲线

例 11.5 求载流长直螺线管内的磁场。

解： 设有绕得很均匀紧密的长直螺线管，通有电流 I。由于螺线管相当长，所以管内中间部分的磁场可以看成是无限长螺绕管内的磁场，这时，再根据电流分布的对称性，可确定管内的磁感应线是一系列与轴线平行的直线，而且在同一磁感应线上各点的 $\boldsymbol{B}$ 相同。在管的外侧，磁场很弱，可以忽略不计。

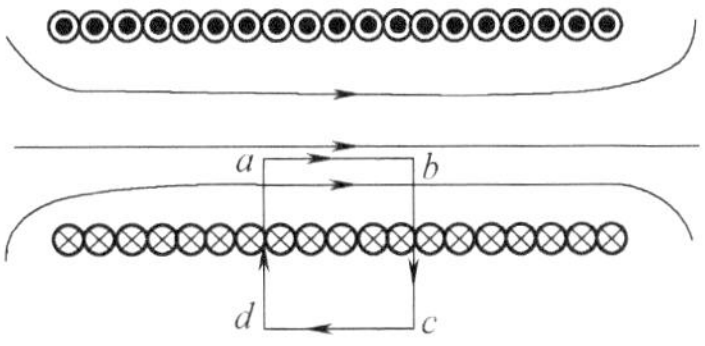

图 11.18 长螺线管内的磁场

为了计算管内中间部分的一点 P 的磁感应强度，可以通过 P 点作一矩形的闭合回路 $abcd$，如图 11.18 所示。在线段 cd 上，以及在线段 bc 和 da 的位于管外部分，因为在螺线管外，$B=0$；在 bc 和 da 的管内部分，虽然 $B\neq 0$，但 $\mathrm{d}\boldsymbol{l}$ 与 $\boldsymbol{B}$ 垂直，即 $\boldsymbol{B}\cdot\mathrm{d}\boldsymbol{l}=0$；线段 ab 上各点的磁感应强度大小相等，方向都与积分路径 $\mathrm{d}\boldsymbol{l}$ 一致，即从 a 到 b。所以 $\boldsymbol{B}$ 矢量沿闭合回路 $abcd$ 的线积分为

$$\oint_l \boldsymbol{B}\cdot\mathrm{d}\boldsymbol{l}=\int_{ab}\boldsymbol{B}\cdot\mathrm{d}\boldsymbol{l}+\int_{bc}\boldsymbol{B}\cdot\mathrm{d}\boldsymbol{l}+\int_{cd}\boldsymbol{B}\cdot\mathrm{d}\boldsymbol{l}+\int_{da}\boldsymbol{B}\cdot\mathrm{d}\boldsymbol{l}=\int_{ab}\boldsymbol{B}\cdot\mathrm{d}\boldsymbol{l}=B\cdot\overline{ab}$$

设螺线管的长度为 l，共有 N 匝线圈，则单位长度上有 $N/l=n$ 匝线圈，通过每匝线圈的电流为 I，所以回路 $abcd$ 所包围的电流总和为 $\overline{ab}nI$，根据右手螺旋法则应为正值。于是，由安培环路定理，得

$$\oint_l \boldsymbol{B}\cdot\mathrm{d}\boldsymbol{l}=B\cdot\overline{ab}=\mu_0\,\overline{ab}nI$$

所以

$$B=\mu_0 nI \text{ 或 } B=\mu_0\frac{N}{l}I \tag{11.14}$$

由于矩形回路是任取的，不论 ab 段在管内任何位置，式（11.14）都成立。因此，无限长螺线管内任一点的 $\boldsymbol{B}$ 值均相同，方向平行于轴线，即无限长螺线管内中间部分的磁场是一个均匀磁场。此结果也可以根据毕奥-萨伐尔定律算出，但应用安培环路定理的计算方法简便得多。

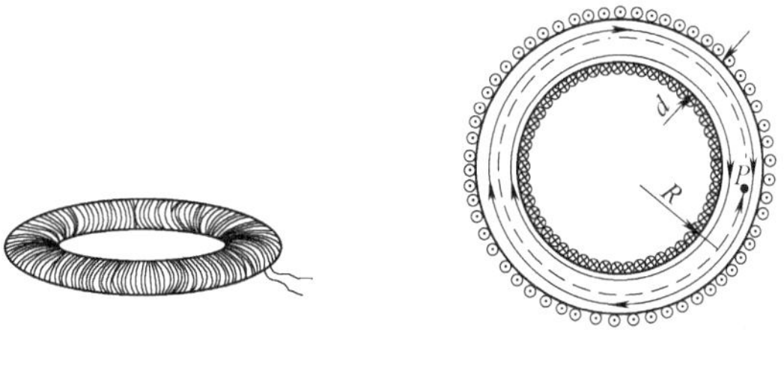

图 11.19 载流螺绕环内磁场计算

例 11.6 载流螺绕环内的磁场。如图 11.19 所示，设环上线圈的总匝数为 N，电流为 I，求螺绕环内的磁场。

解：绕在环形管上的一组圆形电流形成螺绕环，如果环上的线圈绕得很紧密，则磁场几乎全部集中在螺绕环内，环外磁场接近于零。由于对称性的缘故，环内磁场的磁感应线都是一些同心圆，圆心在通过环心且垂直于环面的直线上。在同一条磁感应线上各点磁感应强度的量值相等，方向处处沿圆的切线方向，并和环面平行。

为了计算管内某一点 P 的磁感应强度，可选择通过 P 点的磁感应线 L 作为积分回路，由于线上任一点的磁感应强度 $\boldsymbol{B}$ 的量值相等，方向都与 $\mathrm{d}\boldsymbol{l}$ 同向，故得 $\boldsymbol{B}$ 的环流

$$\oint_L \boldsymbol{B} \cdot \mathrm{d}\boldsymbol{l} = B\oint_L \mathrm{d}l = B2\pi r$$

式中，r 为回路半径。由安培环路定理得

$$B2\pi r = \mu_0 NI$$

那么 P 点的磁感应强度为

$$B = \frac{\mu_0 NI}{2\pi r}$$

当环形螺线管的截面积很小，管的孔径 $r_2 - r_1$ 比环的平均关径 r 小得多时，管内各点磁场强弱近似相同，因而可以取圆环平均长度为 $l = 2\pi r$，则环内各点的磁感应强度的量值为

$$B = \frac{\mu_0 NI}{l} = \mu_0 nI \tag{11.15}$$

式中，n 为螺绕环单位长度上的匝数；$\boldsymbol{B}$ 的方向与电流流向成右手螺旋关系。

第五节　带电粒子在电场和磁场中的运动

一、带电粒子在磁场中的运动

在本章第一节中介绍过带电粒子在磁场中运动时受到洛伦兹力作用，有

$$\boldsymbol{F} = q\boldsymbol{v} \times \boldsymbol{B}$$

下面分别讨论带电粒子在均匀磁场和非均匀磁场中的运动情况。

（一）带电粒子在均匀磁场中的运动

1. 粒子的初速度 $\boldsymbol{v}$ 垂直于磁感应强度 $\boldsymbol{B}$

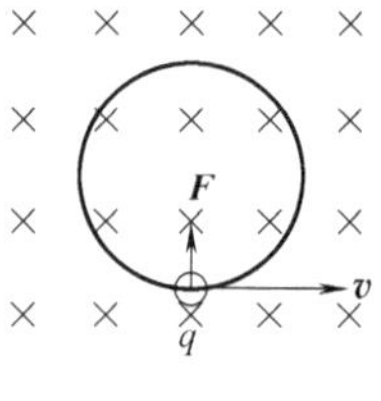

图 11.20　带正电粒子在磁场中的运动

如图 11.20 所示，一均匀磁场垂直于纸面向里，一带正电荷 q 的粒子以速度 $\boldsymbol{v}$ 射入磁场，$\boldsymbol{v}$ 与磁感应强度 $\boldsymbol{B}$ 垂直。根据式（11.2），粒子所受磁场力 $\boldsymbol{F}$ 的方向与 $\boldsymbol{v} \times \boldsymbol{B}$ 一致，因此，$\boldsymbol{F}$ 与 $\boldsymbol{v}$ 垂直，$\boldsymbol{F}$ 是法向力，它只改变 $\boldsymbol{v}$ 的方向，不改变 $\boldsymbol{v}$ 的大小。粒子在这个大小恒定的法向力作用下，

将在垂直于磁场的平面内作匀速率圆周运动。

这个圆周运动半径、周期和频率具有以下特点：

(1) 圆周半径

设粒子作圆周运动时的半径为 R，根据牛顿第二定律有

$$qvB = m\frac{v^2}{R}$$

因而

$$R = \frac{mv}{qB} \tag{11.16}$$

对于给定的粒子，m/q 有一个确定的值，如果 B 也是确定的，则 $R \propto v$。

(2) 圆周运动的周期

带电粒子绕圆形轨道一周所需的时间就是运动的**周期**。

粒子绕行一周走过的路径为 $2\pi R$，绕行速率为 v，所以周期为

$$T = \frac{2\pi R}{v} = \frac{2\pi m}{qB} \tag{11.17}$$

可见，周期 T 与半径 R 及速率 v 均无关。粒子的速率大，就绕大圆周运动，粒子的速率小，就绕小圆周运动，但在同一磁场中绕行一周所需的时间是相同的。

(3) 频率

单位时间里所绕的圈数为带电粒子在磁场中的**回旋频率**，即

$$f = \frac{1}{T} = \frac{qB}{2\pi m} \tag{11.18}$$

2. 粒子在磁场中运动的一般情况

一般情况下，粒子的速度 $\boldsymbol{v}$ 与磁感应强度 $\boldsymbol{B}$ 成任一角度 θ。如图 11.21 所示，这时，粒子的速度可分解成平行于 $\boldsymbol{B}$ 的分量 $v_{//} = v\cos\theta$ 和垂直于 $\boldsymbol{B}$ 的分量 $v_{\perp} = v\sin\theta$。如果只有垂直分量 $v_{\perp}$，粒子将在垂直于磁场的平面内作匀速圆周运动，圆周半径为 $R = mv_{\perp}/(qB)$；如果只有平行分量 $v_{//}$，粒子将不受磁场力作用，而沿磁场方向作匀速直线运动。这两方面运动合成的结果是粒子作螺旋线运动。

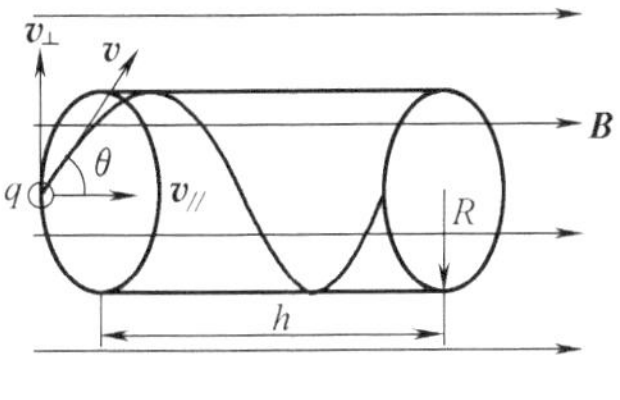

图 11.21 带电粒子在磁场中的运动

螺旋线的螺距 h，即粒子在绕行一周的时间 T 内沿磁场方向所走的路程为

$$h = v_{//}T = \frac{2\pi m}{qB}v\cos\theta \tag{11.19}$$

（二）带电粒子在非均匀磁场中的运动

由式（11.16）可知，带电粒子在非均匀磁场中向磁场较强的方向运动时，

螺旋线半径将随着磁感应强度的增加而减小。如图 11.22 所示，两个相隔一定距离的通电线圈，当带电粒子靠近任何一个线圈时都要受到一个指向中央区域的磁场力，如果带电粒子沿轴线方向上的分速度较小，就可能会减速到零，然后作反向运动，就像光线射到镜面上反射回来一样。通常把这种强度逐渐增强的会聚磁场的作用称为**磁镜约束**。这样，两个线圈就好像两面“镜子”，称为**磁瓶**。在一定速度范围内的带电粒子进入这个区域后，就会被这样一个磁场所俘获而无法逃脱。目前，这种技术主要用在可控热核反应装置中。这是因为在热核反应中物质处于等离子态，温度高达 10^6K 以上，目前尚无一种实体容器能够耐受如此高温。所以采用磁瓶这样一个“虚拟”容器，来“容纳”可控热核反应物质。

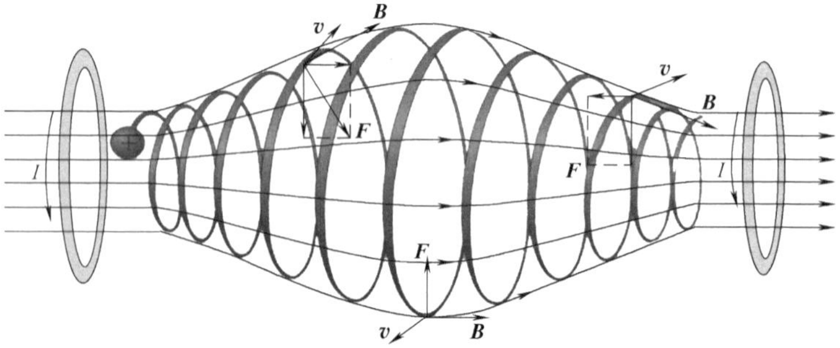

图 11.22　磁瓶

上述磁约束的作用也存在于宇宙空间。地球是一个大磁体，磁场在两极强而中间弱。当来自外层空间的大量带电粒子进入磁场影响范围后，粒子将绕地磁感应线作螺旋运动，因为在近两极处地磁场增强，作螺旋运动的粒子将被折回，结果，粒子在沿磁感应线的区域内来回振荡，探索者 1 号宇航器在 1958 年从太空中发现，在距地面几千公里和两万公里的高空，分别存在质子层、电子层两个环绕地球的辐射带，这些区域称为**范艾仑辐射带**。如图 11.23 所示，有时太阳黑子活动使宇宙中高能粒子剧增，这些高能粒子在地磁感应线的引导下在地球南北极附近进入大气层时将使大气激发，然后辐射发光，从而出现美妙的极光。绿光由氧原子发出，淡红光由氮分子发出，但这个光通常太暗淡，以致我们只看出白光。因此，极光产生的条件有三个：大气、磁场、高能带电粒子，这三者缺一不可。极光不只在地球上出现，太阳系内的其他一些具有磁场的行星上也有极光。木星和土星这两颗行星都有比地球更强的磁场（木星在赤道的磁场强度是 4.3 高斯，相较之下地球只有 0.3 高斯），而且两者也都有强大的辐射带，图 11.24 所示为木星两极的情况。在金星和火星上也曾观测到极光。

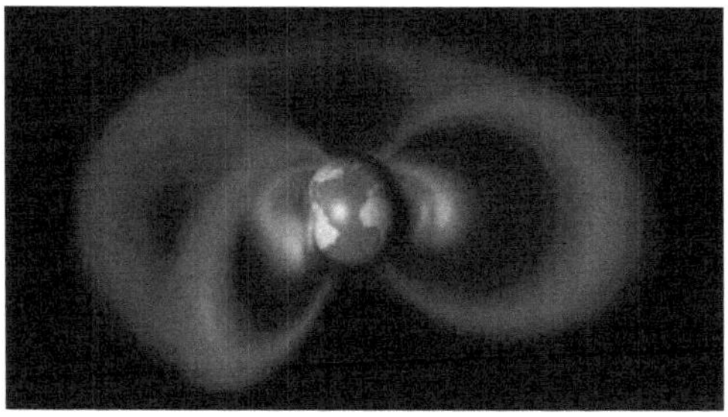

图 11.23 范艾仑辐射带

图 11.24 南欧洲天文台拍摄的木星两极上空的烟雾，这是科学家第一次清楚拍摄到木星两极的情况

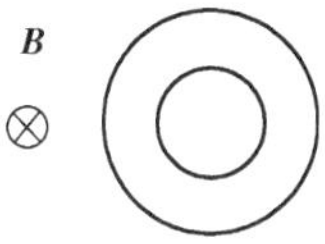

图 11.25 粒子运动

问题：图 11.25 所示为以相同速率在指向页面内的均匀磁场 $\boldsymbol{B}$ 中运动的两个粒子的圆形路径。一个粒子是质子，另一个是电子（它较轻）。(1) 哪个粒子沿较小的圆周运动？(2) 该粒子是顺时针还是逆时针运动？

例 11.7 在垂直纸平面的均匀磁场的作用下，有一电子束在纸平面内作圆周运动，其半径为 $R=15\text{cm}$ 。已知电子是在 $\Delta V=175\text{V}$ 的加速电压下，由静止获得作匀速圆周速度的。试求：(1) 均匀磁场的磁感应强度；(2) 电子的角速率。

解：(1) 设电子束中的电子的质量为 m_e 、电荷为 $-e$ 。并设电子作匀速圆周运动的速率为 v ，电子由静止加速到速率 v ，其动能的增量为 $\Delta E_k=m_e v^2/2$ ，而电子在加速电压 ΔV 作用下，其电势能的增量为 $\Delta E_p=-(-e)\Delta V$ 。由能量守恒定律有

$$\frac{m_e v^2}{2}=e\Delta V$$

得

$$v=\left(\frac{2e\Delta V}{m_e}\right)^{1/2}$$

将已知数据代入上式，得 $v=7.86\times10^6\text{m}\cdot\text{s}^{-1}$ 。于是，由式 (11.5-1) 可求得磁感应强度为

$$B=\frac{m_e v}{eR}$$

把已知数据代入上式，得磁感应强度 $B=2.98\times10^{-4}\text{T}$。

(2) 由圆周运动的角速率和速率关系可得电子的角速率为

$$\omega=\frac{v}{R}=5.24\times10^7\text{rad}\cdot\text{s}^{-1}$$

当带电粒子在电场和磁场共同存在的空间运动时，它将同时受到电场力和磁

场力的共同作用，合力为

$$\boldsymbol{F} = q(\boldsymbol{E} + \boldsymbol{v} \times \boldsymbol{B}) \tag{11.20}$$

式（11.20）叫做**洛伦兹关系式**。

下面我们再讨论带电粒子在电磁力控制下运动的几种简单而重要的实例。

二、磁聚焦

设想从磁场某点 A 发射出一束很窄的带电粒子流，这些粒子的速率 v 差不多相等，且与磁感应强度 $\boldsymbol{B}$ 的夹角 θ 都很小，则

$$v_{//} = v\cos\theta \approx v$$

$$v_{\perp} = v\sin\theta \approx v\theta \tag{11.21}$$

由于速度的垂直分量 $v_{\perp}$ 不同，在磁场作用下，各粒子将沿不同的半径作螺旋线运动。但由于它们速度的平行分量 $v_{//}$ 近似相等，经过一个周期后，它们又重新会聚在 A' 点，这与光束经透镜后聚焦的现象有些类似，所以叫做**磁聚焦现象**，如图 11.26 所示。磁聚焦广泛应用于电真空器件中对电子束的聚焦。图 11.27 是显像管中电子束磁聚焦装置的示意图。

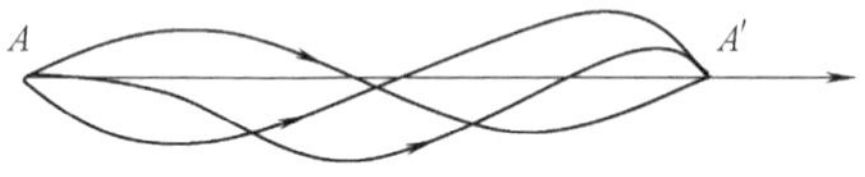

图 11.26　均匀磁场的磁聚焦

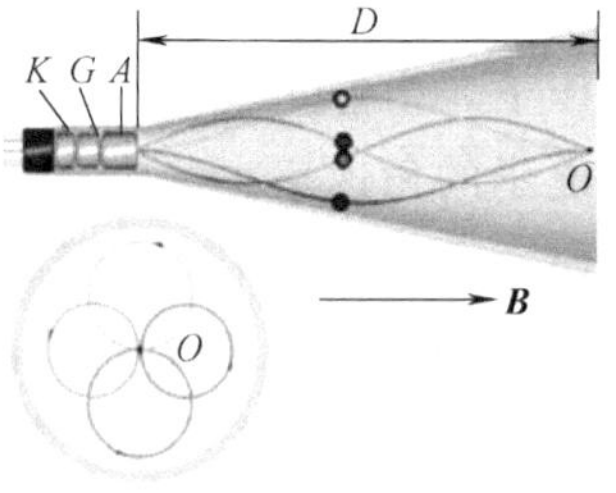

图 11.27　电子束磁聚焦

三、回旋加速器

回旋加速器是用来加速带电粒子（如质子、氘核等），使其获得较高能量的装置。加速后的高能粒子可用来轰击原子核，引起核反应以获取有关核结构的信息，也可用来生产放射性材料并用于医学治疗。图 11.28 是回旋加速器的结构示意图。D_1 和 D_2 是两个中空的半圆形铜盒，称为 D 形电极。把两个电极与高频振荡器连接，以使间隙中的电场来回地变换方向，先朝向一个 D 形电极，然后再朝向另一个。电场不进入 D 形电极，只存在于两个 D 形电极的中央间隙。把这两个 D 形电极放在电磁铁的两个磁极之间，便有一恒定的均匀强

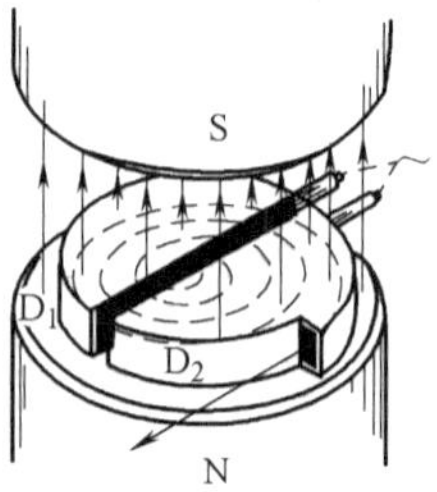

图 11.28　回旋加速器

磁场垂直于电极板平面。假设一质子由回旋加速器中央的源注入，首先被电场加速进入半盒 D_1 ，由于盒内无电场，且磁场的方向垂直于粒子的运动方向，所以粒子在 D_1 内作匀速圆周运动。当粒子再次到达间隙处时，交变电压也将改变符号，即极缝间的电场正好也改变了方向，所以粒子又会在电场力的作用下加速进入盒 D_2 ，使粒子再次得到加速。由式（11.18）可知粒子的回旋频率为

$$f=\frac{1}{T}=\frac{qB}{2\pi m} \tag{11.22}$$

式中，m 为粒子的质量。式（11.22）也表明，粒子回旋频率与圆轨道半径无关，与粒子速率无关。这样，带正电的粒子在交变电场和均匀磁场的作用下，多次累积式地被加速而沿着螺旋形的平面轨道运动，直到粒子能量足够高时到达半圆形电极的边缘，通过铝箔覆盖着的小窗 F，被引出加速器。高能粒子在科学技术中有广泛的应用领域，如核工业、医学、农业、考古学等。

当粒子到达半圆形盒的边缘时，粒子的轨道半径即为盒的半径 R_0 ，此时粒子的速率为

$$v=\frac{qBR_0}{m} \tag{11.23}$$

粒子的动能为

$$E_k=\frac{1}{2}mv^2=\frac{q^2B^2R_0{}^2}{2m} \tag{11.24}$$

从式（11.24）可以看出，某一带电粒子在回旋加速器中所获得的动能，与电极半径的二次方成正比，与磁感应强度 $\boldsymbol{B}$ 的大小的二次方成正比。可见，要使粒子的能量提高，就得建造巨型的强大的电磁铁，或者要有很大的轨道半径。目前世界上最大的粒子加速器是欧洲的大型强子对撞机 LHC（Large Hadron Collider），如图 11.29 所示，它位于瑞士的日内瓦。LHC 是一个国际合作的计划，由 34 国超过两千位物理学家所属的大学与实验室共同出资合作兴建。LHC 包含了一个圆周为 27 公里的圆形隧道，位于地下 50～150 m 之间，处于同一平面上，并贯穿瑞士与法国边境，主要的部分大半位于法国。隧道本身直径 3m。在加速器通道中主要放置两个质子束管。两个对撞加速管中的质子各具有的能量为 7TeV，总撞击能量达 14TeV。每个质子环绕整个储存环的时间为 89μs。60 余名中国科学家参与强子对撞机实验。参与实验的单位有中科院高能物理研究所、中国科技大学、山东大学、南京大学、北京大学、华中师范大学、清华大学等。

图 11.29 欧洲大型强子对撞机 LHC

四、质谱仪

质谱仪是用磁场和电场的各种组合来分析同位素的仪器，是由英国实验化学家和物理学家阿斯顿（F. W. Aston，1877—1945）在 1919 年创制的，当年用它发现了氯和汞的同位素。以后几年内又发现了许多种同位素，特别是一些非放射性的同位素。为此，阿斯顿于 1922 年获诺贝尔化学奖。阿斯顿仅拥有学士学位，他的成才主要得力于在长期的实验室平凡工作中力求进取的精神和毅力。

图 11.30 是一种质谱仪的示意图。从离子源产生的 $+q$ 正离子以速度 $\boldsymbol{v}$ 经过狭缝 S_1 和 S_2 之后，进入速度选择器。设 P_1，P_2 两平行板之间的均匀电场的电场强度为 $\boldsymbol{E}$，而垂直纸面向里的均匀磁场的磁感应强度为 $\boldsymbol{B}$。正离子同时受到电场力 $\boldsymbol{F}_e=q\boldsymbol{E}$ 和磁场力 $\boldsymbol{F}_B=q\boldsymbol{v}\times\boldsymbol{B}$ 的作用。当正离子速度小时，$\boldsymbol{F}_e>\boldsymbol{F}_B$，粒子打在左边的板子上，当正离子的速度大时，$\boldsymbol{F}_e<\boldsymbol{F}_B$，粒子打在右边的板子上，当正离子在 P_1，P_2 之间所受电场力和磁场力的大小相等、方向相反时，粒子就能直线穿过速度选择器，那么能通过的粒子的速度为

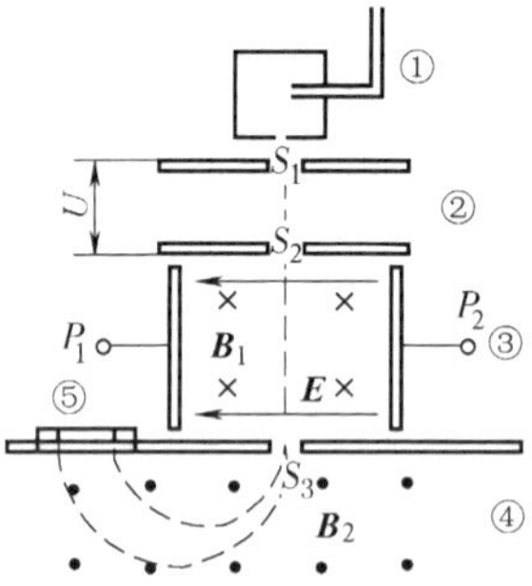

图 11.30　质谱仪

$$v=\frac{E}{B} \tag{11.25}$$

显然，对于给定的 $\boldsymbol{E}$ 和 $\boldsymbol{B}$，只有正离子的速度满足 $v=E/B$ 时，它们才能径直穿过 P_1，P_2 而从狭缝 S_3 射出。

正离子由 S_3 射出后，进入另一个磁感应强度为 $\boldsymbol{B}_2$ 的匀强磁场区域，磁场的方向垂直纸面向外，但在此区域中没有电场。这时正离子在磁场力作用下，将以半径 R 作匀速圆周运动。若离子的质量为 m，则有

$$qvB_2=m\frac{v^2}{R} \tag{11.26}$$

所以

$$m=\frac{qB_2R}{v} \tag{11.27}$$

由于 $\boldsymbol{B}_2$ 和离子速度 $\boldsymbol{v}$ 是已知的，且假定每个离子的电荷都是相等的，从上式可以看出，离子的质量和它的轨道半径成正比。

如果这些离子中有不同质量的同位素，它们的轨道半径就不一样，将分别射到照相底片上不同的位置，形成若干线状谱的细条纹，每一条纹相当于一定质量的离子。从条纹的位置可以推算出轨道半径 R，从而算出它们的相应质量，所以，这种仪器叫做质谱仪。

采用某种收集装置代替照相底片，就能进而得知各种同位素的相对成分。阿

斯顿等人因此曾先后发现天然存在的镁元素中，同位素 ^{24}Mg 占 78.7%。^{25}Mg 占 11.1%，^{26}Mg 占 11.2%。利用质谱仪既可发现新同位素及其所占百分比，也能从分离同位素中提供某一特需的同位素产品，其最大优点在于整个过程不需其他物质参与，简捷可靠。

五、霍尔效应

图 11.31a 所示为一宽度为 d 的铜片，同时处于垂直纸面向里的磁场中，并通以方向由上至下的电流，载流子是电子，由于电流方向向下，因此电子将由下向上漂移，漂移的速度设为 v_d。每一个漂移的电子都将受到洛伦兹力 $\boldsymbol{F}=q\boldsymbol{v}\times\boldsymbol{B}$ 的作用，把它推向铜片的右侧。随着时间的推移，积聚在铜片右侧的电子越来越多，左侧则出现等量的正电荷，因此在铜片的内部形成了一个由左至右的电场，这个电场作用在每一个运动的电子上，企图把它推到左侧。但是当这个电场还不够大时，电子还仍然继续向右侧漂移，当积聚的电荷足够多时，正在漂移的电子受到的电场力和磁场力相平衡，这时电子将不会再向右侧积聚，电场也不再增强了。

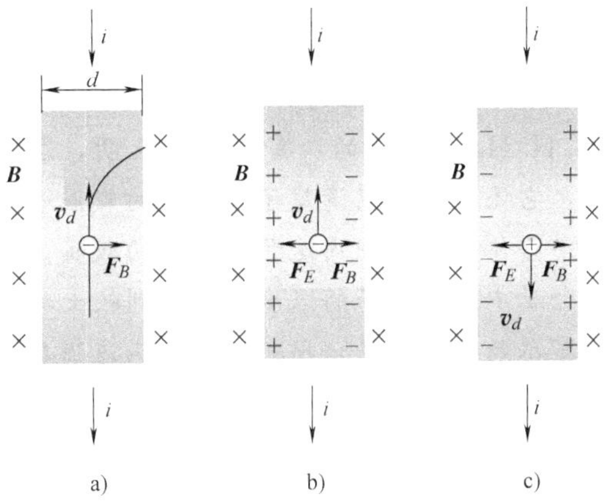

图 11.31 载流铜片放在磁场中

伴随着电场的产生，在铜片的左右两侧产生了一个电压，我们称为霍尔电压，用 U 表示，有

$$U = Ed \tag{11.28}$$

如果在铜片的左右两侧接入电压表，即可测量该电势差。并且电压表将告诉我们此时铜片左侧电势高，右侧电势低。这再一次证明了载流子是带负电的。

下面我们作相反的假设，电流中的载流子是带正电的，如图 11.31c 所示。随着载流子在铜片中从上至下运动，它们在洛伦兹力的作用下向右侧运动，因而右侧会积聚一定数量的正电荷，说明右侧处于较高的电势，这与电压表的读数相矛盾，所以载流子必定带负电。

下面定量地进行讨论。当电子受到的电场力和磁场力相平衡时，如图 11.31b 所示，得

$$eE = ev_dB \tag{11.29}$$

利用式（10.28），得电子的漂移速率为

$$v_d = \frac{j}{ne} = \frac{i}{neA} \tag{11.30}$$

式中，j 是铜片中的电流密度；A 是铜片的横截面积；n 是载流子的数密度。

在式（11.29）中，用式（11.28）取代 E，并用式（11.30）取代 v_d，可以得到

$$n = \frac{Bi}{Ule} \tag{11.31}$$

式中，$l = A/d$，是铜片的厚度，借助此式就能由一些可测量量求出 n。

霍尔效应是在1879年由年仅24岁的美国霍布金大学的研究生霍尔(E. H. Hall)发现的。霍尔效应表明，在铜导线中漂移的传导电子能被磁场偏转，它还使我们搞清楚了导体中的载流子是带正电还是带负电。此外，我们还可测定导体单位体积内这种载流子的数目。由于在半导体中载流子浓度 n 远小于单价金属中自由电子的浓度，可得到较大的霍尔电压，所以常用半导体材料制成各种霍尔效应传感器，用来测量磁感应强度、电流、压力、转速等。在自动控制和计算技术等方面，霍尔效应都获得了广泛的应用。

在导电流体中也会产生霍尔效应，这就是目前正在研究中的“磁流体发电”的基本原理。把由燃料（油、煤气或原子能反应堆）加热而产生的高温气体，以高速 $\boldsymbol{v}$ 通过用耐高温材料制成的导电管产生电离，达到等离子状态。若在垂直于 $\boldsymbol{v}$ 的方向加上磁场，则气流中的正、负离子由于受洛伦兹力的作用，将分别向垂直于 $\boldsymbol{v}$ 和 $\boldsymbol{B}$ 的两个相反方向偏转，结果在导电管两侧的电极上产生电势差。这种发电方式没有转动的机械部分，而是直接把热能转换为电能，因而损耗少，效率高，是非常诱人、有待于开发的新技术。

第六节　磁场对载流导线的作用

一、安培力

安培在研究电流与电流之间的相互作用时，仿照电荷之间相互作用的库仑定律，把载流导线分割成电流元，得到了两电流元之间的相互作用规律，并于1820年总结出了电流元受力的安培定律。安培发现，电流元 $I\mathrm{d}\boldsymbol{l}$ 在磁场中某点所受到的磁场力 $\mathrm{d}\boldsymbol{F}$ 的大小，与该点磁感应强度 $\boldsymbol{B}$ 的大小、电流元 $I\mathrm{d}\boldsymbol{l}$ 的大小以及电流元 $I\mathrm{d}\boldsymbol{l}$ 与磁感应强度 $\boldsymbol{B}$ 的夹角 θ 的正弦成正比，可表示为

$$\mathrm{d}F = I\mathrm{d}lB\sin\theta$$

$\mathrm{d}\boldsymbol{F}$ 的方向垂直于 $I\mathrm{d}\boldsymbol{l}$ 与 $\boldsymbol{B}$ 所决定的平面，指向由右手螺旋法则确定。将上式写成矢量式为

$$\mathrm{d}\boldsymbol{F} = I\mathrm{d}\boldsymbol{l} \times \boldsymbol{B} \tag{11.32}$$

因此，一段任意形状的载流导线所受的磁场力等于作用在它各段电流元上的磁场

力的矢量和，即

$$\boldsymbol{F}=\int_L \mathrm{d}\boldsymbol{F}=\int_L I\,\mathrm{d}\boldsymbol{l}\times\boldsymbol{B} \quad (11.33)$$

这个力叫做**安培力**。式（11.32）和式（11.33）称为**安培定律**。

下面讨论均匀磁场中的一段长直载流导线所受的安培力。设直导线长为 l，通以电流 I，放在磁感应强度为 $\boldsymbol{B}$ 的均匀磁场中，导线与 $\boldsymbol{B}$ 的夹角为 θ，如图 11.32 所示。

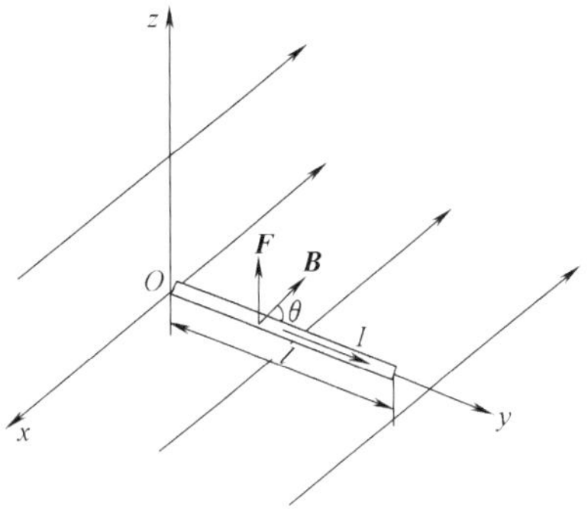

图 11.32 长直载流导线在均匀磁场中受的安培力

在这种情况下，作用在各电流元上的安培力 d$\boldsymbol{F}$ 的方向都沿 Oz 轴正向，所以作用在长直导线上的合力即等于各电流元上的各个分力的代数和，即

$$F=\int_L \mathrm{d}F=\int_0^l I\mathrm{d}lB\sin\theta=IB\sin\theta\int_0^l \mathrm{d}l=IBl\sin\theta \quad (11.34)$$

合力作用在长直导线中点，方向沿 Oz 轴正向。

例 11.8 图 11.33 表示一段半圆形导线，通有电流 I，圆的半径为 R，放在均匀磁场 $\boldsymbol{B}$ 中，磁场与导线平面垂直，求磁场作用在半圆形导线上的力。

解：取坐标系 Oxy 如图 11.33 所示，这时各段电流元受到的安培力数值上都等于

$$\mathrm{d}F=I\mathrm{d}lB$$

但方向沿各自的半径离开圆心向外。整段导线受力为各个电流元所受力的矢量和，即

$$\boldsymbol{F}=\sum\mathrm{d}\boldsymbol{F}$$

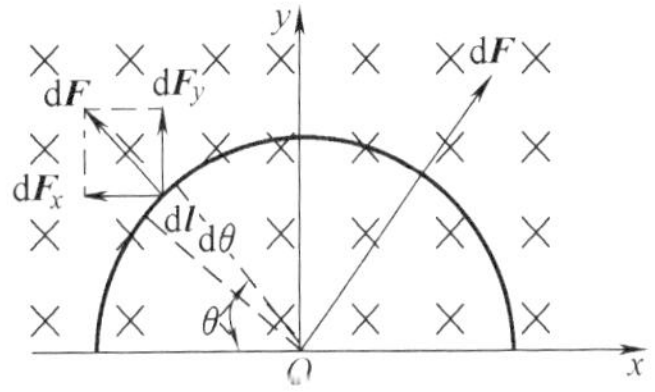

图 11.33 均匀磁场中的一段半圆形导线

因此，我们应将各个电流元所受的力 d$\boldsymbol{F}$ 分解为 x 方向和 y 方向的分力 $\mathrm{d}F_x$ 和 $\mathrm{d}F_y$。由于电流分布的对称性，半圆形导线上各段电流元在 x 方向分力的总和为零，只有 y 方向分力对合力有贡献。因为

$$\mathrm{d}F_y=\mathrm{d}F\sin\theta=BI\mathrm{d}l\sin\theta$$

所以合力 $\boldsymbol{F}$ 在 y 方向，大小为

$$F=\int_L \mathrm{d}F_y=\int_L BI\mathrm{d}l\sin\theta$$

由于 $\mathrm{d}l=R\mathrm{d}\theta$，所以

$$F=\int_L BI\mathrm{d}l\sin\theta=\int_0^{\pi}BIR\sin\theta\mathrm{d}\theta=BIR\int_0^{\pi}\sin\theta\mathrm{d}\theta=2BIR$$

显然，合力 $\boldsymbol{F}$ 作用在半圆弧中点，方向向上，其大小相当于连接圆弧始末两点直线电流所受到的作用力。从本例题所得结果还可以推断，一个任意弯曲的载流

导线放在均匀磁场中所受到的磁场力，等效于弯曲导线起点到终端的一段长直载等量电流导线在磁场中所受的力。

安培力有着十分广泛的应用。磁悬浮列车就是电磁力应用的高科技成果之一。2003 年上海建成了世界上第一条商业运营的磁悬浮列车，如图 11. 34 所示。车厢下部装有电磁铁，当电磁铁通电被钢轨吸引时就把列车悬浮起来了。列车上还安装了一系列极性不变的磁体，钢轨内侧装有两排推进线圈，线圈通有交变电流，总使前方线圈的磁性对列车磁体产生一拉力（吸引力），后方线圈对列车磁体产生一推力（排斥力），这一拉一推的合力便驱使列车高速前进。强大的电磁力可使列车悬浮 1～10cm，与轨道脱离接触，消除了列车运行时与轨道的摩擦阻力，使磁悬浮列车的速度达 400km/h 以上。

a)

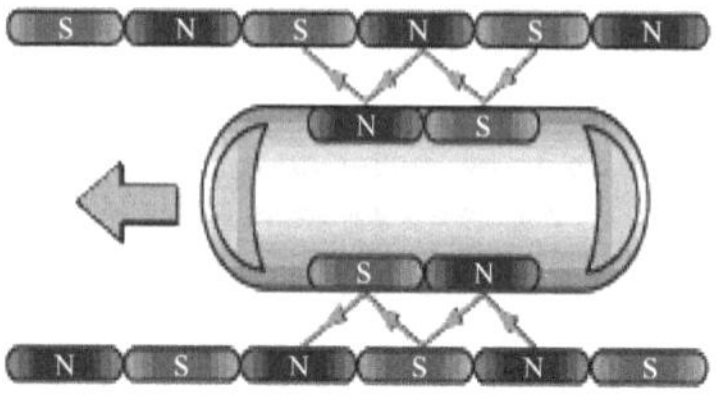

b)

图 11.34　磁悬浮列车及其原理图

a）磁悬浮列车全景　b）电磁驱动力原理图

二、磁场对载流线圈的作用

世界上大量的工作都是由电动机完成的。这种作业幕后的力就是安培力，即磁场作用于载流导线上的力。

在直流电动机内，一般都有放在磁场中的线圈，当线圈中有电流通过时，它们将在磁场的作用下发生转动。下面用安培定律来研究磁场对载流线圈的作用。

如图 11.35 所示，在磁感应强度为 $\boldsymbol{B}$ 的均匀磁场中，有一刚性矩形载流线圈 $MNOP$，它的边长分别为 l_1 和 l_2 ，电流为 I ，流向为 $M \to N \to O \to P \to M$。设线圈平面的单位正法向矢量 $\boldsymbol{n}$ 的方向与磁感应强度 $\boldsymbol{B}$ 方向之间的夹角为 θ ，即线圈平面与 $\boldsymbol{B}$ 之间夹角为 φ（ $\varphi + \theta = \pi/2$ ），并且 MN 边及 OP 边均与 $\boldsymbol{B}$ 垂直。

根据式（11.34）可以求得磁场对导线 NO 段和 PM 段作用力的大小分别为

$$F_4 = BIl_1 \sin\varphi$$

$$F_3 = BIl_1 \sin(\pi - \varphi) = BIl_1 \sin\varphi$$

$\boldsymbol{F}_3$ 和 $\boldsymbol{F}_4$ 这两个力大小相等、方向相反，并且在同一直线上，所以对整个线圈来讲，它们的合力矩为零。

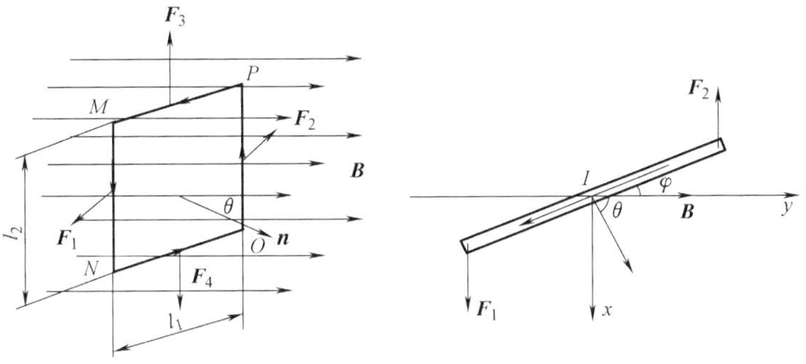

图 11.35 矩形载流线圈在均匀磁场中所受的磁力矩

而导线 MN 段和 OP 段所受磁场作用力的大小则分别为

$$F_1 = BIl_2$$

$$F_2 = BIl_2$$

这两个力大小相等，方向亦相反，但不在同一直线上，它们的合力虽为零，但对线圈要产生磁力矩 $M = F_1 l_1 \cos\varphi$ 。由于 $\varphi = \pi/2 - \theta$ ，所以 $\cos\varphi = \sin\theta$ ，则有

$$M = F_1 l_1 \cos\varphi = BIl_2 l_1 \sin\theta$$

或

$$M = BIS\sin\theta \tag{11.35}$$

式中，$S = l_1 l_2$ 为矩形线圈的面积。而 IS 为线圈的磁矩 m ，其矢量式为 $\boldsymbol{m}=IS\boldsymbol{n}$，此处 $\boldsymbol{n}$ 为线圈平面的单位正法向矢量。因为角 θ 是 $\boldsymbol{n}$ 与磁感应强度 $\boldsymbol{B}$ 之间的夹角，所以上式用矢量表示则为

$$\boldsymbol{M} = IS\boldsymbol{n} \times \boldsymbol{B} = \boldsymbol{m} \times \boldsymbol{B} \tag{11.36}$$

如果线圈不止一匝，而是 N 匝，那么线圈所受的磁力矩应为

$$\boldsymbol{M} = NIS\boldsymbol{n} \times \boldsymbol{B} \tag{11.37}$$

下面讨论几种情况：

1）当载流线圈的 $\boldsymbol{n}$ 方向与磁感应强度 $\boldsymbol{B}$ 的方向相同（即 $\theta = 0^\circ$），亦即磁通量为正向极大时，$M = 0$ ，磁力矩为零。此时线圈处于平衡状态，如图 11.36a 所示。

2）当载流线圈 $\boldsymbol{n}$ 方向与磁感应强度 $\boldsymbol{B}$ 的方向相垂直（即 $\theta = 90^\circ$），亦即磁通量为零时，$M = NISB$ ，磁力矩最大，如图 11.36b 所示。

3）当载流线圈的 $\boldsymbol{n}$ 方向与磁感应强度 $\boldsymbol{B}$ 的方向相反（即 $\theta = 180^\circ$）时，$M = 0$ ，这时也没有磁力矩作用在线圈上，如图 11.36c 所示。不过，在这种情况下，只要线圈稍稍偏过一个微小角度它就会在磁力矩作用下离开这个位置，而最终稳定在 $\theta = 0^\circ$ 的平衡状态。所以常把 $\theta = 180^\circ$ 时线圈的状态叫做不稳定平衡

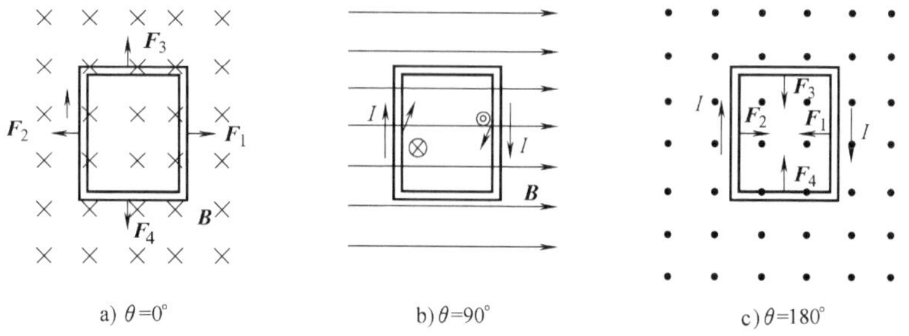

图 11.36　载流线圈的方向与磁场方向成不同角度时的磁力矩

状态，而把 $\theta=0°$ 时线圈的状态叫做稳定平衡状态。总之，不用把注意力集中于线圈的运动，更简单的理解就是磁场对载流线圈作用的磁力矩，总是要使线圈转到它的 $\boldsymbol{n}$ 方向与磁感应强度 $\boldsymbol{B}$ 的方向相一致的稳定平衡位置。

磁场对载流线圈作用力矩的规律是制成各种电动机、动圈式电表和电流计等机电设备和仪表的基本原理。

注意：*磁力矩的计算公式虽然是由矩形线圈推导出来的，但可以证明它对任意形状的平面线圈都是适用的。*

第七节　磁场中的磁介质

一、磁介质 磁化强度

1. 磁介质

在上一章中，我们讨论了电介质的静电特性。当电介质处在电场中时，电介质内部的电荷会重新分布，出现极化现象，从而对原电场产生影响。那么同样，如果磁场中有实物存在，则由于磁场和实物之间的相互作用，实物的分子状态也会发生变化，从而改变原来磁场的分布。这种在磁场作用下，其内部状态发生变化，并反过来影响磁场分布的物质，称为磁介质。磁介质在磁场作用下内部状态的变化叫做磁化。

应当指出的是，磁介质对磁场的影响远比电介质对电场的影响要复杂得多。把电介质放入电场中，电介质内部的电场强度和原电场相比会有所削弱。但把不同的磁介质放在磁场中的表现则是很不相同的。假设在真空中某点的磁感应强度为 $\boldsymbol{B}_0$，放入磁介质后，因磁介质被磁化而建立的附加磁感应强度为 $\boldsymbol{B}'$，那么该点的磁感应强度 $\boldsymbol{B}$ 应为这两个磁感应强度的矢量和，即

$$B = B_0 + B'$$

由于磁介质的磁化特性不同，有一些磁介质磁化后使磁介质中的磁感应强度 $\boldsymbol{B}$ 稍大于 $\boldsymbol{B}_0$，即 $\boldsymbol{B}>\boldsymbol{B}_0$，这类磁介质称为**顺磁质**，如铝、氧、锰等都属于顺磁性物质；还有一类磁介质磁化后，使磁介质中的磁感应强度 $\boldsymbol{B}$ 稍小于 $\boldsymbol{B}_0$，即 $\boldsymbol{B}<\boldsymbol{B}_0$，这类磁介质称为**抗磁质**，如水银、铜、铋、氢、银、金、锌、铅等都属于抗磁性物质。一切抗磁质以及大多数顺磁质有一个共同点，那就是它们所激发的附加磁场极其微弱，$\boldsymbol{B}$ 和 $\boldsymbol{B}_0$ 相差很小，统称为弱磁性物质。此外还有另一类磁介质，它们磁化后所激发的附加磁感应强度 $\boldsymbol{B}'$ 远大于 $\boldsymbol{B}_0$，使得 $\boldsymbol{B}\gg\boldsymbol{B}_0$，这类能显著地增强磁场的物质，称为**铁磁质**。如铁、镍、钴及其合金，还有铁氧化等物质都是铁磁质。

2. 顺磁质和抗磁质的磁化

下面用分子电流学说来说明顺磁性和抗磁性的磁化现象。

根据物质电结构学说，任何物质都由分子、原子组成，而分子或原子中任何一个电子都不停地同时参与两种运动：一是环绕原子核的轨道运动，一是电子本身的固有运动，叫做自旋。这两种运动都等效于一个电流分布，因而能产生磁效应。把分子或原子看作一个整体，分子或原子中各个电子对外界所产生磁效应的总和，可用一个等效的圆电流表示，统称为分子电流。这种分子电流具有一定的磁矩，称为分子磁矩，用符号 $\boldsymbol{m}$ 表示。如图 11.37 所示。

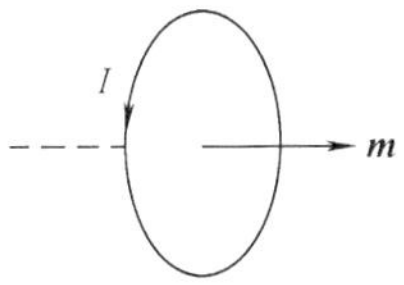

图 11.37 分子圆电流与分子磁矩

在顺磁性物质中，虽然每个分子都具有磁矩 $\boldsymbol{m}$，但由于分子的无规热运动，各个分子磁矩排列的方向是十分纷乱的。在没有外磁场时，各分子磁矩 $\boldsymbol{m}$ 的取向是无规律的，因而在顺磁质中任一宏观小体积内，所有分子磁矩的矢量和为零，致使顺磁质对外不显现磁性，处于未被磁化的状态，如图 11.38a 所示。

当顺磁性物质处在外磁场中时，各分子磁矩都要受到磁力矩的作用。在磁力矩作用下，各分子磁矩的取向都具有转到与外磁场方向相同的趋势，如图 11.38b所示，这样，顺磁质就被磁化了。显然，在顺磁质中因磁化而出现的附加磁感应强度 $\boldsymbol{B}'$与外磁场的磁感应强度 $\boldsymbol{B}_0$ 的方向相同。于是，在外磁场中，顺磁质内的磁感应强度 $\boldsymbol{B}$ 的大小为

$$B = B_0 + B'$$

对抗磁质来说，在没有外磁场作用时，虽然分子中每个电子的轨道磁矩与自旋磁矩都不等于零，但分子中全部电子的轨道磁矩与自旋磁矩的矢量和却等于零，即分子固有磁矩为零（$\boldsymbol{m}=0$）。所以，在没有外磁场时，抗磁质并不显现出磁性。但在外磁场作用下，分子中每个电子的轨道运动和自旋运动都将发生变化，从而引起附加磁矩 $\Delta\boldsymbol{m}$。而且附加磁矩 $\Delta\boldsymbol{m}$ 的方向必是与外磁场 $\boldsymbol{B}_0$ 的方向

相反。

如图 11.39 所示，设一电子以半径 r，角速度 $\boldsymbol{\omega}$ 绕核作逆时针轨道运动，电子的磁矩 $\boldsymbol{m}'$ 的方向与外磁场的磁感应强度 $\boldsymbol{B}_0$ 的方向相反。可以证明，电子在洛伦兹力 $\boldsymbol{F}$ 的作用下，其附加磁矩 $\Delta\boldsymbol{m}'$ 与 $\boldsymbol{B}_0$ 的方向相反。由于分子中每个电子的附加磁矩 $\Delta\boldsymbol{m}'$ 都与外磁场的磁感应强度 $\boldsymbol{B}_0$ 的方向相反，所有分子的附加磁矩 $\Delta\boldsymbol{m}$ 的方向也与 $\boldsymbol{B}_0$ 的方向相反。因此，在抗磁质中，就要出现与外磁场 $\boldsymbol{B}_0$ 的方向相反的附加磁场 $\boldsymbol{B}'$。于是，抗磁质内的磁感应强度 $\boldsymbol{B}$ 的值为

$$\boldsymbol{B} = \boldsymbol{B}_0 - \boldsymbol{B}'$$

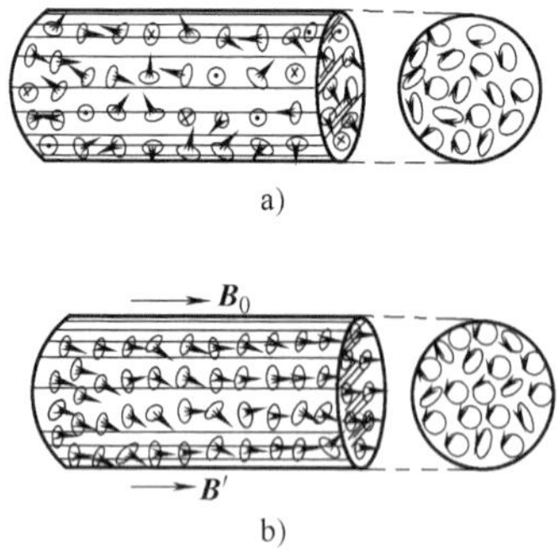

图 11.38 分子圆电流与分子磁矩

a) 无外磁场时 b) 有外磁场时

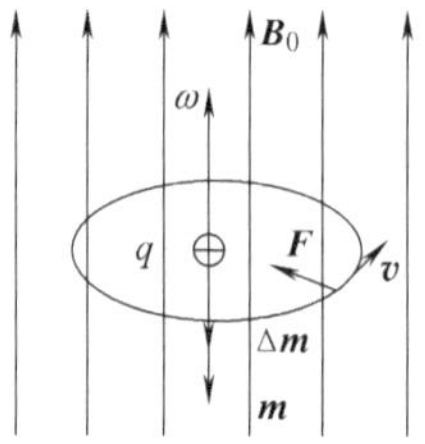

图 11.39 电子绕核运动

3. 磁化强度

为了表征磁介质被磁化的程度，引进一个宏观物理量，叫做磁化强度。在被磁化后的磁介质内，任取一体积元 ΔV，在该体积元中所有分子固有磁矩的矢量和 $\sum \boldsymbol{m}_{分子}$ 加上附加磁矩的矢量和 $\sum \Delta\boldsymbol{m}_{分子}$ 与该体积元的比值，即单位体积内分子磁矩的矢量和，称为磁化强度，用符号 $\boldsymbol{M}$ 表示，即

$$\boldsymbol{M} = \frac{\sum \boldsymbol{m}}{\Delta V} \tag{11.38}$$

在国际单位制中，磁化强度的单位为安培每米，符号为 $\mathrm{A \cdot m^{-1}}$。

二、磁介质中的安培环路定理　磁场强度

如图 11.40a 所示，设在单位长度有 n 匝线圈的无限长直螺线管内充满着均匀磁介质，线圈内的电流为 I，电流 I 在螺线管内激发的磁感应强度为 $\boldsymbol{B}_0$（$B_0 = \mu_0 nI$）。而磁介质在磁场 $\boldsymbol{B}_0$ 中被磁化，从而使磁介质内的分子磁矩在

磁场 $\boldsymbol{B}_0$ 的作用下作有规则排列，如图 11.40b 所示。从图中可以看出，在磁介质内部各处的分子电流总是方向相反，相互抵消，只有在边缘上形成近似环形电流，这个电流称作**磁化电流**。

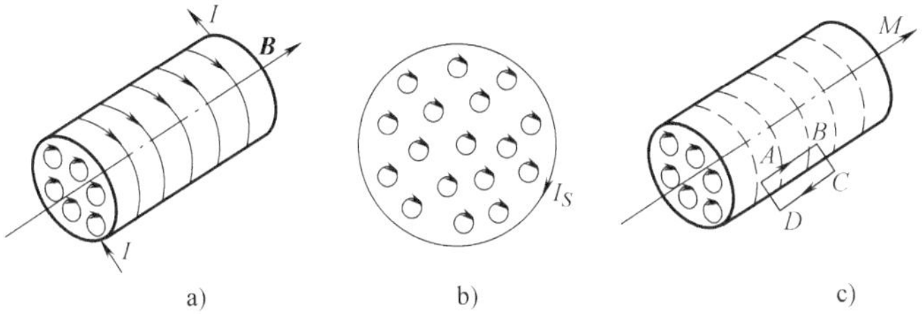

图 11.40 磁化电流

我们把圆柱形磁介质表面上沿柱体母线方向单位长度的磁化电流称为**磁化电流面密度** I_S。那么，在长为 L、截面积为 S 的磁介质里，由于被磁化而具有的磁矩值为 $\sum m = I_S LS$，于是，由磁化强度定义式（11.38）可得磁化电流面密度和磁化强度之间的关系为

$$I_S = M$$

若在如图 11.40c 所示的圆柱形磁介质内外横跨边缘处选取 $ABCDA$ 矩形环路，并设 $AB = l$，那么磁化强度 $\boldsymbol{M}$ 沿此环路的积分则为

$$\oint_l \boldsymbol{M} \cdot \mathrm{d}\boldsymbol{l} = MAB = I_S l \tag{11.39}$$

此外，对 $ABCDA$ 环路来说，由安培环路定理可有

$$\oint_l \boldsymbol{B} \cdot \mathrm{d}\boldsymbol{l} = \mu_0 \sum I_i$$

式中，$\sum I_i$ 为环路所包围线圈流过的传导电流 $\sum I$ 与磁化电流 $\sum I_S$ 之和，故上式可写成

$$\oint_l \boldsymbol{B} \cdot \mathrm{d}\boldsymbol{l} = \mu_0 \sum I + \mu_0 I_S l$$

将式（11.39）代入上式，可得

$$\oint_l \boldsymbol{B} \cdot \mathrm{d}\boldsymbol{l} = \mu_0 \sum I + \mu_0 \oint_l \boldsymbol{M} \cdot \mathrm{d}\boldsymbol{l}$$

或写成

$$\oint_l \left(\frac{\boldsymbol{B}}{\mu_0} - \boldsymbol{M}\right) \cdot \mathrm{d}\boldsymbol{l} = \sum I$$

引进辅助量 $\boldsymbol{H}$，且令

$$\boldsymbol{H} = \frac{\boldsymbol{B}}{\mu_0} - \boldsymbol{M} \tag{11.40}$$

$\boldsymbol{H}$ 称为磁场强度，于是得

$$\oint_l \boldsymbol{H} \cdot \mathrm{d}\boldsymbol{l} = \sum I \tag{11.41}$$

这就是**磁介质中的磁场安培环路定理**。它说明：磁场强度沿任意闭合回路的线积分，等于该回路所包围的传导电流的代数和。

在国际单位制中，磁场强度 H 的单位是安培每米，符号是 $\mathrm{A \cdot m^{-1}}$ 。

在均匀磁介质中，满足 $\boldsymbol{M} \propto \boldsymbol{H}$ 的磁介质称为线性磁介质。于是有

$$\boldsymbol{M} = k\boldsymbol{H}$$

式中，k 是量纲为一的量，叫做磁介质的磁化率，它是随磁介质的性质而异的。将上式代入 $\boldsymbol{H}$ 的定义式（11.40)，有

$$\boldsymbol{H} = \frac{\boldsymbol{B}}{\mu_0} - \boldsymbol{M} = \frac{\boldsymbol{B}}{\mu_0} - k\boldsymbol{H}$$

或

$$\boldsymbol{B} = \mu_0 (1+k) \boldsymbol{H}$$

可令式中 $1+k=\mu_r$，且称 μ_r 为磁介质的相对磁导率，则上式可定为

$$\boldsymbol{B} = \mu_0 \mu_r \boldsymbol{H} \tag{11.42}$$

令 $\mu_0\mu_r = \mu$，并称 μ 为**磁导率**，上式即为

$$\boldsymbol{B} = \mu \boldsymbol{H} \tag{11.43}$$

在真空中，$\boldsymbol{M}=0$，故 $k=0$，$\mu_r=1$，$\boldsymbol{B}=\mu_0\boldsymbol{H}$。如磁介质为顺磁质，由实验知道，其 $k>0$，故 $\mu_r>1$。对抗磁质来说，其 $k<0$，故 $\mu_r<1$。表 11-2 给出了几种顺磁质和抗磁质磁化率的实验值。

表 11-2　几种顺磁质和抗磁质磁化率 k 的实验值

顺磁质	$k(=\mu_r-1)$	抗磁质	$k(=\mu_r-1)$
氧	2.09×10^{-6}	氮	-5.0×10^{-9}
铝	2.3×10^{-5}	铜	-9.8×10^{-6}
钨	6.8×10^{-5}	铅	-1.7×10^{-5}
钛	7.06×10^{-5}	汞	-2.9×10^{-5}

显然，顺磁质和抗磁质确是两种弱磁性物质，它们的磁化率 k 都很小，它们的相对磁导率 $\mu_r(=1+k)$ 与真空的相对磁导率（$\mu_r=1$）十分接近。因此，一般在讨论电流磁场的问题中，常可略去抗磁质、顺磁质磁化的影响。

最后说明一下引进辅助量 $\boldsymbol{H}$ 的好处。由式（11.41）知道，在磁介质中，磁场强度的环流为

$$\oint_l \boldsymbol{H} \cdot \mathrm{d}\boldsymbol{l} = \sum I$$

而磁感应强度的环流则为

$$\oint_l \boldsymbol{B} \cdot \mathrm{d}\boldsymbol{l} = \mu_0\mu_r \sum I$$

可见，磁场中磁感应强度的环流与磁介质有关，而磁场强度的环流则只与传导电流有关。所以，这就是像引入电位移 $\boldsymbol{D}$ 后，能够使我们比较方便地处理电介质中的电场问题一样，引入磁场强度 $\boldsymbol{H}$ 这个物理量后，使我们能够比较方便地处理磁介质中的磁场问题。下面举一个例题来说明。

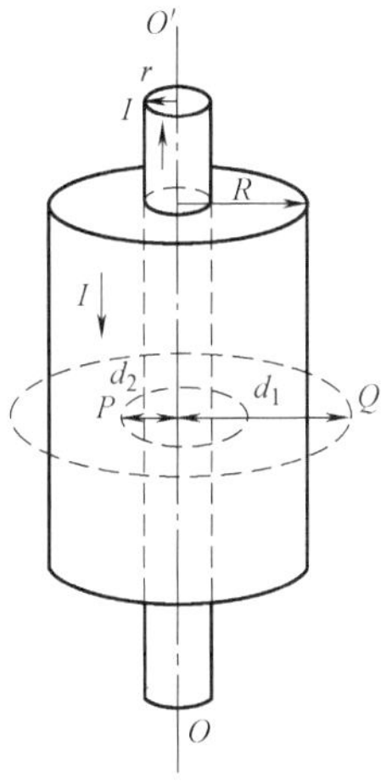

图 11.41 例 11.9 图

例 11.9 如图 11.41 所示，有两个半径分别为 r 和 R 的“无限长”同轴圆筒形导体，在它们之间充以相对磁导率为 μ_r 的磁介质。当两圆筒通有相反方向的电流 I 时，试求：(1) 磁介质中任意点 P 的磁感应强度的大小；(2) 圆柱体外面一点 Q 的磁感应强度。

解：(1) 这两个“无限长”的同轴圆筒，当有电流通过时，它们的磁场是柱对称分布的。设磁介质中点 P 到轴线 OO' 的垂直距离为 d_1，并以 d_1 为半径作一圆，根据式，有

$$\oint_l \boldsymbol{H}\cdot \mathrm{d}\boldsymbol{l} = H\int_0^{2\pi d_1}\mathrm{d}l = H2\pi d_1 = I$$

所以

$$H = \frac{I}{2\pi d_1}$$

由式 (11.43) 可得 P 点的磁感应强度的大小为

$$B = \mu H = \frac{\mu_0\mu_r I}{2\pi d_1} = \frac{\mu I}{2\pi d_1}$$

(2) 设从点 Q 到轴线 OO' 的垂直距离为 d_2，并以 d_2 为半径作一圆，显然此闭合路径所包围的传导电流的代数和为零，即 $\sum I = 0$。因此可求得

$$\oint_l \boldsymbol{H}\cdot \mathrm{d}\boldsymbol{l} = H\int_0^{2\pi d_2}\mathrm{d}l = 0$$

所以

$$H = 0$$

由此可得 Q 点的磁感应强度 $B = 0$

三、铁磁质

在各类磁介质中，应用最广泛的就是铁磁性物质，即铁磁质。在 20 世纪初期，铁磁质主要用在电机制造和通信器件中，而自 20 世纪 50 年代以来，随着电子计算机和信息科学的发展，应用铁磁质进行信息的储存和记录已发展成为引人注目的新兴产业。因此，对铁磁质磁化性能的研究，无论在理论上或实用上都有很重要的意义。概括起来说，铁磁质有下列一些特殊的性质：

(1) 能产生特别强的磁场 $\boldsymbol{B}'$，使铁磁质中的 B 远大于 B_0，其 $\mu_r = B/B_0$ 值

可达几百、甚至几千以上；

（2）它们的磁化强度 $\boldsymbol{M}$ 和磁感应强度 $\boldsymbol{B}$ 不再是常矢量，没有简单的正比关系，其磁导率 μ 与磁场强度 $\boldsymbol{H}$ 有复杂的函数关系；

（3）磁化强度随外磁场而变，它的变化落后于外磁场的变化，而且在外磁场停止作用后，铁磁质仍能保留部分磁性；

（4）一定的铁磁质存在一特定的临界温度，称为居里点，在温度达到居里点后，它们的磁性发生突变，转化为顺磁质，磁导率和磁场强度 $\boldsymbol{H}$ 无关。例如：铁的居里点是 1040K，镍的是 631K，钴的是 1388K。

下面介绍铁磁质特殊磁性形成的内在原因及其磁化特性，然后介绍它的一些应用。

1. 磁畴

从物质的原子结构观点来看，铁磁质内电子间因自旋引起的相互作用是非常强烈的，在这种作用下，铁磁质内部形成一些微小的自发磁化区域，叫做**磁畴**。每一个磁畴中，各个电子的自旋磁矩排列得很整齐，因此，它具有很强的磁性。磁畴的体积约为 $10^{-12}\sim10^{-9}\text{m}^3$，内含约 $10^{17}\sim10^{20}$ 个原子。在没有外磁场时，铁磁质内各个磁畴的排列方向是无序的，所以铁磁质对外不显磁性，如图11.42a所示。当铁磁质处于外磁场中时，各个磁畴的磁矩在外磁场的作用下都趋向于沿外磁场方向排列如图 11.42b 所示。使整个磁畴趋向外磁场方向。所以铁磁质在外磁场中的磁化程度非常大，它所建立的附加磁感应强度比外磁场的磁感应强度 $\boldsymbol{B}_0$ 在数值上一般要大几十倍到数千倍，甚至达数百万倍。

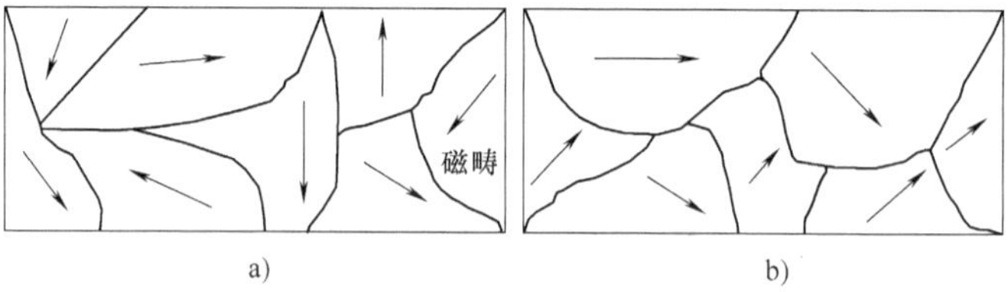

图 11.42　磁畴

a）磁畴散乱排列对外不显磁性　b）磁畴有序排列对外显示磁性

根据铁磁质的磁畴观点，可解释高温和振动的去磁作用。铁磁质的磁化和温度有关。随着温度的升高，它的磁化能力逐渐减小，当温度升高到某一温度时，铁磁性就完全消失，铁磁质转为普通的顺磁质。这个温度叫做居里温度或叫居里点。这是因为铁磁质中自发磁化区域因剧烈的分子热运动而遭破坏，磁畴也就瓦解了的缘故。

现在，磁畴的结构和形状已能在实验中观察到。在磨光的铁磁质表面上撒一层极细的铁粉，因为磁畴的边界处存在着不均匀的强磁场，它将把铁粉吸引到磁畴的边界上去。用金相显微镜可以直接观察到粉末沿着磁畴的边界积聚而形成的某种图形（图）。铁磁质中存在的磁畴是铁磁体磁化特性的内在根据，利用这个观点能解释铁磁体磁化过程所有的特性，这说明磁畴理论是目前较成熟的理论。

2. 磁化曲线 磁滞回线

前面说过，顺磁质的磁导率 μ 很小，但是一个常量，不随外磁场的改变而变化，故顺磁质的 $\boldsymbol{B}$ 与 $\boldsymbol{H}$ 的关系是线性关系，如图 11.43 所示。但铁磁质却不是这样，不仅它的磁导率比顺磁质的磁导率大很多，而且，当外磁场改变时，它的磁导率 μ 还随磁场强度 $\boldsymbol{H}$ 的改变而变化。图 11. 44 中的 OPN 线段是从实验得出的某一铁磁质开始磁化时的 $\boldsymbol{B}$-$\boldsymbol{H}$ 曲线，也叫**初始磁化曲线**。从曲线中可以看出 $\boldsymbol{B}$ 与 $\boldsymbol{H}$ 之间是**非线性关系**。当 $\boldsymbol{H}$ 从零逐渐增大时，$\boldsymbol{B}$ 急剧地增加，这是因为磁畴在磁场作用下迅速沿外磁场方向排列的缘故；到达点 N 以后，再增大 $\boldsymbol{H}$ 时，$\boldsymbol{B}$ 增加得就比较慢了；当达到 P 点以后，再增加外磁场强度 $\boldsymbol{H}$ 时，$\boldsymbol{B}$ 的增加就十分缓慢，呈现出磁化已达饱和的程度。P 点所对应的 $\boldsymbol{B}$ 值一般叫做饱和磁感应强度 B_m，这时，在铁磁质中，几乎所有磁畴都已沿着外磁场方向排列了。这时的磁场强度用 $+H_m$ 表示。

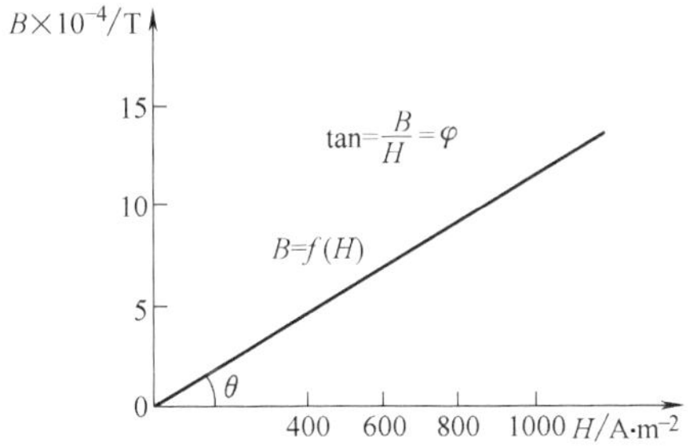

图 11.43 磁化曲线

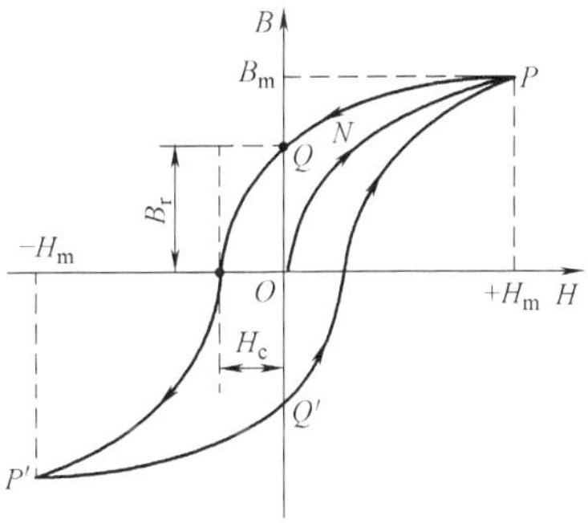

图 11.44 磁滞回线

当磁场强度的值达到 $+H_m$ 后就开始减小 H，那么，在 H 减小的过程中，B-H 曲线是否仍按原来的起始磁化曲线退回来呢？实验表明，当外磁场由 $+H_m$ 逐渐减小时，磁感应强度 $\boldsymbol{B}$ 并不沿起始曲线 ONP 减小，而是沿图中另一条曲线 PQ 比较缓慢地减小。这种 $\boldsymbol{B}$ 的变化落后于 $\boldsymbol{H}$ 的变化的现象，叫做**磁滞现象**，简称**磁滞**。

由于磁滞的缘故，当磁场强度减小到零（即 $H=0$）时，磁感应强度的值 B 并不等于零，而是仍有一定的数值 B_r，B_r 叫做**剩余磁感应强度**，简称**剩磁**。这是铁磁质所特有的性质。如果一铁磁质有剩磁存在，这就表明它已被磁化过。由图可以看出，随着反向磁场的增加，$\boldsymbol{B}$ 逐渐减小，当达到 $H=-H_c$ 时，$\boldsymbol{B}$ 等于零，这时铁磁质的剩磁就消失了，铁磁质也就不显现磁性。通常把 H_c 叫做**矫顽力**，它表示铁磁质抵抗去磁的能力。当反向磁场继续不断增强到 $-H_m$ 时，材料的反身磁化同样能达到饱和点 P' 。此后，反向磁场逐渐减弱到零，B-H 曲线便沿 $P'Q'$ 变化。以后，正向磁场增强到 $+H_m$ 时，B-H 曲线就沿 $Q'P$ 变化，从而完成一个循环。所以，由于磁滞，B-H 曲线就形成一个闭合曲线，这个闭合曲线叫做磁滞回线。研究磁滞现象不仅可以了解铁磁质的特性，而且也有实用价值，因为铁磁材料往往是应用于交变磁场中的。需要指出，铁磁质在交变磁场中被反复磁化时，磁滞效应是要损耗能量的，而所损耗的能量与磁滞回线所包围的面积有关，面积越大，能量的损耗也越多。

3. 铁磁性材料

前面已经指出铁磁性物质属强磁性材料，它在电工设备和科学研究中的应用非常广泛，按它们的化学成分和性能的不同，可以分为金属磁性材料和非金属磁性材料两大类。

（1）金属磁性材料　金属磁性材料是指由金属合金或化合物制成的磁性材料，绝大部分是以铁、镍或钴为基础，再加入其他元素经过高温熔练、机械加工和热处理而制成。这种磁性材料在高温、低频、大功率等条件下，有广泛的应用。但在高频范围，它的应用则受到限制。金属磁性材料还可分为硬磁、软磁和压磁材料等。实验表明，不同铁磁性物质的磁滞回线形状有很大差异。图 11.45 所示为三种不同铁磁材料的磁滞回线。软磁材料的特点是相对磁导率 μ_r 和饱和磁感应强度 B_m 一般都比较大，但矫顽力 H_c 比硬磁质小得多。磁滞回线所包围的面积很小，磁滞特性不显著。软磁材料在磁场中很容易被磁化，而由于它的矫顽力很小，所以也容易去磁。因此，软磁材料是很适宜于制造电磁铁、变压器、变流电动机、交流发电机等电器中的铁心的。表 11-3 列出几种软磁材料的性能。

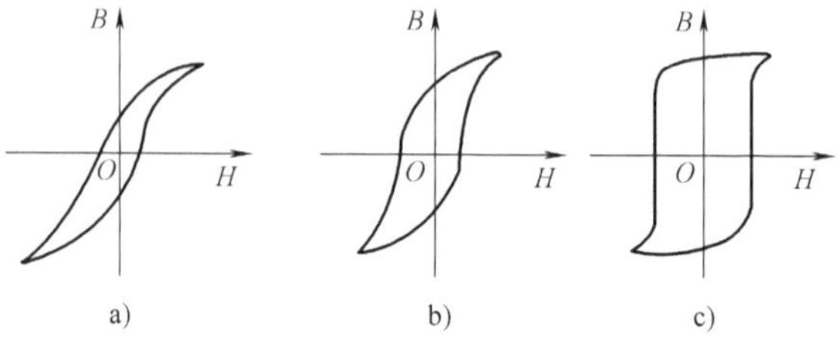

图 11.45　不同铁磁质的磁滞回线

a) 软磁材料　b) 硬磁材料　c) 矩磁铁氧体材料

表 11-3　几种软磁材料的性能

软磁材料	μ_r（最大值）	B_m/T	H_c/A·m^{-1}	居里点/K
工程纯铁（含 0.2%杂质）	9×10^3	2.16	48～103	1043
78%坡莫合金	100×10^3	1.08	3.9	873
硅钢（热轧）	7×10^3	1.95	19.8	1003

硬磁材料又称永磁材料，它的特点是剩磁 B_r 和矫顽力 H_c 都比较大，磁滞回线所包围的面积也就大，磁滞特性非常显著。所以把硬磁材料放在外磁场中充磁

后，仍能保留较强的磁性，并且这种剩余磁性不易被消除，因此硬磁材料适宜于制造永磁体。例如磁电式电表、永磁扬声器、耳机、小型直流电机以及雷达中的磁控管等用的永久磁铁都是由硬磁材料做成的。1998 年 6 月 3 日，美国“发现者号”航天飞机携带的、由丁肇中教授组织领导控测宇宙中反物质和暗物质所用的阿尔法磁谱仪上的环状永磁体，是由中国科学院电工研究所等单位用稀土材料研制的，环中心的磁感应强度达到 1.37T。该永磁体的直径为 1.2m，高 0.8m，这是人类第一次将大型永磁铁送入宇宙空间，对宇宙中的带电粒子进行直接观测，虽然未获预期的结果，但它给人类开拓了一个全新的科学领域。

压磁材料具有较强的磁致伸缩性能。所谓磁致伸缩是指铁磁性物体的形状和体积在磁场变化时也会发生变化，特别是改变物体在磁场方向上的长度。当交变磁场作用在这种铁磁性物体上时，它随着磁场的增强，可以伸长，或者缩短，如钴钢是伸长，而镍则缩短。不过长度的变化是十分微小的，约为其原长的 1/100000。磁致伸缩在技术上有重要的应用，如作为机电换能器用于钻孔、清洗，也可作为声电换能器用于控测海洋深度、鱼群等。

(2) 非金属磁性材料——铁氧体　铁氧体是一类化合物的总称，它由三氧化二铁和其他二价的金属氧化物的粉末混合烧结而成。由于它的制造工艺过程类似陶瓷，所以常叫做磁性瓷。

铁氧体的特点是不仅具有高磁导率，而且有很高的电阻率。它的电阻率约在 $10^4 \sim 10^{11}\Omega\cdot m$ 之间，有的则高达 $10^{14}\Omega\cdot m$，比金属磁性材料的电阻率（约为 $10^{-7}\Omega\cdot m$）要大得多。所以铁氧体的涡流损失小，常用于高频技术中。铁氧体的磁滞回线近似矩形。在电子计算机中就是利用矩磁铁氧体的矩形回线特点作为记忆元件的，利用正向和反向两个稳定状态可代表“0”与“1”，故可作为二进制记忆元件。此外，电子技术中也广泛利用铁氧体作为天线和电感中的磁心。

4. 磁屏蔽

在许多情况下需要把磁场屏蔽掉，就像导体中的空腔可以免受外部电场的影响一样。用铁磁材料做成的罩壳可以达到磁屏蔽的目的。图 11.46 是磁屏蔽示意图。图中 A 为一磁导率很大的软磁材料做成的罩，放在外磁场中。由于罩的磁导率 μ 比空气的磁导率 μ_0 大得多，按 $\boldsymbol{B}=\mu\boldsymbol{H}$ 可知，在铁磁材料内的磁通密度（即 $\boldsymbol{B}$ 值）比周围空气要高得多，因此，磁感线很容易集中在铁磁材料内。绝大部分磁感应线从罩壳的壁内通过，而罩壳内的空腔中，磁感应线是很少的，这就达到了磁屏蔽的目的。为了防止外界磁场的干扰，常在示波管、显像管中电子束聚焦部分的外部加上磁屏蔽罩，就可起到磁屏蔽的作用。我国在明末清初刘献廷的《广阳杂记》中就已有了磁屏蔽的记

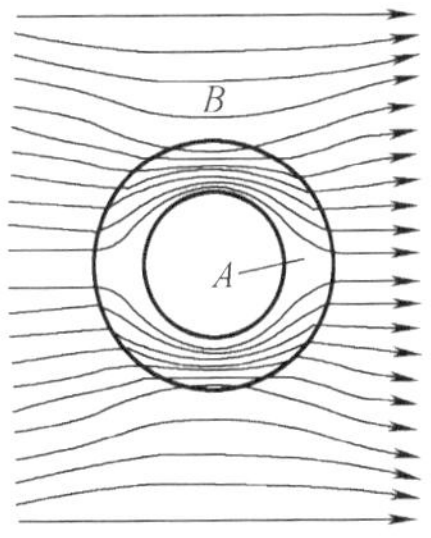

图 11.46　磁屏蔽

载，说明先人很早就发现了铁的磁屏蔽作用。

有些岩石常常含有丰富的氧化铁，研究残留在这些固化的熔岩样品中的磁性，可以很准确地确定岩石的年龄。这是因为在岩石形成时，其中的磁粒子便按地球磁场的力线定向排列。而地球磁场在历史上不是恒定不变的，它甚至还经历过从南到北的倒置。所以经过数百万年之后，尽管在某一特定地方地球磁场的方向发生了变化，但坚硬的岩石阻止磁粒子依地磁场的变化方向旋转，岩石中剩磁方向仍保持不变。由于现在已经知道了地球磁极在不同地质时期的运动位置和速度，因此按照岩石的剩磁矢量方向与岩石所在地当前地球磁场方向的偏移量就能确定岩石的年龄。

本章小结

本章在介绍了基本磁现象之后，着重讨论了电流激发磁场的基本公式毕奥-萨伐尔定律及其应用，以及电流和运动电荷在电磁场中的受力和运动的规律。讨论了描述磁场基本性质的磁场高斯定理和安培环路定理。根据实物物质的电结构，本章还说明了各类磁介质磁化的微观机制，并介绍有磁介质时磁场所遵循的普遍规律。稳恒磁场知识体系结构如下：

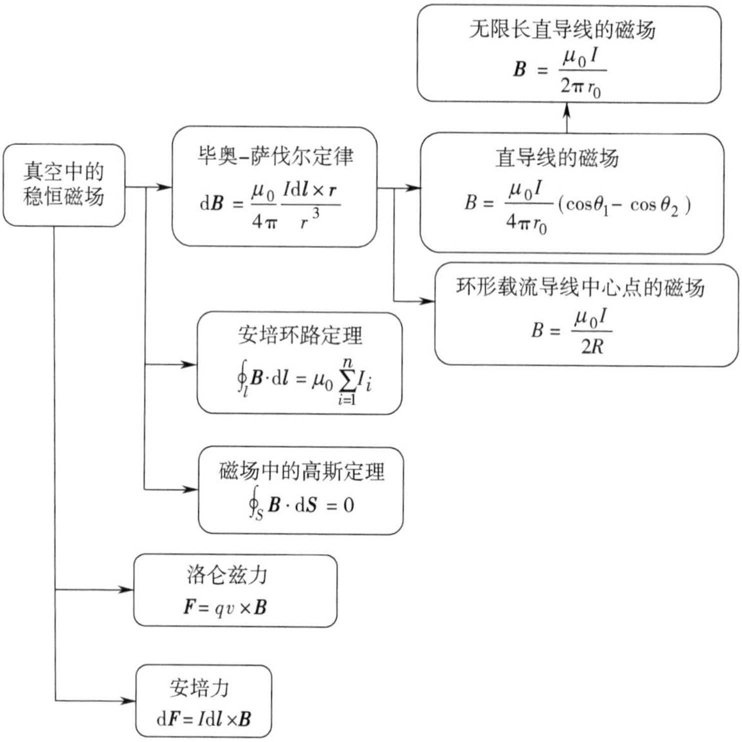

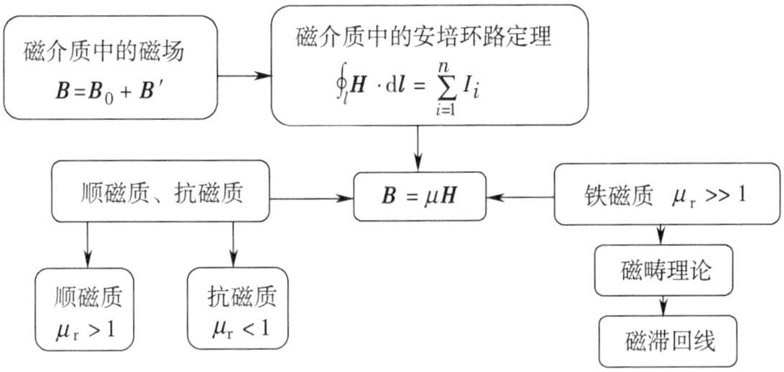

思考与练习

1. 用安培环路定理能否求出一段有限长载流直导线周围的磁场？

2. 在磁场中，若穿过某一闭合曲面的磁通量为零，那么，穿过另一非闭合曲面的磁通量是否也为零？

3. 安培定律 $d\boldsymbol{F} = Id\boldsymbol{l} \times \boldsymbol{B}$ 中的三个矢量，哪两个矢量始终是正交的？哪两个矢量之间可以有任意角度？

4. 设图 11.47 中所示的两导线中的电流 I_1，I_2 均为 8A，试分别求如图所示的三条闭合线路 L_1，L_2，L_3 的环路积分 $\oint_l \boldsymbol{B} \cdot d\boldsymbol{l}$ 的值。并讨论：(1) 在每条闭合线路上各点的磁感应强度 $\boldsymbol{B}$ 是否相等？(2) 在闭合线路 L_2 上各点的 $\boldsymbol{B}$ 是否为零？为什么？

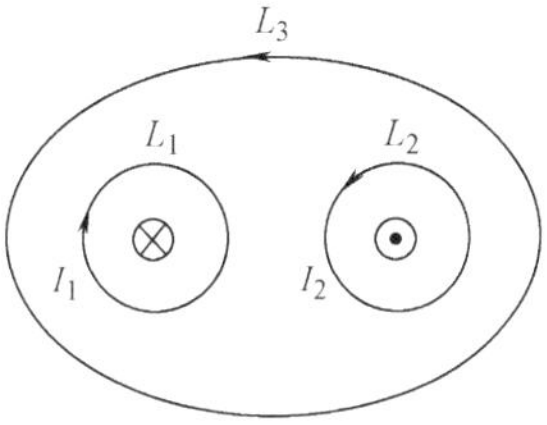

图 11.47 题 4 图

5. 两根长度相同的细导线分别密绕在半径为 R 和 r 的两个长直圆筒上形成两个螺线管，两个螺线管的长度相同，$R = 2r$，螺线管通过的电流相同为 I，螺线管中的磁感应强度大小 B_R、B_r 满足（　　）。

(A) $B_R = 2B_r$　　(B) $B_R = B_r$　　(C) $2B_R = B_r$　　(D) $B_R = 4B_r$

6. 一个半径为 r 的半球面放在均匀磁场 $\boldsymbol{B}$ 中，截断面法线方向与磁感应强度方向的夹角为 α，则通过关球面的磁通量为（　　）。

(A) $2\pi r^2 B$　　(B) $\pi r^2 B$　　(C) $2\pi r^2 B\cos\alpha$　　(D) $\pi r^2 B\cos\alpha$

7. 下列说法正确的是（　　）。

(A) 闭合回路上各点磁感应强度都为零时，回路内一定没有电流穿过。

(B) 闭合回路上各点磁感应强度都为零时，回路内穿过电流的代数和必定为零。

(C) 磁感应强度沿闭合回路的积分为零时，回路上各点的磁感应强度必定为零。

(D) 磁感应强度沿闭合回路的积分不为零时，回路上任意一点的磁感应强度都不可能为零。

8. 半径为 R 的圆柱形无限长载流直导线置于均匀无限大磁介质之中，若导线中流过的稳恒电流为 I，磁介质的相对磁导率为 μ_r（$\mu_r<1$），则磁介质内磁场强度的大小为（　　）。

(A) $(\mu_r-1)I/2\pi r$　　(B) $I/2\pi r$

(C) $\mu_r I/2\pi r$　　(D) $I/2\pi\mu_r r$

9. 如图 11.48 所示的弓形线框中通有电流 I，求圆心 O 处的磁感应强度 $\boldsymbol{B}$。

10. 如图 11.49 所示，两个半径均为 R 的线圈平行共轴放置，其圆心 O_1、O_2 相距为 a，在两线圈中通以电流均为 I 的同方向电流。

(1) 以 O_1O_2 连线的中点 O 为原点，求轴线上坐标为 x 的任意点的磁感应强度大小；

(2) 试证明：当 $a=R$ 时，O 点处的磁场最为均匀。

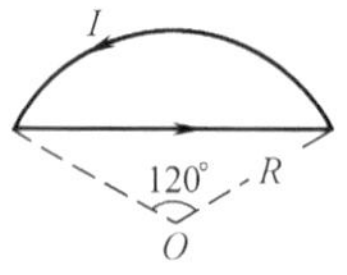

图 11.48　题 9 图

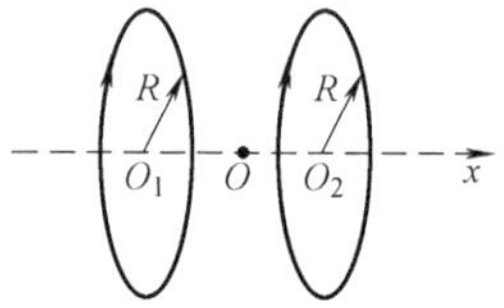

图 11.49　题 10 图

11. 在半径 $R=1\text{cm}$ 的无限长半圆柱形金属片中，有电流 $I=5\text{A}$ 自下而上通过，如图 11.50 所示。试求圆柱轴线上一点 P 处的磁感应强度的大小。

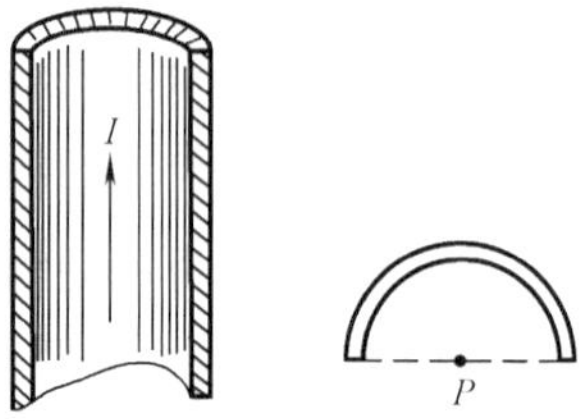

图 11.50　题 11 图

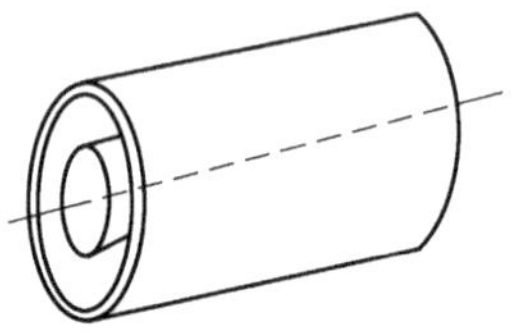

图 11.51　题 12 图

12. 如图 11.51 所示，长直电缆由半径为 R_1 的导体圆柱与同轴的内外半径分别为 R_2，R_3 的导体圆筒构成，电流沿轴线方向由一导体流入，从另一导体流出，设电流 I 都均匀地分布在横截面上。求距轴线为 r 处的磁感应强度大小（$0<r<\infty$）。

13. 一根很长的直导线，载有电流 10A，有一边长为 1m 的正方形平面与直导线共面，相距为 1m，如图 11.52 所示，试计算通过正方形平面的磁通量。

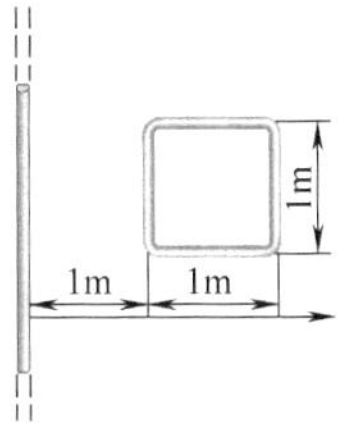

图 11.52 题 13 图

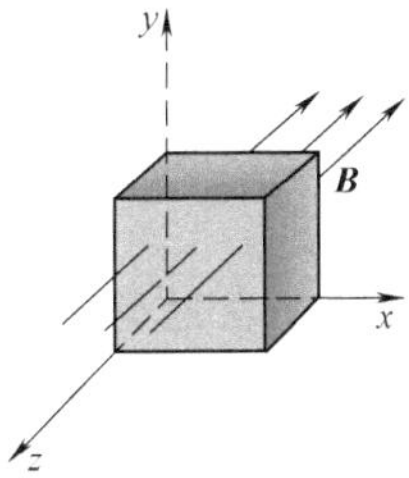

图 11.53 题 14 图

14. 一边长为 $l=0.15$m 的立方体如图 11.53 放置在均匀磁场 $\boldsymbol{B}=(6\boldsymbol{i}+3\boldsymbol{j}+1.5\boldsymbol{k})$ T 中，计算（1）通过立方体上阴影面积的磁通量；（2）通过立方体六面的总磁通量。

15. 如图 11.54 所示，在长直导线旁有一矩形线圈，导线中通有电流 $I_1=20$A，线圈中通有电流 $I_2=10$A，已知 $d=1$cm，$b=9$cm，$l=20$cm，求矩形线圈上所受到的合力大小。

16. 如图 11.55 所示，有两根导线沿半径方向接到铁环的 a,b 两点，并与很远处的电源相接。求环心 O 的磁感应强度。

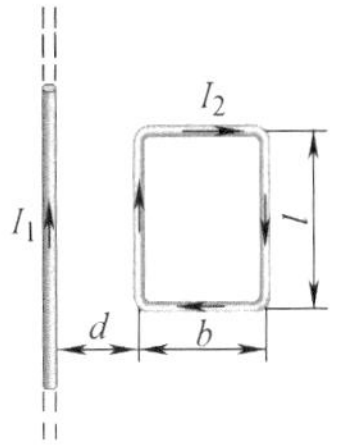

图 11.54 题 15 图

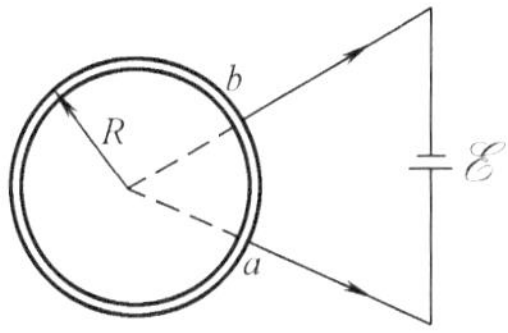

图 11.55 题 16 图

17. 已知地球北极地磁场磁感应强度 $\boldsymbol{B}$ 的大小为 6.0×10^{-5}T。如图 11.56 所示，如果想此地磁场是由地球赤道上一圆电流所激发，此电流有多大？流向如何？

18. 如图 11.57 所示，匀强磁场中有一矩形通电线圈，它的平面与磁场平行，在磁场作用下，线圈向什么方向转动？

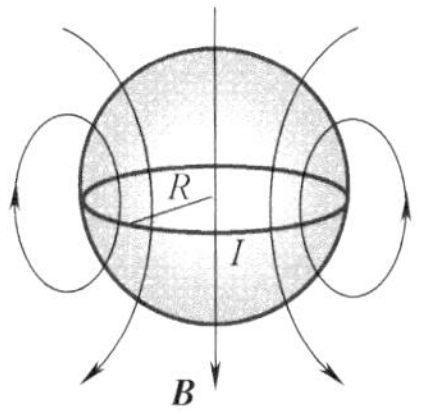

图 11.56 题 17 图

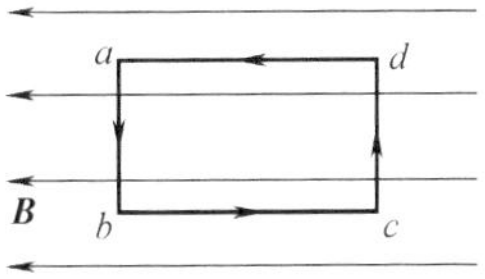

图 11.57 题 18 图

19. 已知地面上空某处地磁场的磁感应强度的大小 $B=0.40\times10^{-4}\mathrm{T}$，方向向北。若宇宙射线中有一速率 $v=5.0\times10^{7}\mathrm{m\cdot s^{-1}}$ 的质子垂直地通过该处，求：(1) 洛仑兹力的方向；(2) 洛仑兹力的大小，并与该质子受到的万有引力相比较。

20. 带电粒子在过饱和液体中运动，会留下一串气泡显示出粒子运动的径迹。设在气泡室有一质子垂直于磁场飞过，留下一个半径为 3.5cm 的圆弧径迹，测得磁感应强度为 0.2T，求此质子的动量和能量。

21. 从太阳射来的速率为 $0.80\times10^{7}\mathrm{m\cdot s^{-1}}$ 的电子进入地球赤道上空高层范艾伦辐射带中，该处磁场为 $4.0\times10^{-7}\mathrm{T}$，此电子回转轨道半径为多大？若电子沿地球磁场的磁感应线旋进到地磁北极附近，地磁北极附近磁场为 $2.0\times10^{-5}\mathrm{T}$，其轨道半径又为多少？

22. 一直流变电站将电压500kV的直流电，通过两条截面不计的平行输电线输向远方。已知两输电导线间单位长度的电容为 $3.0\times10^{-11}\mathrm{F\cdot m^{-1}}$，若导线间的静电力与安培力正好抵消。求：(1) 通过输电线的电流；(2) 输送的功率。

1820 年 4 月奥斯特发现电流磁效应后，人们已经认识到电现象与磁现象是有关联的，电流能产生磁场，那么磁能否生电呢？从 1821 年开始，法拉第就从事“磁变电”的研究，直到 1831 年 8 月，法拉第终于给出答案。本章分析电磁感应现象与规律，介绍电磁感应现象的应用，揭示电场与磁场之间的本质联系。

重点：电磁感应现象及其规律。**难点**：麦克斯韦电磁场理论。

第十二章　电磁感应　电磁场　电磁波

第一节　电磁感应的基本定律

一、电磁感应现象　法拉第电磁感应定律

迈克尔·法拉第（Michael Faraday，1791—1867），英国著名物理学家、化学家。在化学、电化学、电磁学等领域都做出过杰出贡献。他生于一个贫苦的铁匠家庭，未受过系统的正规教育，但却在众多领域中做出了惊人的成就，1824 年 1 月当选皇家学会会员，1825 年 2 月任皇家研究所实验室主任，1833—1862 年任皇家研究所化学教授，1846 年荣获伦福德奖章和皇家勋章。

图 12.1　迈克尔·法拉第

历史的再现

1831 年 8 月，法拉第把两个线圈绕在一个软铁圆环上，线圈 A 的两端接直流电源，线圈 B 的两端用一根很长的铜导线连接。让铜导线通过一个距离（距铁环 3 英尺远），铜导线旁放置一根磁针。法拉第发现，当线圈 A 的电路接通的瞬间，磁针振荡起来，说明线圈 B 中产生了电流。如果维持线圈 A 的通电状态，磁针没有反应；断开线圈 A 与电源的连接，磁针再次被扰动。法拉第认识到这种现象的产生有特殊性——与瞬间变化的过程相联系。

1831 年 11 月 24 日，法拉第向英国皇家学会提交的一份报告，概括了可以产生电流的五种类型：变化中的电流、变化中的磁场、运动的恒定电流、运动的磁铁、在磁场中运动的导线。

这种在线圈中产生电流的现象称为**电磁感应现象**，所产生的电流称为**感应电**

流，产生感应电流对应的电动势称为**感应电动势**。

总结以上事实，得到一个共同点就是：当穿过闭合回路的磁通量发生变化时，回路中将产生感应电动势。所产生的感应电动势的大小等于穿过该回路磁通量随时间的变化率。为了纪念法拉第，人们把这个规律称为**法拉第电磁感应定律**。表达成定量的形式为

$$\mathscr{E}=-\frac{\mathrm{d}\Phi}{\mathrm{d}t} \tag{12.1}$$

负号反映了感应电动势的方向（或感应电流的方向）。我们在考虑感应电动势的大小时，可以略掉式中的负号。在 SI 制中电动势 $\mathscr{E}$ 的单位为伏特（V），磁通量 Φ 的单位为韦伯（Wb），时间 t 的单位为秒（s）。

如果使穿过 N 匝线圈的磁通量发生变化，那么在每匝线圈中都会产生感应电动势，总感应电动势就是每匝的感应电动势之和。设通过每匝线圈的磁通量都为 Φ，有

$$\mathscr{E}=-N\frac{\mathrm{d}\Phi}{\mathrm{d}t}=-\frac{\mathrm{d}\Psi}{\mathrm{d}t} \tag{12.2}$$

式中，$\Psi=N\Phi$，称为**磁链**。

穿过回路的磁通量是增加还是减小，与回路中产生的感应电动势方向或说感应电流的方向有关。感应电流的方向用楞次定律去判断。

二、楞次定律

在法拉第发现电磁感应现象后不久，俄国物理学家海因里希·楞次（Heinrich Friedrich Lenz）提出了一条用于确定回路中感应电流方向的定则，现在称为楞次定律，表述为：

闭合回路中感应电流的方向，总是使它所激发的磁场来阻碍或反抗引起感应电流的磁通量的变化。

也可以表述为：

感应电流的效果总是反抗产生感应电流的原因。

例如，把一条形磁铁的 N 极插入线圈的过程中，从右向左穿过线圈的磁通量在增加，线圈中产生的感应电流所激发的磁场要阻碍磁通量的这种变化，感应电流激发的磁场的磁感应线就应该如图 12.2 中的虚线所示。根据环形电流在空间产生的磁场知识可知，感应电流 i 的方向是图中标示的方向。当条形磁铁从线圈中拔出时，穿过线圈的磁通量减少，线圈中产生的感应电流所激发的磁场要阻碍磁通量的减小，线圈中产生的感

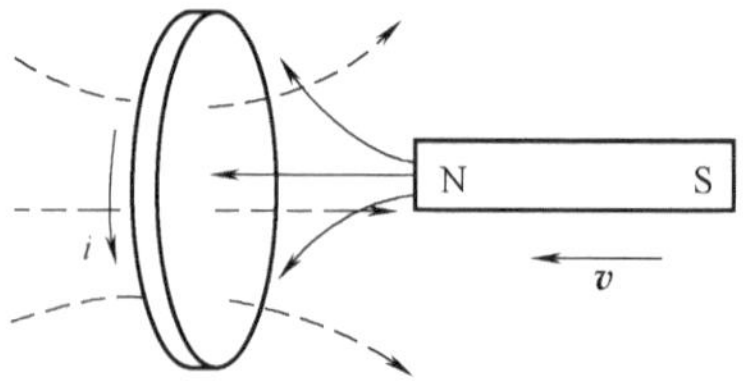

图 12.2　楞次定律

应电流方向必然相反。

从12.2图可见，这时如果把产生感应电流的线圈看成一根磁棒的话，N极在右侧，S极在左侧。条形磁铁的N极在插入线圈的过程中，线圈的N极与之相互排斥，外力必须克服这个排斥力做机械功才能将条形磁铁插入线圈中。正是这个机械功转化为线圈中感应电流的焦耳热。

当条形磁铁从线圈中拔出时，线圈的N极在左侧，S极在右侧，则线圈的S极吸引条形磁铁的N极阻碍其远离，外力必须克服这个吸引力做机械功而使条形磁铁离开。同样也是外力做的机械功转化为线圈中感应电流的焦耳热。

因此，楞次定律是能量守恒定律在电磁感应现象上的具体体现。正是由于能量守恒定律的成立，楞次定律才是正确的。

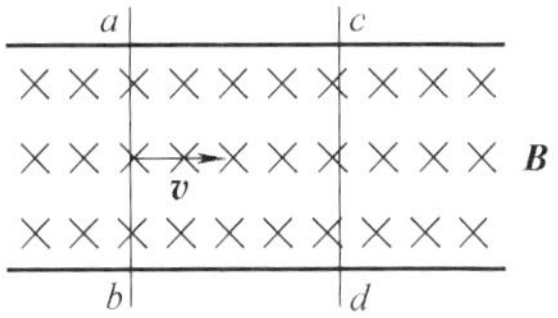

图12.3 楞次定律的应用

思考：如图12.3所示，在匀强磁场中放置两根相互平行的金属导轨 ac，bd，在导轨上放置两根可自由移动的金属棒 ab，cd。问当 ab 向右运动时，cd 如何移动？

例12.1 在均匀磁场 $\boldsymbol{B}$ 中，放有面积为 S、可绕 OO' 轴转动的 N 匝线圈，如图12.4所示。初始时线圈的正法线方向 $\boldsymbol{n}$ 与 $\boldsymbol{B}$ 方向的夹角 θ 为零。若线圈以角速度 ω 作匀速转动，求线圈中的感应电动势与电流。

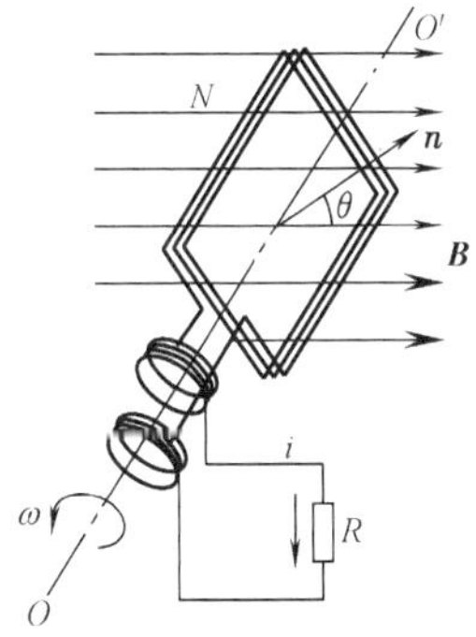

图12.4 例12.1图

解：

设在 t 时刻，线圈的正法线方向 $\boldsymbol{n}$ 与 $\boldsymbol{B}$ 方向的夹角为 θ，有 $\theta=\omega t$。此时穿过 N 匝线圈的磁链为

$$\Psi = N\Phi = NBS\cos\theta = NBS\cos\omega t$$

由法拉第电磁感应定律可得线圈中的感应电动势为

$$\mathscr{E} = -\frac{\mathrm{d}\Psi}{\mathrm{d}t} = NBS\omega\sin\omega t$$

如果不考虑线圈的电阻，则流过回路的电流为

$$i = \frac{\mathscr{E}}{R} = \frac{NBS\omega}{R}\sin\omega t$$

可见，回路中的电流是时间的正弦函数，即为交流电，这就是交流发电机工作的基本原理。

第二节 动生电动势 感生电动势

根据法拉第电磁感应定律，只要穿过回路的磁通量发生了变化，在回路中就会有感应电动势产生。由磁通量的计算公式 $\Phi=\int_S \boldsymbol{B}\cdot \mathrm{d}\boldsymbol{S}$ 可以看出，引起磁通量 Φ 变化的原因有两种情况：其一是回路所在空间的磁场 $\boldsymbol{B}$ 不变，回路所围的面积 S 或面积取向发生变化；其二是回路的面积 S 不变，回路所在空间的磁场发生变化。我们将前一种原因产生的感应电动势称为**动生电动势**，而后一种原因产生的感应电动势称为**感生电动势**。

一、动生电动势

如图 12.5 所示，在磁感应强度为 $\boldsymbol{B}$ 的均匀磁场中，有一长为 l 的导线 ab 在导轨上以速度 $\boldsymbol{v}$ 向右运动，$\boldsymbol{v}$ 与 $\boldsymbol{B}$ 垂直。在运动过程中，导线内每个自由电子都受到洛伦兹力 $\boldsymbol{F}$ 的作用，洛伦兹力 $\boldsymbol{F}$ 为

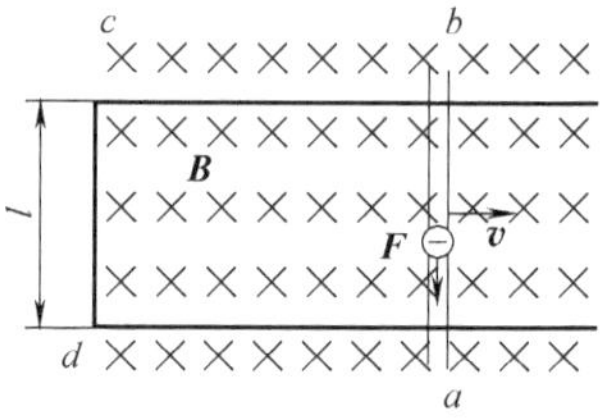

图 12.5 动生电动势

$$\boldsymbol{F}=(-e)\boldsymbol{v}\times\boldsymbol{B}$$

方向从 b 指向 a，它驱使电子沿导线由 b 向 a 移动。如果导轨是导体，电子将在回路 $dcba$ 中移动，在回路中形成电流，电流方向为逆时针；如果导轨是绝缘体，致使导线 a 端积累了负电荷，b 端积累了正电荷，从而在 ab 导线内建立起静电场。当作用在电子上的静电场力 $\boldsymbol{F}_e$ 与洛伦兹力 $\boldsymbol{F}$ 相平衡，ab 两端便有稳定的电势差，ab 两端的电动势称为动生电动势，b 端电势比 a 端电势高。由此可见，此时运动中的导线等效为电源，这个电源中的非静电力就是洛伦兹力。

根据非静电场强度的定义，这个电源的非静电场强度为

$$\boldsymbol{E}_k=\frac{\boldsymbol{F}}{-e}=\boldsymbol{v}\times\boldsymbol{B} \tag{12.3}$$

根据电动势的定义式，动生电动势为

$$\mathscr{E}=\int_-^+ \boldsymbol{E}_k\cdot \mathrm{d}\boldsymbol{l}=\int_a^b(\boldsymbol{v}\times\boldsymbol{B})\cdot \mathrm{d}\boldsymbol{l} \tag{12.4}$$

在这里，ab 两端产生的动生电动势为

$$\mathscr{E}=\int_a^b(\boldsymbol{v}\times\boldsymbol{B})\cdot \mathrm{d}\boldsymbol{l}=\int_a^b(vB\sin 90^\circ)\cdot \mathrm{d}l\cdot\cos 0^\circ=vB\int_a^b \mathrm{d}l=vBl$$

上式就是中学阶段学习的一段直导线在作切割磁感应线运动时导线两端产生的感应电动势。

一般而言，一个任意形状的导线 L，在稳恒磁场中运动，导线上各个线元 $\mathrm{d}\boldsymbol{l}$ 的速度 $\boldsymbol{v}$、所在处的磁感应强度 $\boldsymbol{B}$ 都可能不同，这时整个导线中产生的动生电动势为

$$\mathscr{E}=\int_L(\boldsymbol{v}\times\boldsymbol{B})\cdot \mathrm{d}\boldsymbol{l} \tag{12.5}$$

式（12.5）提供了计算动生电动势的方法。

从上面的讨论中，我们认识到动生电动势中的非静电力就是洛伦兹力，是洛

伦兹力把负电荷从导线的 b 端移向 a 端而做功，或说是洛伦兹力把正电荷从电源的负极 a 端移向正极 b 端而做功。而根据洛伦兹力公式 $\boldsymbol{F}=(-e)\,\boldsymbol{v}\times\boldsymbol{B}$ 可知，洛伦兹力总是垂直于电荷的运动速度，洛伦兹力是不做功的。这不是矛盾吗？

其实并不矛盾，如图 12.6 所示。在导线以 $\boldsymbol{v}$ 运动过程中，电子在导线中运动速度为 $\boldsymbol{u}$，电子参与了两个运动，合速度为 $\boldsymbol{u}+\boldsymbol{v}$，电子受到的总洛伦兹力为

$$\boldsymbol{F}_{合}=(-e)(\boldsymbol{u}+\boldsymbol{v})\times\boldsymbol{B}$$
$$=(-e)\boldsymbol{u}\times\boldsymbol{B}+(-e)\,\boldsymbol{v}\times\boldsymbol{B}=\boldsymbol{F}'+\boldsymbol{F}$$

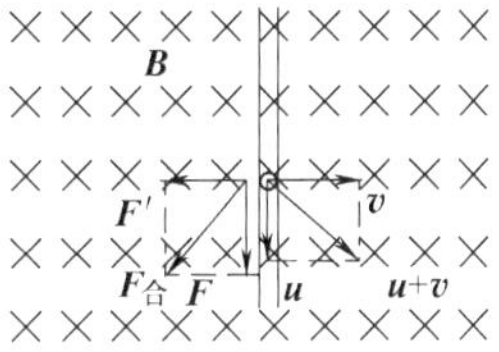

图 12.6 洛伦兹力不做功

总洛伦兹力 $\boldsymbol{F}_{合}$ 与合速度 $\boldsymbol{u}+\boldsymbol{v}$ 垂直，总洛伦兹力并不做功。

前面提到的洛伦兹力 $\boldsymbol{F}$ 只不过是总洛伦兹力 $\boldsymbol{F}_{合}$ 的一个分力，另一个分力是 $\boldsymbol{F}'$。$\boldsymbol{F}$ 做正功，分力 $\boldsymbol{F}'$ 方向与导线运动方向 $\boldsymbol{v}$ 相反——做负功，二者功的和为零，即总洛伦兹力 $\boldsymbol{F}_{合}$ 不做功。

同时，也可以看出，为使导线以速度 $\boldsymbol{v}$ 匀速运动，必须施加一个与 $\boldsymbol{F}'$ 力等大、反向的外力，以克服 $\boldsymbol{F}'$ 力作用使 ab 导线作匀速运动。可见外力做正功。正是外力做的正功（机械能）转化为回路中电流的能量（电能）。在这里，洛伦兹力起到了能量转化的传递作用。

例 12.2 一根长度为 L 的铜棒，在磁感应强度为 $\boldsymbol{B}$ 的均匀磁场中，以角速度 ω 在与磁场方向垂直的平面上绕棒的一端 O 作匀角速转动，如图 12.7 所示。求在铜棒两端产生的感应电动势。

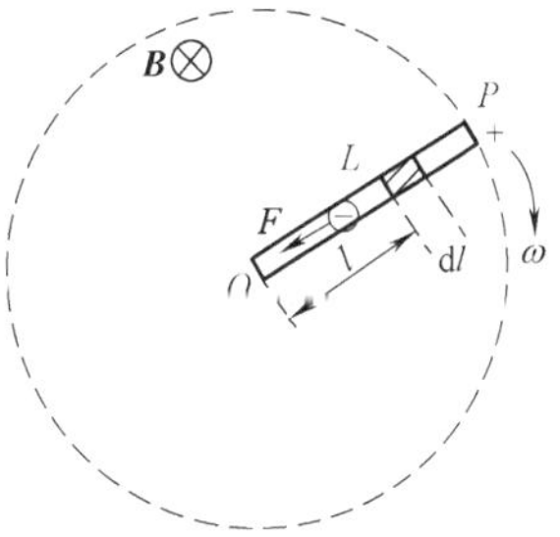

图 12.7 例 12.2 图

解：

计算思路是：先判断导线中电子受到的洛伦兹力方向，进一步判断动生电动势的方向，再根据式 (12.5) 计算电动势的大小。

在导体棒旋转的过程中，设想导体内有一个电子，受到的洛伦兹力 $\boldsymbol{F}$ 方向如图，则电子将向 O 端运动，所以 O 端为低电势端，P 端为高电势端。

OP 棒两端的电动势大小的计算：

在棒上距 O 端 l 处，取一小段 $\mathrm{d}l$，在运动的过程中，该段两端产生的电动势为

$$\mathrm{d}\mathscr{E}=(\boldsymbol{v}\times\boldsymbol{B})\cdot\mathrm{d}\boldsymbol{l}=vB\sin 90^\circ\,\mathrm{d}l\cos 0^\circ=vB\,\mathrm{d}l$$

其中 $v=l\omega$

OP 棒两端电动势的大小

$$\mathscr{E}=\int \mathrm{d}\mathscr{E}=\int_{0}^{L} l\omega B\,\mathrm{d}l=\frac{1}{2}\omega BL^{2}$$

知识扩展：

如果是一个半径为 L 的圆盘在转动，可以把圆盘想象成是一个由很多根半径长度的导线组成，圆盘的转动就是这很多根导线在旋转。每根导线两端的电动势都是 $\mathscr{E}$，并联后的电动势还是 $\mathscr{E}$，即转动的圆盘圆心处与外边缘处的电动势为 $\mathscr{E}$，圆心处电势低，边缘处电势高，这是一个圆盘发电机。

二、感生电动势和感生电场

在图 12.2 中，把一根条形磁铁插入线圈的过程中，线圈面积没有改变，线圈所在空间磁场发生变化使穿过线圈的磁通量发生变化，在回路中产生了感应电流。法拉第发现的两个绕在一个软铁圆环上的线圈，一个线圈通以变化的电流，在另一线圈中产生感应电流的现象，也与此有相同之处。在回路中形成的感应电动势称为感生电动势。

我们知道电源中都有一种非静电力，它迫使正电荷从电源的负极移动到正极而做正功。做功本领的大小用电动势来描述。那么产生感生电动势的非静电力是什么呢？麦克斯韦在分析、总结法拉第等人在电磁学方面的成就后，提出如下假设：变化的磁场在其周围空间要激发电场，这种电场叫做**感生电场**，也称**涡旋电场**，用 $\boldsymbol{E}_{\mathrm{k}}$ 表示。产生感生电动势的非静电力正是感生电场力。

实验证明变化的磁场空间存在感生电场。

感生电场与静电场有相同之处，也有不同之处。相同之处是它们都是一种客观存在的物质，都对电荷有力的作用。不同之处是静电场存在于静止电荷周围的空间内，感生电场则是由变化磁场所激发，不是由电荷所激发的；静电场的电场线是始于正电荷、终于负电荷，而感生电场的电场线则是闭合的。

由电动势的定义，结合法拉第电磁感应定律，变化的磁场在任意闭合回路内产生的感生电动势为

$$\mathscr{E}=\oint_{L}\boldsymbol{E}_{\mathrm{k}}\cdot\mathrm{d}\boldsymbol{l}=-\frac{\mathrm{d}\Phi}{\mathrm{d}t}\qquad(12.6)$$

这个感生电动势表达式，不仅对由导体所构成的闭合回路适用，对真空中的回路也同样适用。这就是说，只要穿过空间内某一闭合回路所围面积的磁通量发生变化，那么此闭合回路上的感生电动势总是等于感生电场 $\boldsymbol{E}_{\mathrm{k}}$ 对该回路的环流。如果闭合回路中有可以自由移动的电荷，在回路中就形成感应电流，反之只产生感生电动势。

由此，可以进一步说明感生电场的性质。我们知道，静电场是一种保守场，沿任意闭合回路静电场的电场强度（用 $\boldsymbol{E}_{\mathrm{e}}$ 表示，以示区别）环流恒为零，即

$\oint_L \boldsymbol{E}_e \cdot d\boldsymbol{l} = 0$。而感生电场与静电场不同，它沿任意闭合回路的环流一般不等于零，即$\oint_L \boldsymbol{E}_k \cdot d\boldsymbol{l} \neq 0$。所以说感生电场不是保守场。

对于 L 围成的面积 S，磁通量为

$$\Phi = \int_S \boldsymbol{B} \cdot d\boldsymbol{S}$$

这样，感应电动势也可写成

$$\mathscr{E} = \oint_L \boldsymbol{E}_k \cdot d\boldsymbol{l} = -\frac{d}{dt}\int_S \boldsymbol{B} \cdot d\boldsymbol{S}$$

若闭合回路是静止的，它所围的面积 S 也不随时间变化，可以把对时间的微商和对曲面的积分两个运算的顺序交换，写成偏微商形式，则有

$$\oint_L \boldsymbol{E}_k \cdot d\boldsymbol{l} = -\int_S \frac{\partial \boldsymbol{B}}{\partial t} \cdot d\boldsymbol{S} \tag{12.7}$$

式中，$\frac{\partial \boldsymbol{B}}{\partial t}$ 是闭合回路所围面积内面元 $d\boldsymbol{S}$ 所在处的磁感应强度随时间的变化率。式（12.7）是法拉第电磁感应定律的积分形式。

如果空间同时存在静电场 $\boldsymbol{E}_e$，则空间总电场 $\boldsymbol{E} = \boldsymbol{E}_e + \boldsymbol{E}_k$。考虑到$\oint_L \boldsymbol{E}_e \cdot d\boldsymbol{l} = 0$，有

$$\oint_L \boldsymbol{E} \cdot d\boldsymbol{l} = -\int_S \frac{\partial \boldsymbol{B}}{\partial t} \cdot d\boldsymbol{S}$$

这是麦克斯韦方程组的基本方程之一。

例 12.3 在半径为 R 的圆柱形空间内存在着轴向均匀磁场，柱外磁场为零，如图 12.8 所示，若 $\boldsymbol{B}$ 的变化率为 dB/dt（>0），求圆柱形空间内、外的感生电场分布。

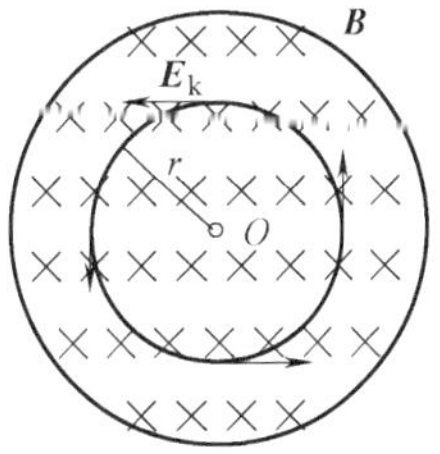

图 12.8　例 12.3 图

解：

因为磁场分布是柱对称的，在截面图上由变化磁场产生的感应电场 $\boldsymbol{E}_k$ 的电力线是一系列以 O 为圆心的同心圆，同一圆周上各点电场强度的大小相同，方向沿圆周切线方向（即与径矢垂直）。

（1）在圆柱形空间内，以 O 为圆心取一半径为 r 的圆形回路，回路上各点电场强度的大小相同。由于 $dB/dt > 0$，即穿过回路的磁通量随时间增加，根据楞次定律，如果回路中有自由电荷，形成的感应电流要阻碍这种变化。所以感应电流的方向为逆时针方向，进而可判断出回路上各点感生电场的方向沿逆时针的切线方向。

取半径为 r 的圆形回路回转方向为逆时针方向，由式（12.7）计算感生电场

的大小，有

$$\oint_L \boldsymbol{E}_k \cdot d\boldsymbol{l} = E_k \cdot 2\pi r$$

$$\int_S \frac{\partial \boldsymbol{B}}{\partial t} \cdot d\boldsymbol{S} = \int_S \frac{dB}{dt} \cdot dS = \frac{dB}{dt} \cdot \pi r^2$$

联立求解，得

$$E_k = \frac{r}{2}\frac{dB}{dt}(r < R)$$

（2）同样，在圆柱形空间外取一圆心为 O、半径为 r 的圆形回路，同样可以判断出 $dB/dt > 0$ 时，圆形回路上各点感生电场的方向沿逆时针的切线方向。

感生电场 $\boldsymbol{E}_k$ 大小的计算：

取回路的回转方向为逆时针方向，有

$$\oint_L \boldsymbol{E}_k \cdot d\boldsymbol{l} = E_k \cdot 2\pi r$$

$$\frac{d}{dt}\int_S \boldsymbol{B} \cdot dS = \frac{dB}{dt} \cdot \pi R^2$$

联立求解，得

$$E_k = \frac{R^2}{2r}\frac{dB}{dt}(r > R)$$

第三节　自感与互感

一、自感

如图 12.9 所示，当一个线圈（或线圈绕组）中的电流 i 发生变化时，由于磁场的变化，通过线圈自身的磁通量 Φ 也随之而变化，于是线圈自身便出现感应电动势——我们称为**自感电动势**，这种现象称为**自感现象**。

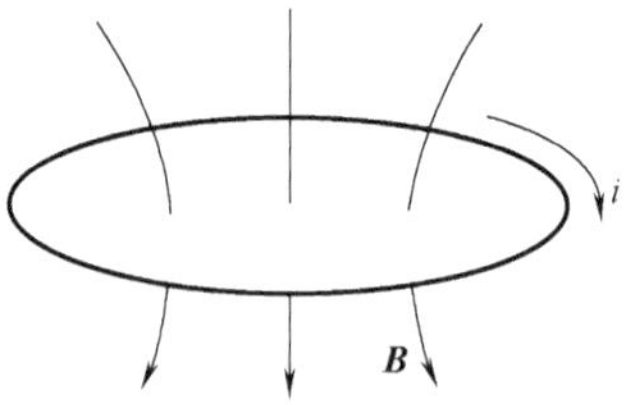

图 12.9　自感现象

由于电流产生的磁场总是正比于电流，因此，通过线圈自身的磁通量一定也与电流成正比，写成等式有

$$\Phi = Li \tag{12.8}$$

L 是比例系数，称为该线圈的**自感**。自感的单位是亨利（H），$1H=1T \cdot m^2/A$。常常要用到毫亨（mH）和微亨（μH），1 毫亨$=10^{-3}$亨，1 微亨$=10^{-6}$亨。

由法拉第电磁感应定律，自感电动势为

$$\mathscr{E}_L = -\frac{d\Phi}{dt} = -L\frac{di}{dt} \tag{12.9}$$

对于 N 匝线圈，以上两式中的磁通量 Φ 用磁链 $\Psi=N\Phi$ 表示。

对自感电动势的理解：

只要线圈中电流随时间变化，线圈中就有自感电动势——电流变化的越快，自感电动势值就越大，电流的大小对自感电动势的大小并无影响。

我们可根据楞次定律来确定自感电动势的方向。如图 12.9 所示，假设线圈中的电流 i 随时间在增大，线圈中产生的自感电动势，必定会反抗原来电流的这种变化。线圈中原电流 i 的方向为顺时针，那么自感电动势的方向必定为逆时针。

从磁通量的角度去理解：电流 i 随时间增大时，通过线圈自身的磁通量在增加——从上向下在增加，线圈中的感应电流要阻碍磁通量的增加——感应电流产生的磁场方向向上，根据右手螺旋法则，可以判断出感应电流方向沿逆时针方向，即自感电动势的方向为逆时针方向。

例 12.4 已知长直密绕螺线管单位长度的匝数为 n，截面积为 S，长度为 l，管中磁介质的磁导率为 μ，求其自感。

解：

根据自感的定义式（12.8）求解：

（1）设想给螺线管通以电流 I，则空间产生磁场；

（2）求通过螺线管的磁通量——磁链；

（3）磁链与电流 I 成正比，比例系数即为自感 L。

通以电流 I 的螺线管在内部产生的磁场为均匀磁场，磁感应强度大小为

$$B=\mu nI$$

则通过螺线管的磁链为

$$\Psi=NBS=nlBS=nlS\cdot\mu nI$$

其自感 L 为

$$L=\frac{\Psi}{I}=\mu n^2\cdot lS=\mu n^2V \tag{12.10}$$

式中，V 为螺线管内的体积，即空间磁场的体积（忽略边缘效应）。

由式（12.10）可见，自感 L 仅取决于该器件的自身情况——与线圈的几何形状、尺寸、匝数和线圈内的磁介质有关，与通过线圈的电流无关（如果介质是铁磁质，与电流有关）。对于任意形状线圈的自感不易计算，往往由测量得出。

自感现象在电工和电子技术中有着广泛的应用。荧光灯镇流器是自感现象应用中最简单的例子。另外，利用线圈阻碍其自身电流变化的性质来稳定电流；自感与电容构成的谐振电路和滤波器等。

自感现象也有危害，如在供电系统中，接通或切断载有大电流的电路时，由于电路中自感器件的作用，开关触头处会出现强烈的弧光放电现象，容易危及设

备及人身安全。为此，必须使用带有灭弧结构的特殊开关。

自感现象的演示实验

如图 12.10 所示的电路，合上 S，B 灯泡立即亮起来，A 灯泡缓慢亮起来。这是因为 B 灯泡与电阻 R 串联，该支路的电流很快达到稳态，而 A 灯泡与电感线圈 L 串联，在合上开关时，由于受到线圈中产生的自感电动势作用，该支路的电流只能由零缓慢增大到稳态。

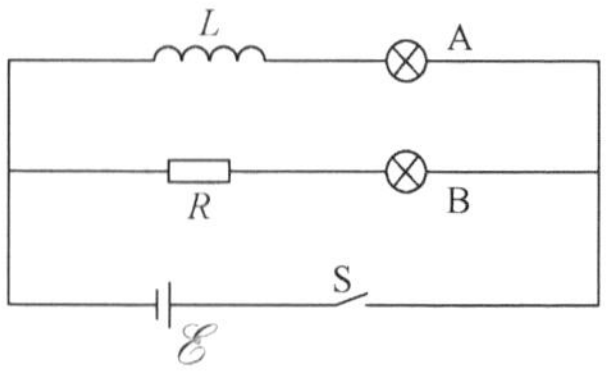

图 12.10　自感现象的演示实验

二、互感

一个线圈中的电流发生了变化，将导致附近另一个线圈出现感应电动势，我们把这种现象称为**互感现象**，线圈中出现的感应电动势称为**互感电动势**。

如图 12.11 所示，当线圈 1 中的电流 i_1 随时间变化时，它的磁场 $\boldsymbol{B}$ 也随时间变化，于是通过线圈 2 的总磁通量亦随时间而变化，由此导致线圈 2 出现感应电动势 $\mathscr{E}_{21}$。如果线圈 2 通有变化的电流 i_2，在线圈 1 中同样要产生感应电动势 $\mathscr{E}_{12}$。在本章开头部分提到的法拉第做的实验中的电磁感应现象，实际上就是这里所述的互感现象。

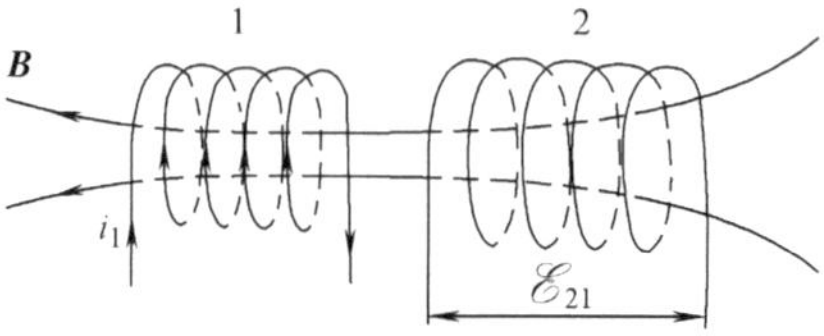

图 12.11　互感现象

在两线圈的形状、空间的相对位置保持不变时，线圈 1 中的电流 i_1 在空间产生的磁感应强度 $\boldsymbol{B}$ 与 i_1 成正比，通过线圈 2 的磁链 Ψ_{21} 与 $\boldsymbol{B}$ 成正比，所以有通过线圈 2 的磁链 Ψ_{21} 与 i_1 成正比，写成等式为

$$\Psi_{21} = M_{21} i_1 \tag{12.11}$$

同理有通过线圈 1 的磁链 Ψ_{12} 与通过线圈 2 的电流 i_2 成正比，有

$$\Psi_{12} = M_{12} i_2 \tag{12.12}$$

式中，M_{21} 和 M_{12} 为比例系数。实验与理论都可以证明二者相等，表示为 $M_{21} = M_{12} = M$。M 称为两线圈的**互感**。它与线圈的几何形状、大小、匝数、相对位置以及周围的磁介质有关。互感的单位与自感相同。

利用法拉第电磁感应定律，可得互感电动势

$$\mathscr{E}_{21} = -M \frac{\mathrm{d}i_1}{\mathrm{d}t} \tag{12.13}$$

$$\mathscr{E}_{12} = -M \frac{\mathrm{d}i_2}{\mathrm{d}t} \tag{12.14}$$

可以看到：当一个线圈的电流变化率给定时，M 越大，另一个线圈出现的感应电动势也越大，这表明 M 反映了两个线圈的相互耦合程度。

例 12.5 两个叠绕的长直螺线管 1，2，如图 12.12 所示。长螺线管 1 的长度为 l_1，总匝数为 N_1；短螺线管 2 的长度为 l_2、总匝数为 N_2，两管的截面积都为 S，管内磁介质的磁导率为 μ。求互感 M_{12} 和 M_{21}，并验证 $M_{12}=M_{21}$。

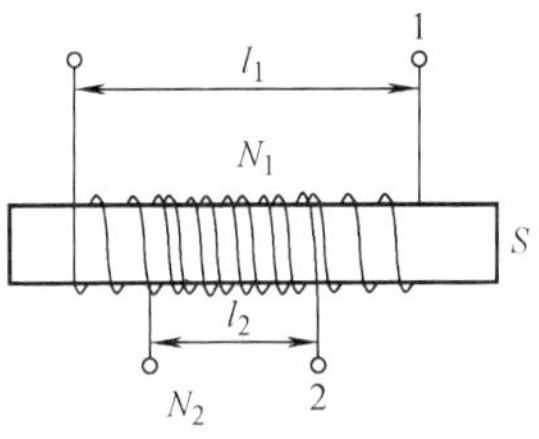

图 12.12 两个叠绕的螺线管

解：

设线圈 1 通有电流 i_1，电流在管内产生均匀磁场，磁感应强度的大小 $B_1=\mu\dfrac{N_1}{l_1}i_1$，该磁场穿过线圈 2，通过线圈 2 的磁链

$$\Psi_{21}=N_2B_1S=N_2\mu\frac{N_1}{l_1}Si_1$$

与 $\Psi_{21}=M_{21}i_1$ 式比较，有互感

$$M_{21}=\mu\frac{N_1N_2}{l_1}S$$

同样，设线圈 2 通有电流 i_2，电流在管内产生均匀磁场（在管外无磁场），磁感应强度的大小 $B_2=\mu\dfrac{N_2}{l_2}i_2$，该磁场只穿过 1 线圈在 l_2 长度内的匝，而线圈 1 在 l_2 长度内的匝数为 $\dfrac{N_1}{l_1}\cdot l_2$，所以通过线圈 1 的磁链

$$\Psi_{12}=\left(\frac{N_1}{l_1}l_2\right)B_2S=\left(\frac{N_1}{l_1}l_2\right)\cdot\left(\mu\frac{N_2}{l_2}i_2\right)\cdot S$$

与 $\Psi_{12}=M_{12}i_2$ 比较，得到互感

$$M_{12}=\mu\frac{N_1N_2}{l_1}S$$

显然，$M_{21}=M_{12}$

互感现象在电力工程、电气与电子技术中有着广泛应用，例如输变电变压器，电视机及收音机的接收天线回路、中频变压器等，都是互感元件。

第四节 磁场的能量

磁场有能量吗？

演示实验：

在图 12.10 自感现象的演示实验中，在合上开关、电路达到稳态后断开开关，A，B 两灯泡会闪亮一下然后逐渐熄灭，这时给灯泡提供的能量并不是来自电源，因为电源已经没有接入回路。那么，给灯泡提供的能量又是哪来的呢？随着电流的消失，线圈中的磁场也逐渐消失，这个能量就是原来储存在线圈中磁场的能量转化来的。

以图 12.13 所示的 RL 电路为例，分析其充电过程。在电键 S 未闭合时，电路中没有电流，线圈内也没有磁场。电键闭合后，线圈中的电流逐渐增大，最后达到稳定值 I。在电流增大的过程中，线圈中有自感电动势，它会阻止磁场的建立，与此同时，在电阻 R 上释放出焦耳热。因此，电流在线圈内建立磁场的过程中，电源供给的能量分成两个部分：一部分转换为热能，另一部分则转换为线圈内的磁场能量。

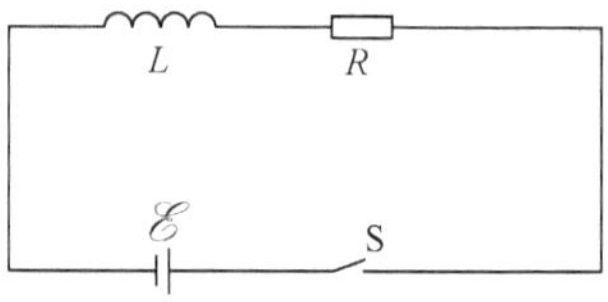

图 12.13 RL 电路

设充电过程中某瞬时电流为 i，有

$$\mathscr{E} - L\frac{\mathrm{d}i}{\mathrm{d}t} = iR$$

将上式移项，两边同乘以 $i\mathrm{d}t$，有

$$\mathscr{E}i\mathrm{d}t = Li\,\mathrm{d}i + i^2R\mathrm{d}t$$

当 $t=0$ 时 $i=0$，若在 t 时，电流增长到稳定电流 I，对上式积分有

$$\int_0^t \mathscr{E}i\mathrm{d}t = \int_0^I Li\,\mathrm{d}i + \int_0^t i^2R\mathrm{d}t$$

即

$$\int_0^t \mathscr{E}i\mathrm{d}t = \frac{1}{2}LI^2 + \int_0^t i^2R\mathrm{d}t \tag{12.15}$$

式（12.15）中，$\int_0^t \mathscr{E}i\mathrm{d}t$ 为电源在 0 到 t 这段时间内所做的功，也就是电源所供给的总能量；$\int_0^t i^2R\mathrm{d}t$ 为在这段时间内回路中的电阻所放出的焦耳热；而 $LI^2/2$ 也是能量项，为相同时间内电源反抗自感电动势所做的功。当电路中的电流从零增长到 I 时，在线圈中建立一定强度的磁场，而没有其他变化，所以电源因自感电动势所做的功转换为线圈中磁场的能量，即线圈中磁场的能量为

$$W_{\mathrm{m}} = \frac{1}{2}LI^2 \tag{12.16}$$

为简单起见，以长直螺线管为例进行讨论。若长直螺线管单位长度的匝数为 n，体积为 V，管内磁介质的磁导率为 μ，则它的自感为 $L=\mu n^2V$。螺线管中通有电流 I 时，螺线管中的磁感应强度为 $B=\mu nI$。把它们代入式（12.16），可得螺线管内磁场的能量为

$$W_{\mathrm{m}} = \frac{1}{2}LI^2 = \frac{1}{2}\cdot\mu n^2V\cdot\left(\frac{B}{\mu n}\right)^2 = \frac{1}{2}\frac{B^2}{\mu}V \tag{12.17}$$

式（12.17）表明，磁场能量与磁感应强度、磁导率和磁场空间的体积有关。由此又可得出单位体积磁场的能量——磁场能量密度 w_m 为

$$w_m = \frac{W_m}{V} = \frac{1}{2}\frac{B^2}{\mu} \tag{12.18}$$

式（12.18）表明，磁场能量密度与磁感应强度的二次方成正比。对于各向同性的均匀介质，磁感应强度和磁场强度的关系为 $\boldsymbol{B}=\mu\boldsymbol{H}$，代入式（12.18），有

$$w_m = \frac{1}{2}\mu H^2 = \frac{1}{2}\boldsymbol{B}\cdot\boldsymbol{H} \tag{12.19}$$

需要指出，式（12.19）虽然是从长直螺线管这一特例导出的，但它具有普遍性，即任意磁场某处的磁场能量密度都可以用式（12.19）表示。

引入磁场能量密度 w_m 后，体积为 V 的磁场能量为

$$W_m = \int_V w_m \mathrm{d}V = \int_V \frac{1}{2}\frac{B^2}{\mu}\mathrm{d}V \tag{12.20}$$

例 12.6 如图 12.14 所示，一根很长的同轴电缆，内芯线的半径为 R_1，外芯线的半径为 R_2，中间磁介质的磁导率为 μ。给内、外芯线通上大小相等、方向相反的电流。求：(1) 长度为 l 的一段同轴电缆内两芯线之间的磁场所储藏的能量；(2) 长度为 l 的该种同轴电缆的自感。

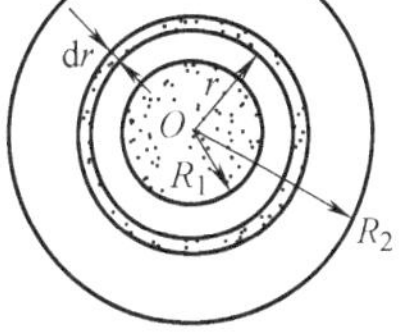

图 12.14 同轴电缆

解：

(1) 安培环路定理可求得，在电缆内距轴线为 r 处的磁感应强度为

$$B = \frac{\mu I}{2\pi r} \quad (R_1 < r < R_2)$$

磁场能量密度为

$$w_m = \frac{1}{2}\frac{B^2}{\mu} = \frac{\mu I^2}{8\pi^2 r^2}$$

可见，磁场的空间中不同 r 处磁场能量密度不同。

对于长度为 l 的电缆，取 $r \sim r+\mathrm{d}r$ 一薄层圆筒形体积元，该体积元为 $\mathrm{d}V = l\cdot\mathrm{d}S = l\cdot 2\pi r\cdot\mathrm{d}r$，则长度为 l 的一段同轴电缆内两芯线之间的磁场所储藏的能量为

$$W_m = \int_V w_m\mathrm{d}V = \int_{R_1}^{R_2}\frac{\mu I^2 l}{8\pi^2 r^2}\cdot 2\pi r\mathrm{d}r = \frac{\mu I^2 l}{4\pi}\ln\frac{R_2}{R_1}$$

(2) 由磁能公式 $W_m = \frac{1}{2}LI^2$ 可得这种长度为 l 同轴电缆的自感为

$$L = \frac{\mu l}{2\pi}\ln\frac{R_2}{R_1}$$

第五节　电磁感应现象的应用

一、电子感应加速器

电子感应加速器简称感应加速器，是回旋加速器的一种。它是由美国物理学家克斯特（D. W. Kerst）在1940年研制成功的。它是利用变化磁场激发的感生电场来加速电子以获得高能的一种装置。

图12.15是电子感应加速器基本结构的原理图，在圆形电磁铁的N，S磁极间放一个环形真空室，电磁铁是由频率为几十赫兹的强大交变电流来激磁的，磁极间的磁场呈对称分布。当两磁极间的磁场发生变化时，在环形真空室内激起感生电场，感生电场线是圆形的。此时若用电子枪将电子沿切线方向射入环形真空室，电子将受到感生电场力作用和空间磁场对它的洛伦兹力作用。由于磁场与感生电场都是周期性变化的，只有当电子在洛伦兹力 $\boldsymbol{F}$ 作用下作圆周运动，并且电子运动方向与 $\boldsymbol{E}_k$ 方向相反并作加速运动这两个条件同时满足时，电子才能在环形真空室内作加速圆周运动，速度才能得到提高。这时，电子运动速度 $\boldsymbol{v}$、洛伦兹力 $\boldsymbol{F}$、感生电场 $\boldsymbol{E}_k$、空间磁场 $\boldsymbol{B}$ 的方向情况如图12.16所示。

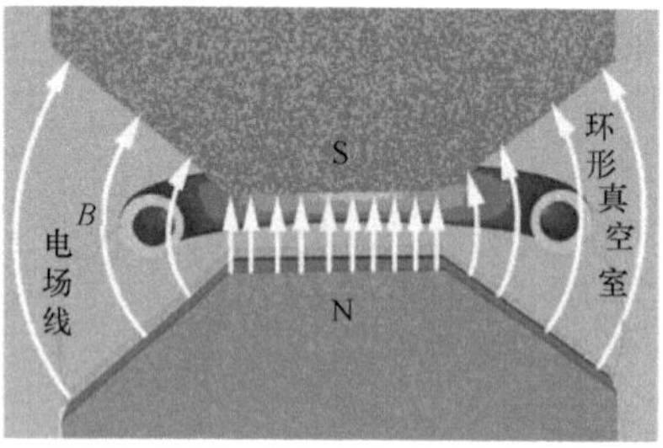

图12.15　电子感应加速器结构原理图

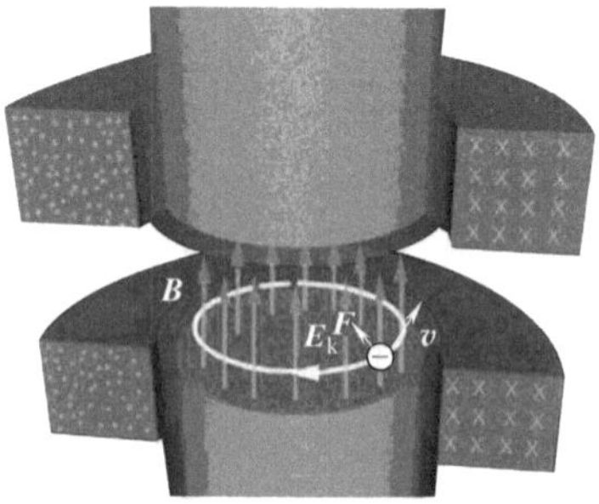

图12.16　感生电场方向

在每次电子被加速后，要在感生电场 $\boldsymbol{E}_k$ 方向改变前及时引出。电子作加速圆周运动的时间最长只有交变电流周期的四分之一。这个时间看起来虽然短，但在这段时间内电子已在环形真空室内加速绕行了几十万圈，速度可以接近光速。

二、涡电流

当大块导体处在变化的磁场中时，在这块导体中会激起感应电流。这种在大块导体内流动的感应电流，叫做**涡电流**，简称**涡流**。涡电流在工程技术上有广泛的应用。

1. 涡电流的热效应

如图 12.17a 所示，在一个绕有线圈的铁心上端放置一个盛有冷水的铜杯，把线圈的两端接到交流电源上，过几分钟，杯内的冷水就变热，甚至沸腾起来。

这是因为，当绕在铁心上的线圈中通有交流电时，穿过铜杯中每个回路包围面积的磁通量都在不断地变化，因此，在这些回路中便产生感应电动势，并形成环形感应电流。由于铜杯的电阻很小，涡电流就很大，所以能够产生大量热量，使杯中的冷水变热。

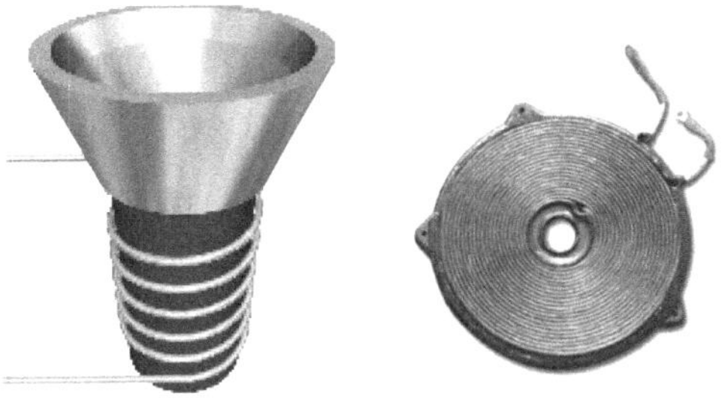

a) b)

图 12.17 涡电流的热效应

工厂中冶炼合金时常用的工频感应炉，也是利用待冶炼的金属块中涡流的热量使金属块溶化的；家用电磁炉也是同样的的工作原理。图 12.17b 所示为电磁炉所使用的线圈。

2. 用涡电流加热金属电极

制作电子管、显像管、激光管等真空管时，管内金属电极吸附的气体不易放出，必须加热到高温才能很快放出而被抽走。实际中利用涡电流加热的方法，一边加热，一边抽气，然后封口，从而保证管件中的真空度。

在有些情况下，涡电流发热是很有害的，不仅浪费了电能，绝缘材料也会被烧坏，此时应尽量减少涡流。为此，电动机和变压器等器件中的铁心都是用一片片硅钢片叠合而成。

三、金属探测器

在很多场所需要探测金属物体的有无，如考场、机场和车站等地方的安全检查，敌方埋藏的具有金属零部件的地雷或地下其他金属物的探测等。

金属探测器就是利用电磁感应现象设计制成的。其基本工作原理是金属探测器中的振荡器激励发射线圈产生一个交变的电磁场，当探测器接近金属物时，交变电磁场在金属物内感应产生涡电流，涡电流辐射的二次场被接收线圈接收，经高灵敏度的取样检波电路检出该信号，再经过电子线路处理，由发声或发光器件发出报警信号，图 12.18 是某种金属探测器的照片。

图 12.18 金属探测器

四、感应圈

在生活和生产中，我们往往需要一个点火器，如煤气点火器、打火机、汽车发动机的起动与工作等，那么，利用什么原理来制作这些点火装置呢?

感应圈是利用互感原理，由低压直流电源获得高电压的一种装置。它的结构如图 12.19 所示。在铁心上绕有两个线圈，初级线圈的匝数 N_1 较少，次级线圈的匝数 N_2 很大（$N_2 \gg N_1$）。初级线圈 N_1、低压直流电源 $\mathscr{E}$、开关 S、螺钉 D、软铁 M 组成一个闭合回路。其中软铁 M 装在一个弹簧片上，螺钉 D 的横向进度可以调节，开关断开时，M，D 接通。

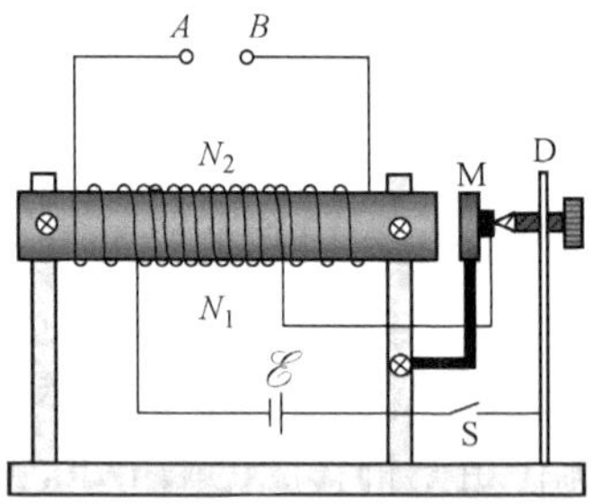

图 12.19　感应圈

闭合开关 S，初级线圈内就有电流通过，铁心因被磁化而吸引软铁 M，使之与螺钉 D 分离，于是电路被切断，铁心的磁性随之消失。这时，软铁 M 在弹簧片的弹力作用下又重新和螺钉 D 相接触，电路又被接通。这个过程将自动地、反复地进行。由于 M，D 的时通时断，使初级线圈中电流也不断地变化，因此，通过线圈的互感就在次级线圈中产生感应电动势。由于次级线圈的匝数比初级线圈的匝数多得多，所以在次级线圈中能获得高达上万伏、甚至几万伏的电压。如果次级线圈的 A，B 两端离的较近，在 A，B 之间会产生火花放电现象。如果 A，B 之间有可燃气体，可燃气体将被点燃。

五、磁感应水雷

水雷是一种具有悠久历史的兵器，在我国明代嘉靖二十八年（公元 1549 年）唐荆川编著的《武论》一书中就有过使用水雷的记载。几百年来，特别是第一次世界大战以来，人类在战争中布设的水雷有几十万、甚至上百万颗。

随着科学技术的发展，水雷的种类也日新月异。有一种水雷，其引爆的原理利用的就是电磁感应现象。我们知道，现代舰船是由钢铁材料制成的。在地球磁场的作用下，舰船被磁化，成为一个在水面上移动的“磁铁”。磁感应水雷中装有由几万圈导线做成的磁感应线圈。当移动的舰船经过水雷附近时，舰船的磁场扫过感应线圈，穿过线圈的磁通量就会发生改变，在线圈中产生感应电流和感应电动势。水雷利用这个信号接通引爆电路，使水雷爆炸，从而炸毁舰船。

思考：生活中还有哪些电磁感应现象的应用例子?

第六节 位移电流 麦克斯韦方程组

麦克斯韦（James Clerk Maxwell 1831—1879），19 世纪伟大的英国物理学家、数学家，经典电磁理论的奠基人，气体动理论的创始人之一。

他提出了涡旋电场和位移电流的概念，建立了经典电磁理论，并预言了电磁波的存在。他的《电磁学通论》与牛顿的《自然哲学的数学原理》并驾齐驱，是人类探索电磁规律的里程碑。在气体动理论方面，他还提出了气体分子按速率分布的统计规律。

图 12.20 麦克斯韦

一、位移电流

在稳恒条件下，无论磁场空间是真空还是有磁介质，磁场的安培环路定理都可以表示为

$$\oint_l \boldsymbol{H}\cdot \mathrm{d}\boldsymbol{l} = \sum I$$

这个定理表明，磁场强度沿任一闭合回路的环流等于穿过该闭合回路电流的代数和。这里所指的电流是由电荷的定向运动形成的，称为**传导电流**。

设以闭合回路 l 为边界所围的面积为 S，则穿过该 S 面的传导电流的代数和等于传导电流密度 $\boldsymbol{j}$ 在 S 面上的通量，即

$$\sum I = \int_S \boldsymbol{j}\cdot \mathrm{d}\boldsymbol{S}$$

在非稳恒条件下，这个定理是否仍然成立呢？我们来分析电容器的充电电路，如图 12.21 所示。

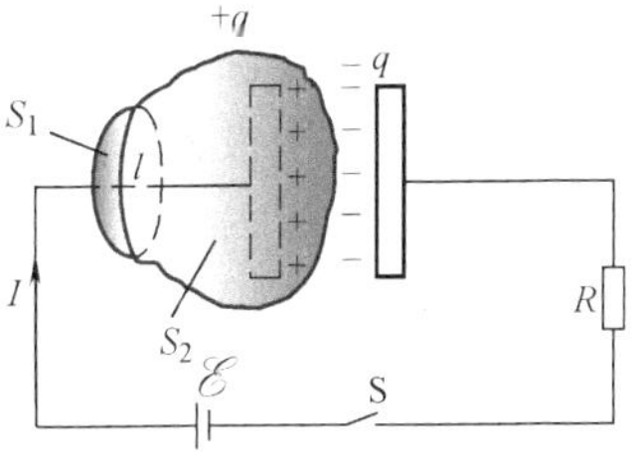

图 12.21 电容器充电电路

显然，电容器的充电过程是非稳恒过程，因为导线中的电流 I 是非恒定电流，它随时间而变化。

若在正极板附近取一个闭合回路 l，则以此回路 l 为边界可作两个曲面 S_1 和 S_2，其中 S_1 与导线相交，S_2 穿过两极板之间的空间，把正极板包围在其中，并不与导线相交；S_1 和 S_2 构成一个闭合曲面。判断有无电流穿过回路 l，从 S_1 曲面来看，有传导电流穿过，得到

$$\oint_l \boldsymbol{H}\cdot \mathrm{d}\boldsymbol{l} = \int_{S_1} \boldsymbol{j}\cdot \mathrm{d}\boldsymbol{S} = I$$

若从 S_2 曲面来看，则没有传导电流通过曲面 S_2，于是便有

$$\oint_l \boldsymbol{H}\cdot \mathrm{d}\boldsymbol{l} = \int_{S_2} \boldsymbol{j}\cdot \mathrm{d}\boldsymbol{S} = 0$$

得到不一致的结果。

上述分析表明，在非稳恒磁场中，磁场强度沿回路 l 的环流与如何选取以闭合回路 l 为边界的曲面有关。选取不同的曲面，环流有不同的值。这就说明，在非稳恒磁场的情况下，安培环路定理不适用。

麦克斯韦对上述情况作进一步的分析后，提出了位移电流的假设，对安培环路定理进行了修正，使之也适合非稳恒磁场的情形。分析如下：

在电容器充电过程中，设某一时刻 t 电容器的正极板上有电荷 $+q$，电荷面密度为 $+\sigma$；负极板上有电荷 $-q$，电荷面密度为 $-\sigma$。经 $\mathrm{d}t$ 时间，电荷量为 $\mathrm{d}q$ 的正电荷由负极板沿导线、经电源内部移动到正极板，使正极板的电荷量增加。导线中有传导电流通过，传导电流在正负极板上终止，在两极板之间没有传导电流通过。从整个电路看，传导电流不连续。

若设电容器极板的面积为 S，极板间电位移矢量为 $\boldsymbol{D}$，有

$$q = S\sigma = SD = \Psi,\ D = \varepsilon E = \sigma$$

Ψ 是通过极板间截面的电位移通量，它也等于通过 S_2 面的电位移通量。

导线或极板内的传导电流 I 等于极板上电荷 q 的变化率，即

$$I = \frac{\mathrm{d}q}{\mathrm{d}t} = \frac{\mathrm{d}(S\sigma)}{\mathrm{d}t} = S\frac{\mathrm{d}\sigma}{\mathrm{d}t} = Sj = S\frac{\mathrm{d}D}{\mathrm{d}t} = \frac{\mathrm{d}\Psi}{\mathrm{d}t}$$

j 是极板上的传导电流密度值，方向由电容器的正极板指向负极板。

分析上式中的两个等式：

$$\frac{\mathrm{d}D}{\mathrm{d}t} = j \tag{12.21}$$

$$\frac{\mathrm{d}\Psi}{\mathrm{d}t} = I \tag{12.22}$$

这两个等式说明，在电容器充电的过程中，极板间电位移矢量随时间的变化率在数值上等于极板内的传导电流密度；极板间电位移通量随时间的变化率，在数值上等于极板内（或导线中）的传导电流。

如果把 $\mathrm{d}\Psi/\mathrm{d}t$ 也看成电流的话，那么从 S_1 曲面来看，有传导电流 I 穿过；从 S_2 曲面来看，虽然没有传导电流通过，但有 $\mathrm{d}\Psi/\mathrm{d}t$ 穿过。这样，在电容器极板间中断了的传导电流被 $\mathrm{d}\Psi/\mathrm{d}t$ 接续下来，从而保持了整个回路电流的连续性。麦克斯韦把它定义为**位移电流**。位移电流的方向与传导电流一致。相应地，把 $\mathrm{d}D/\mathrm{d}t$ 称为位移电流密度，考虑到位移电流密度的方向与传导电流密度的方向也相同，写成矢量式为

$$\frac{\mathrm{d}\boldsymbol{D}}{\mathrm{d}t} = \boldsymbol{j} \tag{12.23}$$

位移电流的一般表达式为

$$\frac{\mathrm{d}\Psi}{\mathrm{d}t} = \frac{\mathrm{d}}{\mathrm{d}t}\int_S \boldsymbol{D}\cdot\mathrm{d}\boldsymbol{S} = \int_S \frac{\partial \boldsymbol{D}}{\partial t}\cdot\mathrm{d}\boldsymbol{S} \tag{12.24}$$

就一般情况来说，麦克斯韦认为电路中可同时存在传导电流和位移电流，二者之和叫做全电流。这样就推广了电流概念，无论以回路 l 为边界取 S_1 截面或取 S_2 截面，结果都是一样的，都有全电流穿过回路 l。

于是，磁场中的安培环路定理可修正为

$$\oint_l \boldsymbol{H} \cdot \mathrm{d}\boldsymbol{l} = \sum I + \int_S \frac{\partial \boldsymbol{D}}{\partial t} \cdot \mathrm{d}\boldsymbol{S} \tag{12.25}$$

称为**全电流安培环路定理**，也称麦克斯韦的全电流定律。

对传导电流与位移电流的认识：

1）在激发磁场方面是等效的，所以都称为电流。

2）传导电流与位移电流起源不同，传导电流是电荷的宏观定向移动形成的，位移电流是变化的电场产生的；传导电流能在导体中产生焦耳热，位移电流却不会产生焦耳热；传导电流只能存在于导体中，位移电流则可以存在于真空、导体和电介质中。

3）位移电流的引入，揭示了电场和磁场的内在联系，反映了自然界的对称性：变化的磁场产生涡旋电场，变化的电场产生涡旋磁场。两种变化的场永远相互联系着，形成统一的电磁场。

二、麦克斯韦方程组

在研究静电场和稳恒磁场过程中，我们曾得出四个基本方程，即：

（1）静电场的高斯定理

$$\oint_S \boldsymbol{D} \cdot \mathrm{d}\boldsymbol{S} = \sum_{S内} q$$

（2）静电场的环路定理

$$\oint_l \boldsymbol{E} \cdot \mathrm{d}\boldsymbol{l} = 0$$

（3）磁场的高斯定理

$$\oint_S \boldsymbol{B} \cdot \mathrm{d}\boldsymbol{S} = 0$$

（4）安培环路定理

$$\oint_l \boldsymbol{H} \cdot \mathrm{d}\boldsymbol{l} = \sum I$$

麦克斯韦在这些定理的基础上，综合前人的知识成果，提出感生电场和位移电流的两个假设，对上述四个方程中的两个加以修正：将静电场的环路定理修改为

$$\oint_l \boldsymbol{E} \cdot \mathrm{d}\boldsymbol{l} = -\int_S \frac{\partial \boldsymbol{B}}{\partial t} \cdot \mathrm{d}\boldsymbol{S}$$

将安培环路定理修改为

$$\oint_l \boldsymbol{H} \cdot \mathrm{d}\boldsymbol{l} = \sum I + \int_S \frac{\partial \boldsymbol{D}}{\partial t} \cdot \mathrm{d}\boldsymbol{S}$$

使它们适用于一般情况：变化的电场和变化的磁场。

修改后的四个方程称为麦克斯韦方程组的积分形式，即

$$\begin{cases} \oint_S \boldsymbol{D} \cdot \mathrm{d}\boldsymbol{S} = \sum_{S内} q \\ \oint_l \boldsymbol{E} \cdot \mathrm{d}\boldsymbol{l} = -\int_S \frac{\partial \boldsymbol{B}}{\partial t} \cdot \mathrm{d}\boldsymbol{S} \\ \oint_S \boldsymbol{B} \cdot \mathrm{d}\boldsymbol{S} = 0 \\ \oint_l \boldsymbol{H} \cdot \mathrm{d}\boldsymbol{l} = \sum I + \int_S \frac{\partial \boldsymbol{D}}{\partial t} \cdot \mathrm{d}\boldsymbol{S} \end{cases} \tag{12.26a}$$

通过数字变换，可得麦克斯韦方程组的微分形式，即

$$\begin{cases} \nabla \cdot \boldsymbol{D} = \rho \\ \nabla \times \boldsymbol{E} = -\frac{\partial \boldsymbol{B}}{\partial t} \\ \nabla \cdot \boldsymbol{B} = 0 \\ \nabla \times \boldsymbol{H} = j + \frac{\partial \boldsymbol{D}}{\partial t} \end{cases} \tag{12.26b}$$

其中，$\nabla \cdot \boldsymbol{D}$ 和 $\nabla \cdot \boldsymbol{B}$ 分别为电位移和磁感应强度的散度，$\nabla \times \boldsymbol{E}$ 和 $\nabla \times \boldsymbol{H}$ 分别为电场强度和磁场强度的旋度。ρ 为自由电荷体密度。

麦克斯韦电磁场理论完美地概括了静电场、稳恒磁场和电磁感应现象等电磁现象及规律，指出变化的电场要激发涡旋磁场，变化的磁场要激发涡旋电场，揭示了电场和磁场之间的内在联系，预言了电磁波的存在，即变化的电磁场是以波的形式在空间传播，传播速度为光速，指出光是电磁波。

麦克斯韦电磁理论的建立是 19 世纪物理学发展史上又一个重要的里程碑。正如爱因斯坦所说："这是自牛顿以来物理学所经历的最深刻和最有成果的一项真正观念上的变革"。所以人们常称麦克斯韦是电磁学上的牛顿。

第七节　电磁波

一、电磁波的产生与传播

麦克斯韦电磁理论告诉我们，如果空间有交变电流产生的变化的电场，就要在邻近空间激发变化的磁场，变化的磁场在邻近空间再激发变化的电场，变化的电场在较远的空间再激发变化的磁场，这样依次下去，在空间变化的电场和变化的磁场由近及远向外传播出去，形成电磁波。

下面从 LC 振荡电路开始，分析振荡电偶极子在空间形成电磁波的过程。

如图 12.22 所示，开关 S 与 2 接通时，电源给电容器 C 充电。充电结束后将开关 S 与 1 接通，这时电容 C 通过线圈 L 放电，在 L 和 C 组成的回路中有电流通过，这个回路我们称为 LC 振荡电路。

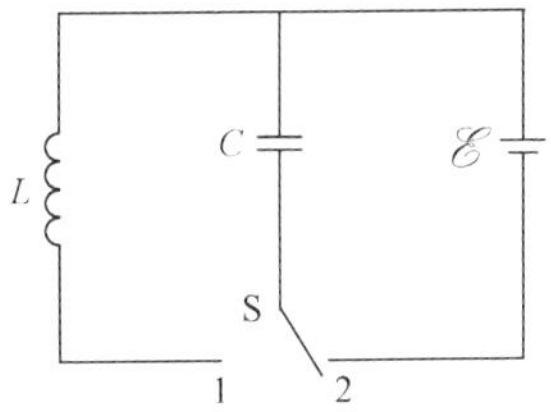

图 12.22 LC 振荡电路

电容 C 在放电过程中，线圈中产生的自感电动势要阻碍回路中电流的变化，电流从零逐渐增加。当电容极板上的电荷量为零时，放电结束，回路中电流达到最大值。这时电容器中电场的能量全部转化为线圈中磁场的能量。

由于线圈中自感电动势的存在，接下来自感电动势给电容 C 反方向充电，使电容器的两极板带相反的电荷，电流由大到小。当电流减到零时，反方向充电结束，电容器极板上的电荷量达到最大值，线圈中磁场的能量全部转化为电场的能量。

然后，电容器又通过线圈放电，只不过这次回路中电流的方向与前面的电容器放电方向相反。其他量的变化情况相同。

此后，线圈中自感电动势又给电容 C 充电。同样，这次电流的方向与前面的线圈给电容充电的方向相反，其他量的变化情况也相同。

由上所述可知，在 LC 振荡电路中形成周期性变化的电流。通过计算可得电流变化的周期为

$$T = 2\pi \sqrt{LC} \tag{12.27}$$

如果不考虑回路中的电阻，这个振荡将不会停止，称为 LC 电磁振荡，也称为**无阻尼自由电磁振荡**。

可见，在 LC 电磁振荡电路中，电容器中的电场能量与线圈中磁场的能量相互转换，电场和磁场也只存在于电容器和线圈中，并没有向外传播。

为了使变化的电场和变化的磁场向外空间传播出去形成电磁波，把电容器的两个极板面积缩小、距离拉开，同时为了增大频率减小线圈的匝数，这样敞开的 LC 振荡电路可以使变化的电场和磁场分散到周围的空间，形成电磁波，变化过程如图 12.23 所示。改造后的 LC 振荡电路称为**振荡电偶极子**。振荡电偶极子可以作为电磁波的发射天线。

二、电磁波的基本性质

根据麦克斯韦的电磁理论，可得到平面电磁波的一些基本性质：

（1）平面电磁波是横波　振动量电场强度 $\boldsymbol{E}$ 和磁场强度 $\boldsymbol{H}$ 都垂直于传播方向 $\boldsymbol{x}$，所以说电磁波是横波，$\boldsymbol{E}$，$\boldsymbol{H}$，x 三者方向构成右手螺旋系。$\boldsymbol{E}$ 和 $\boldsymbol{H}$ 在各

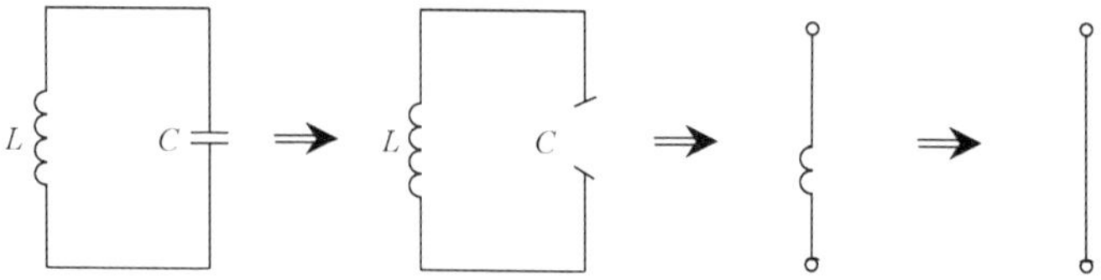

图 12.23 电磁波的形成过程

自的平面内振动这一特性称为横波的偏振性。

(2) **E** 和 **H** 同相位　电场强度 **E** 和磁场强度 **H** 同步变化，即同时达到最大值，同时达到最小值。

(3) **E** 和 **H** 的大小成正比例　在有介质的空间某一点，**E** 和 **H** 的大小关系是

$$\sqrt{\varepsilon}E = \sqrt{\mu}H \tag{12.28}$$

(4) 电磁波的传播速度　电磁波在介质中的传播速度为

$$v = \frac{1}{\sqrt{\varepsilon\mu}} \tag{12.29}$$

在真空中传播的速度为光速，即

$$c = \frac{1}{\sqrt{\varepsilon_0 \mu_0}} = 2.998 \times 10^8 \mathrm{m \cdot s^{-1}} \tag{12.30}$$

(5) 电磁波传播的能量　电磁波的传播过程是变化的电场和磁场向外空间传播的过程，而电场和磁场是有能量的，因此，电磁波的传播过程是能量的传播过程。设电磁波传播的能量密度为 S，如果考虑到传播方向，写成矢量形式 $\boldsymbol{S}$，称为玻印亭矢量。计算可得

$$\boldsymbol{S} = \boldsymbol{E} \times \boldsymbol{H} \tag{12.31}$$

三、电磁波谱

按照波长或频率的顺序把电磁波排列起来，就形成电磁波谱。如果把每个波段的频率由低至高依次排列的话，它们是工频电磁波、无线电波、红外线、可见光、紫外线、X 射线及 γ 射线。无线电的波长最长，γ 射线的波长最短。图 12.24 是电磁波谱图。表 12-1 给出了可见光的波长范围。

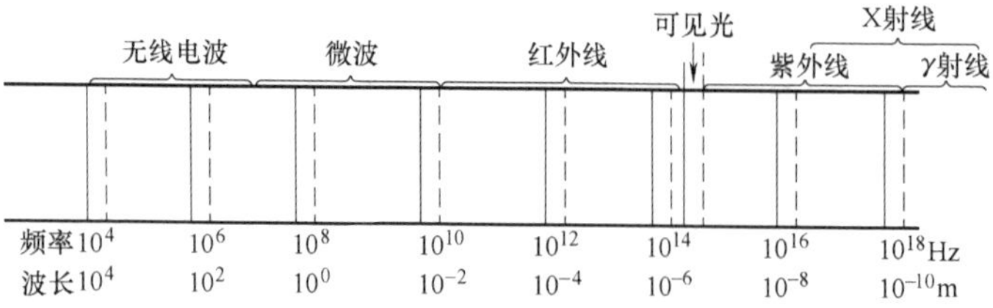

图 12.24 电磁波谱

表 12-1 可见光的波长范围

可见光	波长范围/nm
红	630～760
橙	600～630
黄	570～600
绿	500～570
青	450～500
蓝	430～450
紫	400～430

四、电磁波的应用与防护

（一）电磁波的应用

电磁波的应用非常广泛，按频率的高低主要有：

1）无线电波用于广播、电视、通信和导航等，详见表 12-2。

2）微波用于微波炉、卫星通信、雷达等。

3）红外线用于遥控与遥感、热成像仪、红外制导导弹、红外理疗等。

4）可见光是我们用来观察事物的基础。

5）紫外线用于医用消毒、验证假钞、测量距离等。

6）X 射线用于 CT 照相、工程上的探伤、晶体结构和材料成分的分析等。

7）γ 射线用于放疗、使原子发生跃迁从而产生新的射线等。

表 12-2 各种无线电波的范围和用途

波段	波长/m	频率/kHz	主要用途
长波	30 000～3 000	$10\sim10^2$	电报通信
中波	3 000～200	$10^2\sim1.5\times10^3$	无线电广播
中短波	200～50	$1.5\times10^3\sim6\times10^3$	电报通信、无线电广播
短波	50～10	$6\times10^3\sim3\times10^4$	电报通信、无线电广播
超短波（米波）	10～1.0	$3\times10^4\sim3\times10^5$	无线电广播电视、导航
分米波	1～0.1	$3\times10^5\sim3\times10^6$	电视、雷达、导航
微波（厘米波）	0.1～0.01	$3\times10^6\sim3\times10^7$	电视、雷达、导航
毫米波	0.01～0.001	$3\times10^7\sim3\times10^8$	雷达、导航、其他专门用途

（二）电磁波的防护

虽然在很多领域应用到电磁波，但电磁波辐射在一定程度上对人体有伤害，如长期接受电磁波辐射会造成人体免疫力下降、新陈代谢紊乱、记忆力减退、心率失常、视力下降、听力下降、血压异常、流产、畸胎，甚至导致各类癌症等，所以我们要采取适当的措施防护电磁波。

1）标准的制定：1989 年 12 月 22 日国家卫生部颁布了《环境电磁波卫生标准》（GB 9175—1988）；我国有关部门制订了《电视塔辐射卫生防护距离标准》；国家环保局也颁布了《电磁辐射环境保护管理办法》等。

2）根据电磁波随距离衰减的特性，为减少电磁波对居民的危害，应使发射强电磁波的工作场所和设施，如电视台、广播电台、雷达通信台站、移动通信基站以及微波传送站等，尽量设在远离居住区的远郊或地势高的地区。必须设置在城市内、邻近居住区域和居民经常活动场所范围内的设施，如变电站等，应与居住区间保持一定安全防护距离，保证其边界符合环境电磁波卫生标准的要求。同时，对电磁波辐射源需选用能屏蔽、反射或吸收电磁波的铜、铝、钢等金属丝或高分子膜等材料制成的物品进行电磁屏蔽，将电磁辐射能量限制在规定的空间之内。

3）高压特别是超高压输电线路应远离住宅、学校、运动场等人群密集区。

4）使用计算机时，应选用低辐射显示器，持续使用时间不宜过长，并保持人体与显示屏正面不少于 75cm 的距离，侧面和背面不少于 90cm，最好加装屏蔽装置。

5）为减轻家庭居室内电磁污染及其有害作用，应科学使用家用电器。例如观看电视或家庭影院、收听组合音响时，应保持较远距离，并避免各种电器同时开启。

6）使用手机时，尽量减少通话时间；手机天线顶端要尽可能偏离头部；使用耳机接打电话。携带手机时应尽量远离心脏、肾脏等重要人体器官。

7）另外，经常在有较强的电磁辐射环境中生活和工作的人可每天服用一定量的维生素 C，或者多吃些富含维生素 C 的新鲜蔬菜，如辣椒、柿子椒、香椿、菜花、菠菜等；多食用新鲜水果如柑橘、枣等。饮食中也注意多吃一些富含维生素 A，C 和蛋白质的食物，如西红柿、瘦肉、动物肝脏、豆芽等；经常喝绿茶。这些饮食措施，可在一定程度上起到积极预防和减轻电磁辐射对人体造成的伤害。

电磁波辐射是近三四十年才被人们认识的一种新的环境污染，现在人们对电磁辐射的危害及程度仍处于认识和研究阶段。在人们越来越注重生活质量的今天，防患于未然还是非常有必要。

本章小结

一、电磁感应现象

楞次定律

闭合回路中感应电流的方向，总是使它所激发的磁场来阻碍或反抗引起感应电流的磁通量的变化。

自感与互感

1. 自感

$$L=\frac{\Phi}{i}$$

2.自感电动势

$$\mathscr{E}_L=-L\frac{\mathrm{d}i}{\mathrm{d}t}$$

3.互感

$$M=\frac{\Psi_{21}}{i_1}=\frac{\Psi_{12}}{i_2}$$

4. 互感电动势

$$\mathscr{E}_{21}=-M\frac{\mathrm{d}i_1}{\mathrm{d}t},$$

$$\mathscr{E}_{12}=-M\frac{\mathrm{d}i_2}{\mathrm{d}t}$$

法拉第电磁感应定律

$$\mathscr{E}=-\frac{\mathrm{d}\Phi}{\mathrm{d}t}$$

动生电动势与感生电动势

1.动生电动势

$$\mathscr{E}=\int_L(\boldsymbol{v}\times\boldsymbol{B})\cdot\mathrm{d}\boldsymbol{l}$$

2.感生电动势

$$\mathscr{E}=\oint_L\boldsymbol{E}_\mathrm{k}\cdot\mathrm{d}\boldsymbol{l}=-\int_S\frac{\partial\boldsymbol{B}}{\partial t}\cdot\mathrm{d}\boldsymbol{S}$$

电磁感应现象的应用

发电机、电子感应加速器、涡电流、金属探测器等。

二、磁场的能量

1.磁场能量密度

$$w_\mathrm{m}=\frac{W_\mathrm{m}}{V}=\frac{1}{2}\frac{B^2}{\mu}=\frac{1}{2}\mu H^2=\frac{1}{2}\boldsymbol{B}\cdot\boldsymbol{H}$$

2.磁场能量

$$W_\mathrm{m}=\int_V w_\mathrm{m}\mathrm{d}V=\int_V\frac{1}{2}\frac{B^2}{\mu}\mathrm{d}V$$

三、麦克斯韦电磁场理论

涡旋电场

$$\oint_l\boldsymbol{E}_\mathrm{k}\cdot\mathrm{d}\boldsymbol{l}=-\int_S\frac{\partial\boldsymbol{B}}{\partial t}\cdot\mathrm{d}\boldsymbol{S}$$

位移电流

1.位移电流密度

$$j=\frac{\mathrm{d}D}{\mathrm{d}t}$$

2.位移电流

$$I=\frac{\mathrm{d}\Psi}{\mathrm{d}t}=\int_S\frac{\partial\boldsymbol{D}}{\partial t}\cdot\mathrm{d}\boldsymbol{S}$$

麦克斯韦方程组

$$\oint_S\boldsymbol{D}\cdot\mathrm{d}\boldsymbol{S}=\sum_{S内}q$$

$$\oint_l\boldsymbol{E}\cdot\mathrm{d}\boldsymbol{l}=-\int_S\frac{\partial\boldsymbol{B}}{\partial t}\cdot\mathrm{d}\boldsymbol{S}$$

$$\oint_S\boldsymbol{B}\cdot\mathrm{d}\boldsymbol{S}=0$$

$$\oint_l\boldsymbol{H}\cdot\mathrm{d}\boldsymbol{l}=\sum I+\int_S\frac{\partial\boldsymbol{D}}{\partial t}\cdot\mathrm{d}\boldsymbol{S}$$

电磁波

思考与练习

1. 电磁感应现象是怎么产生的？举例说明。

2. 产生动生电动势的非静电力是什么？产生感生电动势的非静电力又是什么？

3. 产生涡电流时，必定有电荷作定向运动。那么，是什么驱使电荷作定向运动？

4. 什么是自感现象？什么是互感现象？

5. 什么叫位移电流？位移电流与传导电流有什么异同？

6. 一无铁心的长直螺线管，在保持其半径和长度不变的情况下，减少线圈的匝数，则它的自感将（　　）。

(A) 增大　　(B) 减小　　(C) 不变　　(D) 不能确定

7. 感生电动势的表达式为 $\oint_L \boldsymbol{E}_\text{k} \cdot \mathrm{d}\boldsymbol{l} = -\int_S \frac{\partial \boldsymbol{B}}{\partial t} \cdot \mathrm{d}\boldsymbol{S}$，式中 $\boldsymbol{E}_\text{k}$ 为感生电场，此式表明（　　）。

(A) 闭合曲线 L 上 $\boldsymbol{E}_\text{k}$ 处处相等

(B) 感生电场不能像静电场那样引入电势的概念

(C) 感生电场是保守力场

(D) 感生电场的电场线不闭合

8. 激发涡旋电场的是（　　）。

(A) 变化的磁场　(B) 运动电荷　(C) 静止电荷　(D) 电流

9. 关于位移电流，下述说法正确的是（　　）。

(A) 位移电流服从传导电流遵循的所有规律

(B) 位移电流和传导电流一样是定向运动的电荷产生的

(C) 位移电流的实质是变化的电场

(D) 位移电流的磁效应不服从安培环路定理

10. 如图 12.25 所示，长直导线中通有电流 I，长为 l 的金属棒 AB 与长直导线共面且垂直于导线放置，其 A 端离导线为 d，并以速度 $\boldsymbol{v}$ 平行于长直导线作匀速运动，求金属棒中的动生电动势。

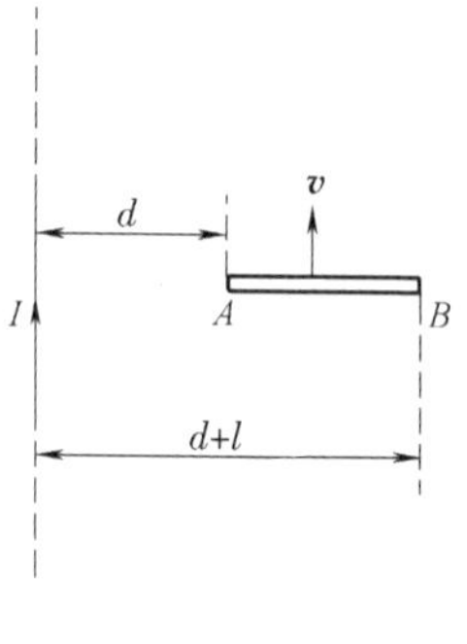

图 12.25　题 10 图

11. 如图 12.26 所示，长直导线中通有电流 $I=5.0\text{A}$，在与其相距 $d=0.5\text{cm}$ 处放有一矩形线圈，共 1000 匝，设线圈长 $l=4.0\text{cm}$，宽 $a=2.0\text{cm}$。不计线圈自感，若线圈以速度 $v=3.0\text{cm/s}$ 沿垂直于长导线的方向向右运动，问线圈运动到图示位置时，线圈中产生的感生电动势多大？

12. 磁感应强度为 $\boldsymbol{B}$ 的均匀磁场充满一半径为 R 的圆柱形空间，一金属杆 AB 长为 R，放在图 12.27 所示位置。当磁场匀速率变化时（$\mathrm{d}B/\mathrm{d}t>0$），求杆两端的感生电动势的大小和方向。

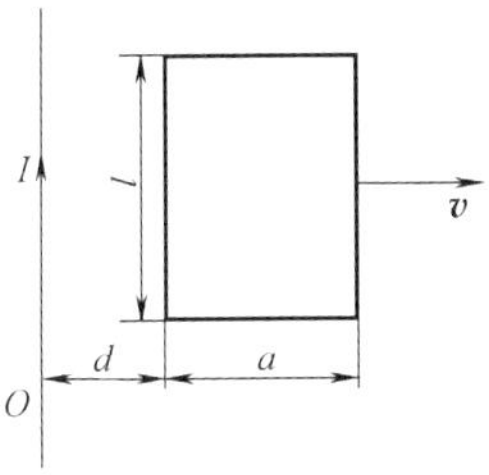

图 12.26 题 11 图

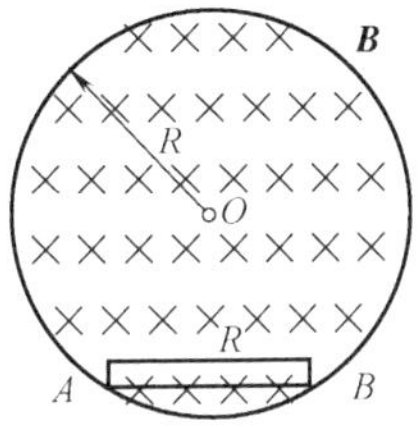

图 12.27 题 12 图

13. 一矩形线圈长 $l=20\mathrm{cm}$，宽 $b=10\mathrm{cm}$，由 100 匝表面绝缘的导线绕成，放置在一根长直导线的旁边，距离导线 b，并和直导线在同一平面内。该直导线是一个闭合回路的一部分，其余部分离线圈很远，其影响可略去不计。求图 12.28a，b 两种情况下，线圈与长直导线间的互感。

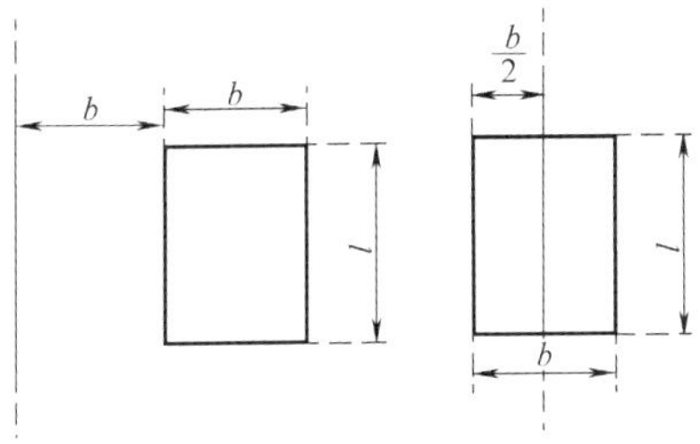

a) b)

图 12.28 题 13 图

14. 一个螺线管的自感为 10mH，通过线圈的电流为 4A，求它所储存的磁能。

15. 假定从地面到海拔 $6\times10^{6}\mathrm{m}$ 的范围内，地磁场为 $0.5\times10^{-4}\mathrm{T}$，试粗略计算在这区域内地磁场的总磁能。

光学是一门古老而又不断发展的学科。早期提出光具有波动性的是笛卡儿和胡克。笛卡儿认为，光从本质说是一种压力波（弹性波），它在一种完全弹性的，充满空间的介质（以太）中传递；胡克认为，光像石块落入水中后激起的水面波一样。比牛顿大 13 岁的荷兰科学家惠更斯进一步发展了他们的学说，认为光是在以太中传播的纵波，类似声波在空气中传播。实际上将光波与弹性波作类比是错误的，是“机械论”的产物。所以早期的波动说和牛顿的微粒说都是不完善的。1801 年托马斯·杨（T. Young）成功演示了干涉实验，用波动说给予了成功解释。

人类认识自然的信息 90% 以上是通过光来实现的。光学的研究对象是光的性质、传播（运动）规律、光与物质的相互作用规律。光学可分为经典光学和现代光学（量子光学），经典光学又分为几何光学和物理光学（波动光学）。总之，光的性质很复杂，要视光在各种场合表现出的行为规律来回答。这里我们只研究波动光学。

研究的主要内容包括：双缝干涉、薄膜的等倾干涉和等厚干涉；单缝和圆孔的夫朗禾费衍射、光学仪器的分辨本领、光栅衍射；偏振光及其获得方法。

重点：获得相干光的方法、光程差的分析和计算，干涉和衍射的研究方法，干涉和衍射的应用。

难点：干涉和衍射条纹特点分析。

第十三章　波动光学

这是为什么？

产自亚马逊河流域的一种被称为 Morpho 的蝴蝶，在自然光照射下，能够呈现出一种神秘而绚丽的闪亮蓝色，如图 13.1 所示。而这种颜色却有点怪，因为它不像大多数其他物体的颜色，它几乎只是闪现微光，如果改变观察的方向，或者蝴蝶扇动它的翅膀，这种颜色的色彩还会发生变化，它的翅膀被人们说成是彩虹色。蝴蝶翅膀能显示出这么炫目的色彩，那么蝴蝶翅膀表面上有什么特殊呢？

图 13.1　Morpho 蝴蝶

第一节 光波 光程

一、光波

（一）波长

光波是电磁波的一部分。普通光源发光具有特殊性（随机性、任意性、间歇性），是原子能级间的自发跃迁产生的波列。光的颜色由频率或波长决定，就可见光而言，真空中波长范围是400～760nm（紫～红）。可见光中各种颜色光的波长范围无严格界限，以nm为单位，波长分布如下：紫400～430；蓝430～450；青450～500；绿500～570；黄570～600；橙600～630；红630～760。在光波段，经常用到的长度单位Å是非法定计量单位，它与国际单位制中长度单位的换算关系为1Å$=10^{-10}$m。其中，1μm$=10^{-6}$m，1nm$=10^{-9}$m。

（二）折射率与光强

1. 折射率

光在真空中的速率c与其在某种均匀介质中的速率v的比值定义为该种介质相对于真空的折射率，称为这种介质的折射率，简称折射率，记为n，即$n=c/v$。

由于$c=1/\sqrt{\varepsilon_0\mu_0}$，$v=1/\sqrt{\varepsilon_0\mu_0\varepsilon_r\mu_r}$，所以$n=\sqrt{\varepsilon_r\mu_r}$。在光波段磁机制不起作用，即$\mu_r\approx1$，所以$n=\sqrt{\varepsilon_r}$。真空的折射率等于1；空气的折射率略大于1，在没有特别指明时，也取为1。纯水的折射率$n=4/3$；各种玻璃的折射率在1.5～2.0之间。两种介质相比较，n较大的为光密介质，n较小的为光疏介质。

2. 光强

从波动意义上说，光波是一种电磁波，电磁波需要两个矢量$\boldsymbol{E}$和$\boldsymbol{H}$来描述。单位时间垂直流过光传播方向上单位面积的平均能量称为**平均能流密度**，也称**光功率或光强**，即

$$I=\overline{|\boldsymbol{S}|}=\overline{|\boldsymbol{E}\times\boldsymbol{H}|}=\frac{1}{2}E_0H_0$$

而$\sqrt{\varepsilon}E=\sqrt{\mu}H$，所以$\sqrt{\varepsilon}E_0=\sqrt{\mu}H_0$，代入上式得

$$I=\frac{1}{2}\sqrt{\frac{\varepsilon}{\mu}}E_0^2$$

对于人眼感观起作用的正是电振动而不是磁振动。因此，我们把$\boldsymbol{E}$振动称为光振动。在同一介质中比较相对光强即可。由于磁机制不起作用，且介质的电容率是常数，根据波的强度与其振幅平方成正比的关系，在同一介质中相对光强

可直接表示为

$$I = E_0^2$$

二、光程

由于光在不同介质中传播时波长发生变化，即相位在变化 2π 的过程中，光在不同介质中所经过的几何路程是不同的。为便于统一衡量相位的变化，我们把光在介质中经过的几何路程都折算成真空中光经过的几何路程——光程，原因在于，决定干涉（衍射）结果的是相位差，所以，将光程统一放在真空中折算相位较方便。

设光在折射率为 n 的介质中传播，传播速度为 v，经 t 时间，光在介质中经过的路程为 r，在相同时间内光在真空中光程为 L，则

$$r = vt$$

$$L = ct$$

将二式相除，因 $c/v=n$，所以

$$L = nr$$

这相当于光在相同时间内在真空中经过 nr 的距离。

三、薄透镜不产生附加光程差

中央厚度比球面半径小得多的透镜称为薄透镜。这是常用的光学元件，它可以改变光的传播方向，对光进行会聚、发散，或产生平行光。在图 13.2 中，近轴平行光经透镜后，会聚于焦平面的 P 点。P 点的位置可由作图确定：作通过透镜光心 O 且平行于入射光的辅助线，该线与焦平面的交点即为 P 点。

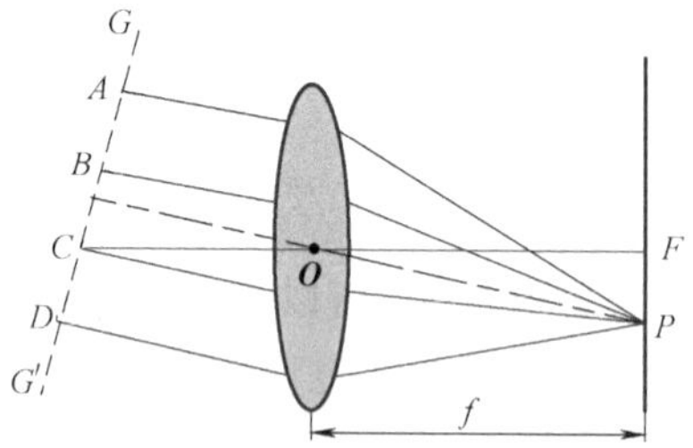

图 13.2 薄透镜

理论和实验都证明，薄透镜具有等光程性。即当光路中放入薄透镜后，通过透镜的近轴光线不会因为透镜而产生附加光程差。在图 13.2 中，垂直于平行光的 GG' 面是同相面，从同相面上的 A,B,C,D 各点经透镜到达 P 点的各光线，虽然几何路程长度不等，但几何路程较长的在透镜内的路程较短，而几何路程较短的在透镜内的路程较长，其总的效果是：从同相面上各点到达 P 点的光程总是相等的。

第二节 光的干涉现象 相干光

一、干涉现象

屋里点着两盏灯，经验告诉我们，每盏灯的光并不因另一盏灯是否存在而受到影响。这种现象说明：当两列光波在空间相遇时，它们的传播互不干扰，就像另一列波完全不存在一样，各自独立进行传播；当两列波同时存在时，在它们相遇区域内每点的光振动是各列波单独在该点产生的振动的合成，这就是波的叠加原理。

与机械波的干涉相似，两列波满足一定条件并相遇，在相遇区域内就产生稳定的有强有弱的光强分布，如图 13.3 所示，称为干涉现象。具备这样条件的两束光称为相干光，光源称为相干光源。

图 13.3 干涉现象

二、相干条件

1. 相干与非相干

频率和振动方向相同的两束平面简谐波（光波）相遇后：

$$E_0^2 = E_{10}^2 + E_{20}^2 + 2E_{10}E_{20}\overline{\cos\Delta\varphi}$$

因光强 $I \propto E_0^2$，所以

$$I = I_1 + I_2 + 2\sqrt{I_1 I_2}\,\overline{\cos\Delta\varphi}$$

若 $\Delta\varphi$ 可取任何值并随时间迅速变化，所以 $\overline{\cos\Delta\varphi}=0$，$I=I_1+I_2$，此时，观察者所看到的只是两束光平均光强的叠加，称为**非相干叠加**。

若 $\Delta\varphi$ 固定，即两束光传至相遇区域时的光程差确定，则 $\overline{\cos\Delta\varphi} = \cos\Delta\varphi$。

光强 I 或强或弱且不随时间变化，$I = I_1 + I_2 + 2\sqrt{I_1 I_2}\cos\Delta\varphi$ 称为**相干叠加**。

2. 相干条件

若 $\Delta\varphi = \pm 2k\pi$ 时，则光强最大（干涉加强），有

$$I = I_1 + I_2 + 2\sqrt{I_1 I_2}$$

若 $\Delta\varphi = \pm(2k+1)\pi$ 时，则光强最小（干涉减弱），有

$$I = I_1 + I_2 - 2\sqrt{I_1 I_2}$$

根据以上讨论，可得光的干涉条件如下：**振动方向相同，频率相同，相位差恒定**。

三、相干光的获得

对于普通光源，原子自发跃迁辐射时间极短，约为10^{-8} s。所以，不同位置的光源同时发出的波列，或者同一处光源不同时间发出的不同波列都不是相干光。要想从普通光源获得相干光，可采取如下办法：**分振幅法**——从同一波列分出两束光；**分波振面法**——从同一波阵面上分出两列子波。对于激光光源，因所有原子或分子都向特定态跃迁，所以，在这种受激辐射跃迁中发出的光一定具有相同性质，因此，可以随时获得相干光。

第三节　杨氏双缝干涉

托马斯·杨（T. Young，1773—1829，见图 13.4）想象力极为丰富，博学通才，1799 年剑桥毕业，对眼睛生理、解剖、颜色的视觉有深入研究。读过牛顿力学和光学，1801 年成功演示了干涉现象，并用波动说给予成功解释。这是波动说战胜微粒说的最好例证。

图 13.4　托马斯·杨

一、实验装置

许多人想尝试这类实验，往往都是因为用的是两个不同的光源而失败，托马斯·杨指出，要使两部分光的作用叠加，必须是发自同一个光源，这正是他成功演示干涉现象的关键。图 13.5 是实验装置示意图，单色光源 S_0 发出的光经过透镜形成平行光照射到开有单缝 S 的板上，单缝后放置开有双狭缝 S_1 和 S_2 的板，两缝等宽、均与缝 S 平行且对称分布，则$\overline{SS_1}=\overline{SS_2}$。当这些缝足够小时，屏上就会呈现出一组明暗相间的条纹。

根据惠更斯原理，波阵面上每一点都可以看成是新的子波波源，单缝 S 作为新的波源发出柱面波传到双缝 S_1 和 S_2，双缝又作为新的波源各自发出柱面波。显然，这对新的波源取自同一波阵面，是相干光源。这种获得相干光的方法就是典型的分波阵面法。

二、干涉结果

在杨氏双缝干涉实验装置中光波产生条纹，但是如何精确地确定干涉条纹的位置呢？为了回答这个问题，我们利用图 13.6 来分析。

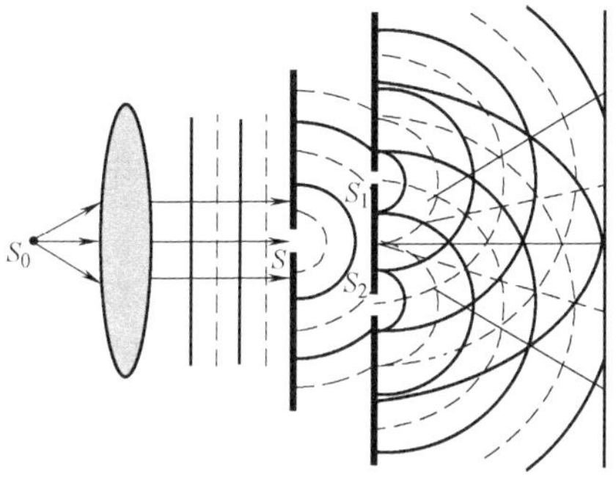

图 13.5 双缝干涉实验装置

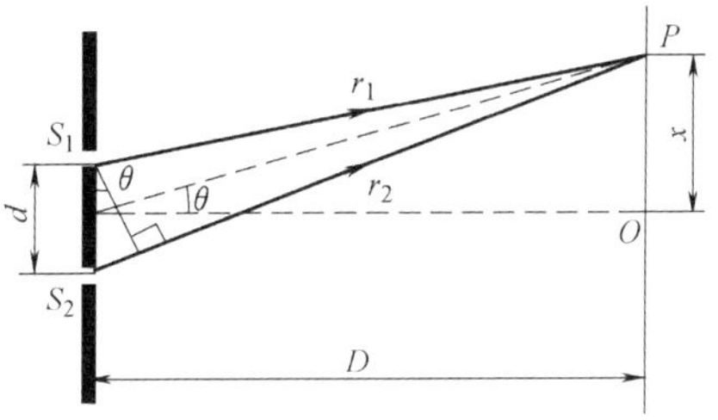

图 13.6 干涉结果分析

双缝之间的距离为 d，屏与双缝之间的距离为 D，且 $D \gg d$，S_1，S_2 到 P 点的距离分别为 r_1 与 r_2，为了便于讨论，在屏幕上 O 点附近任选一点 P，P 点到 O 点的距离为 x。因整个实验装置置于空气（折射率 $n=1$）中，两波源间无相位差，所以两光波在 P 点的光程差为

$$\delta = r_2 - r_1 \approx d\sin\theta$$

因 $d \ll D$，且 θ 很小，$\sin\theta \approx \tan\theta = x/D$，故有

$$\delta = r_2 - r_1 = \frac{d}{D}x \tag{13.1}$$

根据式（13.1），P 点处发生明纹的条件是

$$\delta = \frac{d}{D}x = \pm k\lambda$$

由此得到明纹中心的位置为

$$x = \pm k\frac{D}{d}\lambda \quad (k = 0,1,2,\cdots) \tag{13.2a}$$

式中的正负号表示屏上干涉条纹在 O 点两侧呈对称分布。$k=0$，$x=0$，表示屏幕中心为零级明纹，也称中央明纹，它所对应的光程差 $\delta=0$。$k=1,2,\cdots$ 的明纹分别称为第 1 级、第 2 级、……明纹。

P 点处产生暗纹的条件为

$$\delta = \frac{d}{D}x = \pm(2k+1)\frac{\lambda}{2}$$

由此得到暗纹中心的位置为

$$x = \pm(2k+1)\frac{D}{d}\cdot\frac{\lambda}{2} \quad (k = 0,1,2,\cdots) \tag{13.2b}$$

由式（13.2a）或式（13.2b）均可以推导出相邻的两明纹或暗纹中心的间距，我们称之为条纹间距，它反映干涉条纹的疏密程度。相邻明纹或相邻暗纹间距均为

$$\Delta x = x_{k+1} - x_k = \frac{D}{d}\lambda \qquad (13.3)$$

由以上讨论可见，双缝干涉条纹有以下特征：

1）当干涉装置和入射光波长一定，即 D，d，λ 一定时，Δx 也一定，表明双缝干涉条纹是明暗相间的等间距的直条纹。

2）当 D，λ 一定时，Δx 与 d 成反比。所以观察双缝干涉条纹时，双缝间距要足够小，否则因条纹过密而不能分辨。例如 $\lambda=500\text{nm}$、$D=1\text{m}$ 而要求 $\Delta x>0.5\text{mm}$ 时，必须有 $d<1\text{mm}$，这也正是要求 $D\gg d$ 的缘故。

3）因条纹中心位置 x 和条纹间距 Δx 都与 λ 成正比，所以当用白光照射时，除屏幕中央因各色光重叠仍为白光外，两侧任意级条纹则因各色光波长不同而呈现出彩色条纹，并且同一级明纹呈现内紫外红的彩色光谱。

思考：实验中如果将实验装置置于折射率为 n 的均匀介质中，那么干涉条纹的分布会是怎样？条纹间距又会是怎样的形式呢？提示：只要将光程改写为 nr，可以立即得到问题答案。

例 13.1 用白光做双缝干涉实验时，能观察到几级清晰可辨的彩色光谱？

解：用白光照射时，除中央明纹为白色光外，两侧形成内紫外红的对称彩色光谱。当 k 级红色明纹位置 $x_{k红}$ 大于 $k+1$ 级紫色明纹位置 $x_{(k+1)紫}$ 时，光谱就会发生重叠。根据式（13.2a），由 $x_{k红}=x_{(k+1)紫}$ 的临界条件可得

$$k\lambda_{红} = (k+1)\lambda_{紫}$$

将 $\lambda_{红}=760\text{nm}$，$\lambda_{紫}=400\text{nm}$ 代入，得 $k=1.1$。因 k 只能取整数，所以 $k=1$。

这一结果表明，在中央白色明纹两侧，只有第 1 级彩色光谱清晰可辨。

例 13.2 当双缝干涉装置的一条狭缝后面盖上折射率为 $n=1.58$ 的云母薄片时，观察到屏幕上干涉条纹移动了 9 个条纹间距。已知 $\lambda=550\text{nm}$，求云母片的厚度 b。

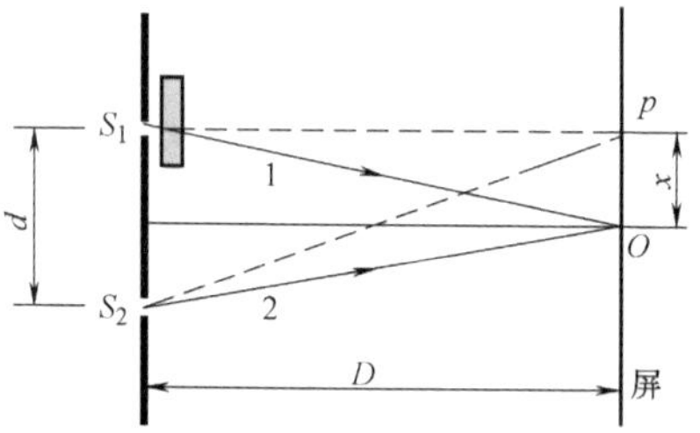

图 13.7 例 13.2 图

解：如图 13.7 所示，未盖云母片时，零级明纹在 O 点。当 S_1 缝盖上云母片后，光线 1 的光程增大。因零级明纹所对应的光程差为零，所以，这时零级明纹只有移动到 O 点上方才能使光线 1 和光线 2 的光程差为零。依题意，S_1 盖上云母片后，零级明纹由 O 点向上移动到原来第九级明纹所在的 P 点。由于 $D\gg d$，且屏幕上一般只能在 O 点两侧有限的范围内才呈现清晰可辨的干涉条纹，即 x 值较小，因此，由 S_1 发出的光可近似看成垂直通过云母片，假想也有一个与云母厚度相同的空气膜遮盖在 S_2 上，此时，光线 1 和光线 2 到达 O 点的光程差 $\delta = nb - b = b(n-1)$，从而有

$$(n-1)b = k\lambda,\ k = 9$$

由此解得

$$b = \frac{9\lambda}{n-1} = \frac{9 \times 5500 \times 10^{-10}\,\text{m}}{1.58-1} = 8.53 \times 10^{-6}\,\text{m}$$

注意：当两束光的光程差改变时，屏上的明暗分布将发生改变。在光程差改变一个真空波长的过程中，原来明纹之处由明变暗后再变明，原来暗纹之处则由暗变明后再变暗，看起来好像是干涉条纹移动了一个条纹间距。可见，随着光程差的不断改变，屏上将形成此亮彼暗、此暗彼亮的交替过程。由此可见，例 13.2 中所说的条纹移动，只是光程差改变的外在表现，是屏上各处明暗交替过程引起的视觉效应。

利用分波阵面法产生相干光的实验还有菲涅耳双镜实验和劳埃德镜实验等。其中劳埃德镜实验除了具有与杨氏干涉实验同样重要的意义之外，还给出了光由光疏介质射向光密介质时，反射光的相位发生突变的实验验证。

三、劳埃德镜实验

劳埃德镜实验是利用从一个光源直接发出的光线与它在一个平面镜上的反射光线构成相干光的，实验装置如图 13.8 所示。由光源 S 发出的光一部分直接射到屏 C 上，另一部分经平面镜 M 反射后也射到屏 C 上，反射光可看成是光源 S 的虚像 S' 发出的，S 和 S' 构成了一对相干光源。图中阴影区域表示光在空间叠加的区域，将屏放入时，在屏幕上的阴影区域可以观察到明暗相间的干涉条纹。

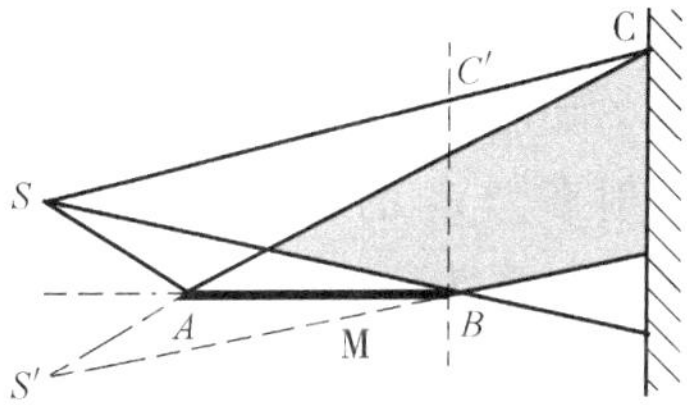

图 13.8　劳埃德镜实验

在劳埃德镜实验中，若把屏幕移到与镜面相接触，即图中 C' 的位置时，此时从 S 和 S' 发出的光到屏与镜面接触点 B 处的光程相等，在 B 处应该出现明纹，但实验中观察到的却是暗纹。这表明直接射到屏上的光与由镜面反射出来的光 B 处的相位相反，即相位差为 π。由于直接射到屏上的光不可能有相位变化，所以只能是反射光的相位突变了 π。从工程的角度看，相当于改变了半个波长。这一现象称为**半波损失**。上述实验证明了这样一个事实：

光从折射率较小的光疏介质向折射率较大的光密介质表面入射时，在反射过程中反射光的相位改变 π。这个事实在理论上也可证明。

第四节　薄膜的等倾干涉

太阳光照射在肥皂泡或水面上的油膜上时，我们常会在其表面上看到彩色的花纹，如图 13.9 所示。这些花纹就是太阳光在透明薄膜的表面上反射后相互干涉的结果，这类现象叫做薄膜干涉，薄膜是指透明介质形成的厚度很薄的一层介质膜（这里膜的厚度一般是与所涉及的光的波长同数量级的，因为较大的厚度会破坏产生彩色花纹所需的光的相干性，这是光的时间相干性所决定的，因为两个波列即使是相干光，但由于一个波列到达后，另一个波列还没有到达，不能产生相干叠加——干涉）。本节就来找出这类现象所遵从的规律和它的实际应用。

图 13.9 薄膜上的彩色花纹

一、用分振幅法获得相干光

当一束光照射到两种透明介质的分界面上时，将被分成两束，一束为反射光，另一束为折射光。由于光强与振幅平方成正比，从能量守恒的角度来看，反射光和折射光的振幅都小于入射光的振幅，这相当于振幅被“分割”了，因而这种方法被称为分振幅法。各种薄膜干涉都属于用分振幅法获得相干光。

二、薄膜干涉的光程差

如图 13.10 所示，有一厚度 e 处处相等、折射率为 n_2 的平行平面薄膜，薄膜上方介质的折射率为 n_1，下方介质的折射率为 n_3，设 $n_1<n_2$，$n_2>n_3$。有一单色面光源，其上 S 点发出的光束以入射角 i 射到薄膜上表面 A 点后，分成两束光，一束是直接由上表面反射的光束 1，另一束是以折射角 γ 折入薄膜后，由下表面 E 点反射到 B 点，再折射到原介质而成的光束 2。光束 1 和光束 2 平行，由透镜会聚于焦平面的屏幕上的 P 点。1 和 2 来自光源上同一波列，为相干光，可在屏幕上产生干涉图样。从 B 点作 $BB'\perp AB'$。由于透镜不产生附加光程差，所以由 B 和 B'到 P 点的光程相等。光束 1 和光束 2 的光程差仅为光束 1 从 A 点反射后到 B'的光程和光束 2 从 A 到 E 再到 B 的光程之差，即

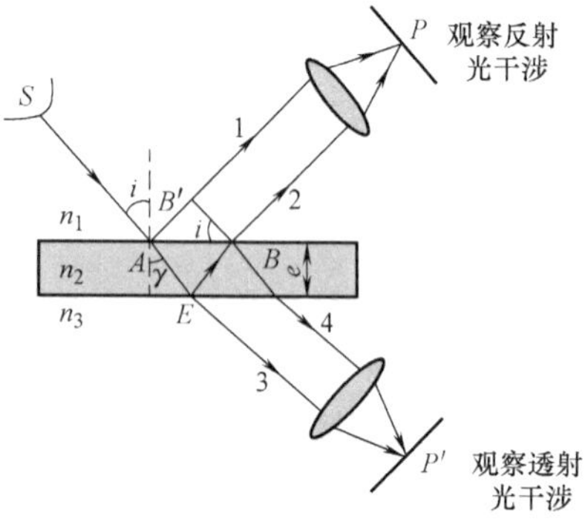

图 13.10 薄膜干涉

$$\delta = n_2(\overline{AE}+\overline{EB}) - n_1\overline{AB'} + \frac{\lambda}{2}$$

式中，$\lambda/2$ 是因为光束 1 从光疏介质射向光密介质的反射光，存在半波损失，故

光程差中要另外计入这一项，称为附加光程差。根据几何关系，有

$$AE = EB = \frac{e}{\cos\gamma}$$

$$\overline{AB'} = \overline{AB}\sin i = 2e\tan\gamma\sin i$$

可得

$$\delta = 2n_2\,\overline{AE} - n_1\,\overline{AB'} + \frac{\lambda}{2} = 2n_2\,\frac{e}{\cos\gamma} - 2n_1 e\tan\gamma\sin i + \frac{\lambda}{2}$$

$$\delta = 2n_2\,\frac{e}{\cos\gamma}(1-\sin^2\gamma) + \frac{\lambda}{2} = 2n_2 e\cos\gamma + \frac{\lambda}{2}$$

由折射定律 $n_1\sin i = n_2\sin\gamma$，上式又可写成

$$\delta = 2e\sqrt{n_2^2 - n_1^2\sin^2 i} + \frac{\lambda}{2} \tag{13.4}$$

由此得 P 点的明暗纹条件为

$$\delta = 2e\sqrt{n_2^2 - n_1^2\sin^2 i} + \frac{\lambda}{2} = \begin{cases} k\lambda & (k = 1,2,3,\cdots \quad 明) \\ (2k+1)\dfrac{\lambda}{2} & (k = 0,1,2,\cdots \quad 暗) \end{cases} \tag{13.5}$$

明纹条件中 $k \neq 0$ 是因为等式不成立。

另外，图 13.10 中光线 3，4 也是相干光，可以通过类似上面计算光程差的方法计算光程差，或直接依据能量守恒定律得到光程差。结果表明，透射光的光程差与反射光的光程差总是相差 $\lambda/2$。有兴趣的读者可以自行证明。

说明：在式（13.4）中，$\lambda/2$ 这一项是在一个反射点有半波损失时才引入的，没有半波损失时不计入此项。如果两束相干光反射时都有半波损失，那么在计算光程差 δ 时，也不会出现 $\lambda/2$ 项。据此，可以得出如下规律：

1）$n_1<n_2<n_3$ 或 $n_1>n_2>n_3$，不计半波损失。在这两种情况下，两束光都在光密介质界面上反射，或者都在光疏介质界面上反射，反射条件相同，显然不需要计入半波损失。

2）$n_1<n_2>n_3$ 或 $n_1>n_2<n_3$，计入半波损失。在这两种情况下，对于前者，光先在光密介质界面反射，后在光疏介质界面反射；对于后者，光先在光疏介质界面反射，后在光密介质界面反射，反射条件不同，一个反射点上有半波损失时，另一个反射点上一定没有半波损失，因此，光程差 δ 中必然出现 $\lambda/2$ 这一项。

3）在计半波损失时，加和减是一样的，只是 k 的取值不同，并不影响干涉结果，例如在式（13.5）中，如果 $\delta = 2e\sqrt{n_2^2 - n_1^2\sin^2 i} - \lambda/2$，则明暗纹条件中的 k 都可以从 0 取值。

一般的薄膜干涉问题比较复杂。由式（13.4）可见，当薄膜的折射率和周围介质确定后，对某一波长的光来说，两相干光的光程差取决于薄膜的厚度 e 和入射角 i，因此，薄膜干涉有两种简单的特例。一种是薄膜厚度均匀，干涉条纹仅

由入射角 i 确定，在干涉结果中，同一入射角 i 对应同一级干涉条纹，这种干涉称为**等倾干涉**；另一种是以平行光入射（入射角均相同），干涉条纹级次仅由膜厚 e 确定，这种干涉称为**等厚干涉**。

特殊地，当入射角 $i=0$，即垂直入射时，式（13.5）可改写为

$$\delta = 2n_2 e + \frac{\lambda}{2} = \begin{cases} k\lambda & (k=1,2,3,\cdots \quad 明) \\ (2k+1)\dfrac{\lambda}{2} & (k=0,1,2,\cdots \quad 暗) \end{cases}$$

顺便指出，在这种等厚干涉中，由于上述明暗纹条件中不涉及 n_1，所以一般在处理实际问题时，可将 n_2 直接以 n 代替，以后不再重复说明。

问题：在日常生活中洗衣物时，用心观察就会发现，有的肥皂泡没有颜色，有的肥皂泡颜色很丰富，而且在不同角度观察肥皂泡的同一处，颜色不尽相同；持续以相同角度观察肥皂泡同一处，颜色也在不断变化。你是如何看待并解释这些现象的？

例 13.3 如图 13.11 所示，在折射率为 1.50 的平板玻璃板表面有一层厚度为 300nm、折射率为 1.22 的均匀透明油膜。用白光垂直射向油膜。问：(1) 哪些波长的可见光在反射光中产生相长干涉（干涉加强）？(2) 哪些波长的可见光在透射光中产生相长干涉？(3) 若要使反射光中 $\lambda=550\text{nm}$ 的光产生相消干涉（干涉减弱），油膜的最小厚度为多少？

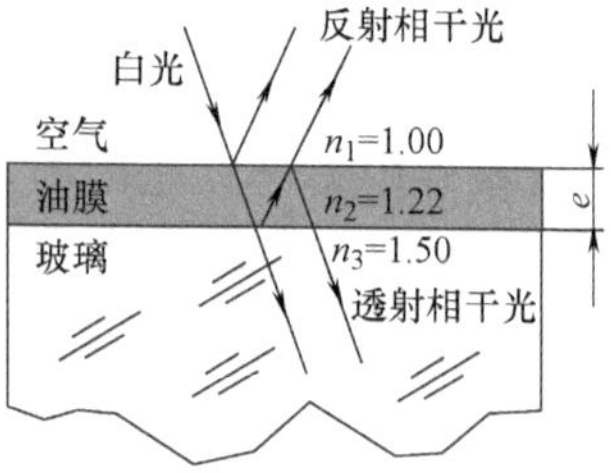

图 13.11 例 13.3 图

解：(1) 因为 $n_1<n_2<n_3$，两束光的反射条件相同，所以反射光的光程差中不计半波损失。垂直入射时 $i=0$，可得反射光相长干涉的条件为

$$\delta_{反} = 2n_2 e = k\lambda$$

若 $k=0$，则对应油膜厚度 $e=0$，没有意义，所以 $k=1, 2, \cdots$。由上式得

$$\lambda = \frac{2n_2 e}{k}$$

当 $k=1$ 时，$\lambda_1 = 2\times1.22\times300\text{nm} = 732\text{nm}$，是红光；$k=2$ 时，$\lambda_2 = 1.22\times300\text{nm} = 366\text{nm}$，不是可见光。故反射光中红光产生相长干涉。

(2) 因透射的两束光的反射条件不同，故透射光的光程差中应计入半波损失，透射光相长干涉的条件为

$$\delta_{透} = 2n_2 e + \frac{\lambda}{2} = k\lambda$$

可得

$$\lambda = \frac{4n_2 e}{2k-1} \quad (k=1,2,3,\cdots)$$

当 $k=1$ 时，$\lambda_1=4n_2e=4\times1.22\times300\text{nm}=1464\text{nm}$，不是可见光；当 $k=2$ 时，$\lambda_2=\lambda_1/3=488\text{nm}$，是青色光；当 $k=3$ 时，$\lambda_3=\lambda_1/5=293\text{nm}$，不是可见光。故透射光中青色光产生相长干涉。

（3）由反射光相消干涉条件

$$\delta_{反}=2n_2e=(2k+1)\frac{\lambda}{2}$$

得

$$e=\frac{(2k+1)\lambda}{4n_2}\quad(k=0,1,2,\cdots)$$

显见当 $k=0$ 时所对应的厚度最小，故

$$e_{\min}=\frac{\lambda}{4n_2}=\frac{550\text{nm}}{4\times1.22}=113\text{nm}$$

Morpho 蝴蝶翅膀的彩虹色：薄膜干涉所呈现的彩色被称为彩虹。这是因为当改变观察的方向时，翅膀上同一处的彩色也随之发生变化。Morpho 蝴蝶翅膀的上表面的彩虹就是由于光的薄膜干涉产生的，这些光是由蝴蝶翅膀上像角质的透明材料构成的许多细小阶梯反射出来的，这些细小的阶梯排列得像垂直于翅面伸展的树样结构的宽而平展的枝。

假设在白光垂直照射翅膀时，垂直向下观察这些细小的阶梯构成的平面，那么这些阶梯反射出来的光，在可见光谱中的蓝绿光中形成干涉极大，而在光谱另一端的红色和黄色区域中的光则较弱，这样蝴蝶翅膀上表面就呈现蓝绿色。

如果从其他的方向观看翅膀上反射的光，这些光斜向透过这些小阶梯。因此产生干涉极大的光的波长将与垂直反射产生干涉极大的光的波长有所不同，于是，当翅膀在你的视场中摆动时，你观察它的角度是变化的，翅膀上最亮的彩色也将有些变化，这就产生了翅膀的彩虹。

三、增透膜和增反膜

在现代光学仪器中，为减少入射光能量在透镜等光学元件的玻璃表面上反射引起的损失，常在镜面上镀一层厚度均匀的透明薄膜（如氟化镁 MgF_2），其折射率介于空气和玻璃之间。膜的厚度适当时，可使某种波长的反射光因干涉而减弱从而使更多的光透过元件。这种使透射光增强的薄膜称为增透膜。

在照相机、电视摄像机、潜望镜等光学仪器的镜头表面镀上 MgF_2 薄膜后，能使对人眼视觉最灵敏的黄绿光反射减弱而透射光增强。这样的镜头在白光照射下，常给人以蓝紫色的视觉，这是因为其反射光中缺少了黄绿光的缘故。

同理，还可用类似的方法制成增反膜，即在玻璃表面交替镀上高折射率和低折射率的膜层，如图 13.12 所示。由于薄膜中 $n_0<n_1>n_2<n_3>n_4$ 的关系，入射

光在三个膜层中的任一膜层的两界面上反射时，因反射条件不同都存在 $\lambda/2$ 的附加光程差。反射光由于干涉而加强。由能量守恒定律可知，反射光增强了，透射光就会减弱，从而达到在透射镜表面镀膜而减少其透射率，以增加反射光强度的目的。可以想象，如果将这种增反膜用在驾驶员的护目镜上，对夜间安全行车会大有益处。

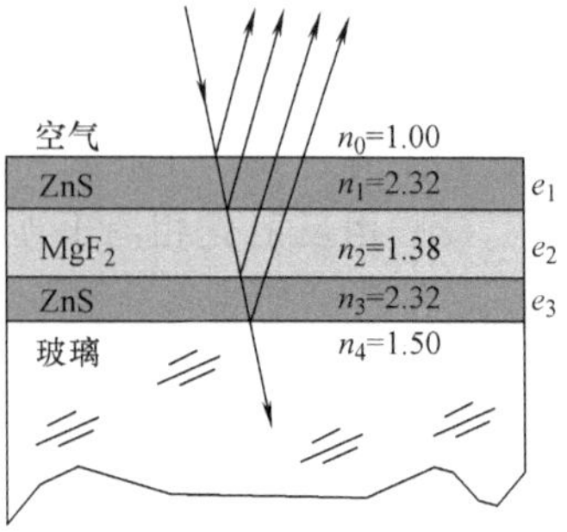

图 13.12　增反膜

玻璃表面不镀膜时，反射率小于 5%。镀上如图 13.12 所示的三层膜时，反射率可达 70%。有些光学器件的镀膜多达 15 层，反射率可高达 99%，入射光几乎全部被反射。

第五节　薄膜的等厚干涉

上节我们讨论了薄膜厚度均匀时的等倾干涉现象，本节讨论等厚干涉，即对某一波长 λ 来说，两相干光的光程差 δ 只由薄膜的厚度决定，因此，膜厚相同处的反射相干光将有相同的光程差，产生同一级干涉条纹。或者说，同一级干涉条纹是由薄膜上厚度相同处薄膜所产生的反射光形成的，这样的条纹称为等厚干涉条纹。

薄膜的等厚干涉是测量和检验精密机械零件和光学元件的重要方法，在现代科学技术中有广泛的应用。

一、劈尖干涉

劈尖是指薄膜两面互不平行，且成很小角度的劈形膜，如图 13.13 所示。图 13.13a 所示的是干涉条纹在劈尖的下方 P 处，而图 13.13b 则说明干涉条纹在劈尖的上方 P 处。当劈形膜很薄时，只要光在膜面的入射角不大，则可认为条纹位于膜的表面。

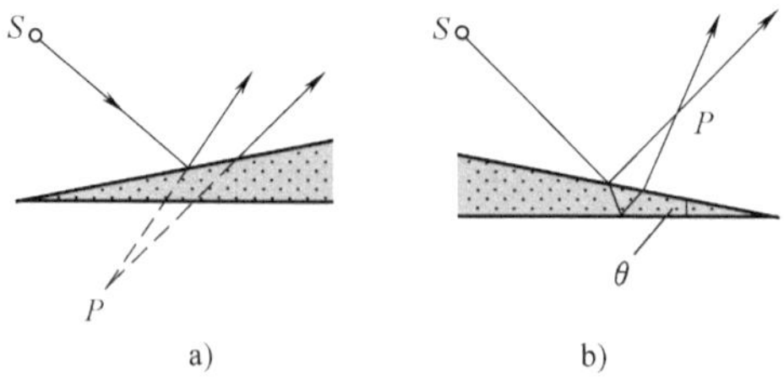

图 13.13　劈尖

用单色平行光垂直照射折射率为 n 的劈尖时，由式（13.5），代入 $i=0$，可得因干涉而产生的明暗条纹条件为

$$\delta = 2ne + \frac{\lambda}{2} = \begin{cases} k\lambda, & (k=1,2\cdots \quad 明) \\ (2k+1)\dfrac{\lambda}{2}, & (k=0,1,2\cdots \quad 暗) \end{cases} \tag{13.6}$$

在计算光程差时一定要注意分析膜与相邻介质折射率之间的关系，以便确认在光程差中是否计入半波损失。

由于等厚干涉的条纹形状取决于薄膜上厚度相同处的轨迹，所以劈尖的等厚条纹是**一系列明暗相间的与棱边平行的等间距直条纹**，如图 13.14 所示。

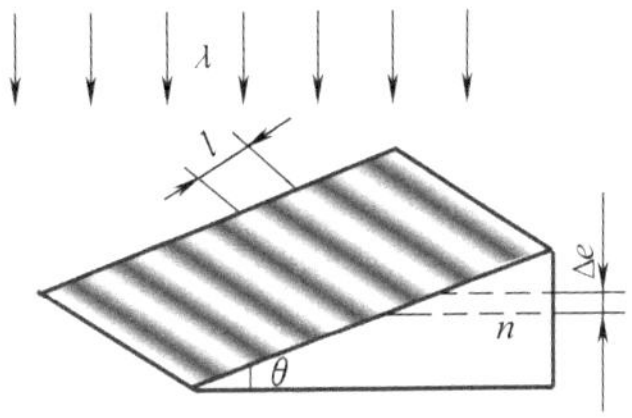

图 13.14 劈尖的等厚条纹

设相邻明纹或相邻暗纹之间劈形膜的厚度差为 Δe，则由式（13.6），可得

$$\Delta e = e_{k+1} - e_k = \frac{\lambda}{2n} \tag{13.7}$$

在没有半波损失，即 $\delta = 2ne$ 时，上式也成立。

设明纹或暗纹间距为 l，则有

$$\Delta e = l\sin\theta \approx l\theta$$

由此得

$$l = \frac{\lambda}{2n\theta} \tag{13.8}$$

显然，劈尖角 θ 越大则条文越密，条纹过密则不能分辨，通常 $\theta<1°$。

图 13.15a 所示为用两块平板玻璃以很小夹角使其间的空气形成劈尖。因空气的折射率 $n=1$，故有 $\Delta e=\lambda/2$。这表明，相邻明纹或相邻暗纹所对应的空气层厚度差等于半个波长，空气劈尖的条纹间距为 $l=\lambda/2\theta$。

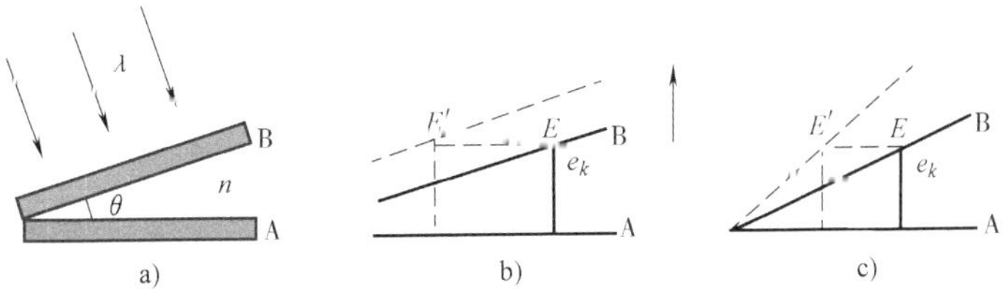

图 13.15 空气劈尖

空气劈尖的棱边即两块玻璃板相交处，$e=0$，$\delta=\lambda/2$，满足暗纹条件，所以棱边呈现暗纹。当将玻璃板 B 向上平移时，如图 13.15b 所示，空气层厚度增大，原来处在厚度 e_k 处的条纹 E 向左移动到了 E' 位置。所以，当空气层厚度增加时，等厚干涉条纹向棱边方向移动。反之，当厚度减小时，条纹将向远离棱边方向移动。当玻璃板 B 绕棱边向上转动时，如图 13.15c 所示，条纹在向棱边移动的同时，由式（13.8）可知，条纹间距也在缩小。

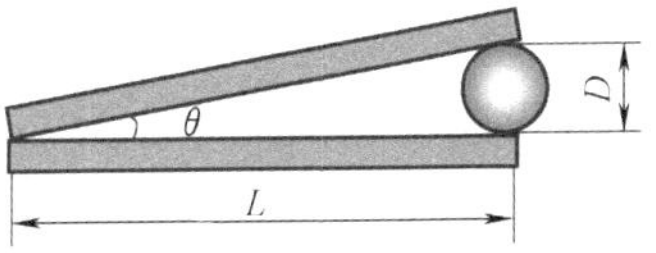

图 13.16 例 13.4 图

例 13.4 为了测量一根金属细丝的直径 D，按图 13.16 的方法形成空气劈尖。用单色光照射形成

等厚干涉条纹，用读数显微镜测出干涉条纹的间距就可以算出 D。已知 $\lambda=589.3\text{nm}$，测量的结果是：金属丝距劈尖顶点 $L=28.880\text{mm}$，第 1 条明纹到第 31 条明纹的距离为 4.295mm，求 D。

解：第 1 条明纹到第 31 条明纹之间距离等于 30 个条纹间距。由题意得相邻明纹的间距为

$$l=\frac{4.295\text{mm}}{30}=0.14317\text{mm}$$

因劈角 θ 很小，故可取 $\sin\theta\approx D/L$。由式（13.8）有

$$l\sin\theta=l\frac{D}{L}=\frac{\lambda}{2}$$

故金属丝的直径为

$$D=\frac{L}{l}\cdot\frac{\lambda}{2}=\frac{28.880}{0.14317}\times\frac{1}{2}\times589.3\times10^{-6}\text{mm}=0.05944\text{mm}$$

思考：空气中有一厚度均匀的肥皂膜。在它经历了由厚变薄的过程中颜色在不断变化，最后破裂的瞬间，你看到的却是黑色。这是为什么？请说明。

二、牛顿环

将一曲率半径很大的平凸透镜的曲面与一平板玻璃接触，在其中间会形成一层平凹球面形的薄膜，如图 13.17a 所示。显然，这种薄膜厚度相同处的轨迹是以接触点为中心的同心圆。因此，若以单色光平行光垂直透射于透镜上，则会在反射光中观察到一系列以接触点 O 为中心的明暗相间的同心圆环。这种等厚干涉称为牛顿环，如图 13.17b 所示。

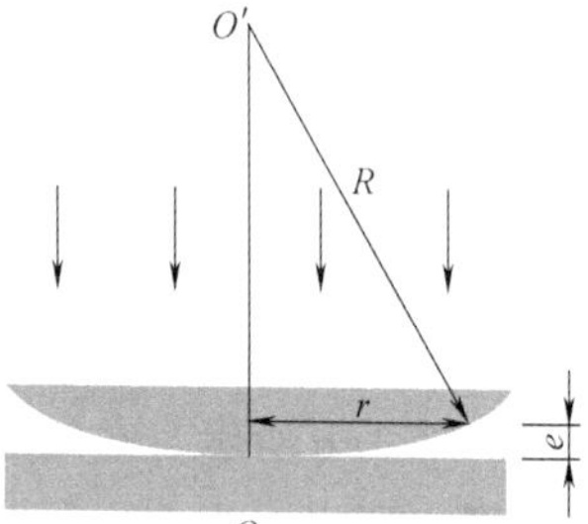

a)

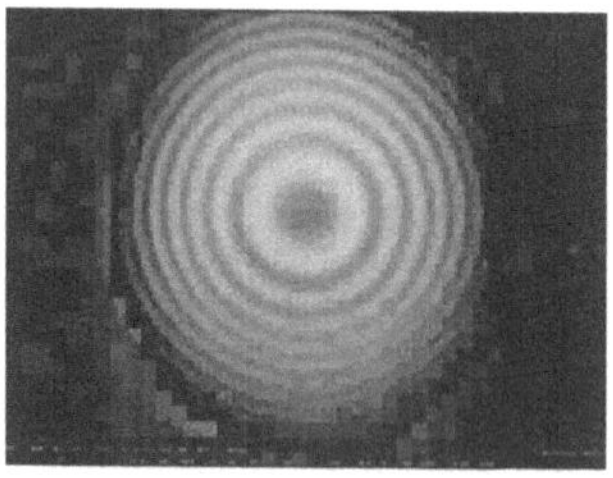
b)

图 13.17　牛顿环

设透镜球面的球心为 O'，半径为 R，距 O 为 r 处薄膜厚度为 e。由几何关系得

$$(R-e)^2+r^2=R^2$$

因为 $R\gg e$，所以上式展开后略去高阶小量 e^2，可得 $e=r^2/2R$，设薄膜折射率为

n，则在有半波损失时光程差 δ 与 r 的关系为

$$\delta = 2ne + \frac{\lambda}{2} = \frac{nr^2}{R} + \frac{\lambda}{2}$$

将相长干涉条件 $\delta = k\lambda$ 及相消干涉条件 $\delta = (2k+1)\lambda/2$ 分别代入上式，可得牛顿环半径为

$$r = \begin{cases} \sqrt{(k-\dfrac{1}{2})\dfrac{R\lambda}{n}} & (k = 1,2,3,\cdots \quad 明) \\ \sqrt{k\dfrac{R\lambda}{n}} & (k = 0,1,2,3,\cdots \quad 暗) \end{cases} \tag{13.9}$$

由此可见，暗环的半径 r 与 k 的平方根成正比，随着 k 的增加，相邻明环或暗环的半径之差越来越小，所以牛顿环是一系列内疏外密的同心圆环。

如果连续增大平凸透镜与平板玻璃间的距离，则能观察到圆环条纹向内收缩，不断向中心湮灭，反之，则观察到圆环条纹一个个从中心冒出，并向外扩张。

思考： 在实验室中，常用牛顿环测定光波波长或平凸透镜的曲率半径。从式(13.9)的推导过程看，由于透镜与玻璃板接触，$k=0$ 对应的牛顿环中心位置，即牛顿环中心是暗斑。如果你在读数显微镜下看到牛顿环中心是明斑，在测牛顿环半径时，式(13.9)还适用吗？应该如何处理？

第六节 迈克尔逊干涉仪

干涉仪是根据光的干涉原理制成的精密仪器。现有的各种干涉仪中，大多采用双光束干涉。下面介绍迈克尔逊（A. A. Michelson）在 1881 年设计和制作的迈克尔逊干涉仪。

迈克尔逊干涉仪是用分振幅法产生双光束干涉的一种干涉仪器，其结构如图 13.18 所示。图中 S 为光源，N 为毛玻璃片，M_1 和 M_2 是两块精密磨光的平面反射镜，分别安装在相互垂直的两臂上。其中 M_1 固定，M_2 通过精密丝杠的带动，可以沿臂轴方向移动。在两臂相交处放一与两臂成 45°角的平行平面玻璃板 G_1。在 G_1 的后表面镀有一层半反射的薄银膜，银膜的作用是将入射光束分成振幅近似相等的反射光束 1 和透射光束 2。因此，G_1 称为分光板。

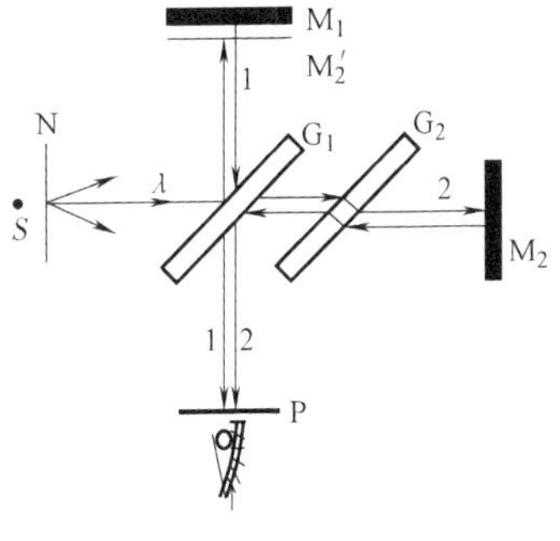

图 13.18 迈克尔逊干涉仪

由扩展面光源 S 发出的光，射向为分光板 G_1，经分光后形成两部分。反射

光 1 垂直地射到平面反射镜 M_1 后，经 M_1 反射透过 G_1 射到 P 处。透射光 2 通过另一块与 G_1 完全相同且平行于 G_1 放置的玻璃板 G_2（无银膜）射向 M_2，经 M_2 反射后又经过 G_2 到达 G_1，再经半反射后到达 P 处。在 P 处可以观察两相干光束 1 和光束 2 的干涉图样。

由光路图可以看出，因玻璃板 G_2 的插入，使得光束 1 和光束 2 通过玻璃板的次数相同，都为 3 次。这样一来，两束光的光程差就和玻璃板中的光程无关。因此，称玻璃板 G_2 为补偿板。

由于分光板第二平面的半反射膜实质上是反射镜，它使 M_2 在 M_1 附近形成一个虚像 M_2'。因而，光在迈克尔逊干涉仪中自 M_1 和 M_2 的反射，相当于自 M_1 和 M_2' 的反射。于是，迈克尔逊干涉仪中所产生的干涉图样就如同由 M_1 和 M_2' 之间的空气薄膜产生的一样。当 M_1 和 M_2 严格垂直时，M_1 和 M_2' 之间形成平行平面空气膜，这时可以观察到等倾干涉条纹；当 M_1 和 M_2 不严格垂直时，M_1 和 M_2' 之间形成空气劈尖，则可观察到等厚干涉条纹。

因干涉条纹的位置取决于光程差，所以当 M_2 移动时，在 P 处能观察到干涉条纹位置的变化。当 M_1 和 M'_2 严格平行时，这种位置变化表现为等倾干涉的圆环形条纹不断地从中心冒出或向中心收缩。当 M_1 和 M_2' 不严格平行时，则表现为等厚干涉条纹相继移过视场中的某一标记位置。由于光在空气膜中经历往返过程，因此，当 M_2 平移 $\lambda/2$ 距离时，相应的光程差就改变一个波长 λ，条纹将移过一个条纹间距。由此得到动镜 M_2 平移的距离与条纹移动数 N 的关系为 $d = N\lambda/2$。

迈克尔逊干涉仪的最大优点是两相干光束在空间是完全分开的，互不扰乱，因此，可用移动反射镜或在单独的某一光路中加入其他光学元件的方法改变两光束的光程差，这就使干涉仪具有广泛的应用。如用于测长度、测折射率和检查光学元件表面的平整度等，测量的精度很高。迈克尔逊干涉仪及其变形在近代科技中所展示的功能也是多种多样的。例如，光调制的实现、光拍频的实现以及激光波长的测量等。

光源的相干性：前面讨论了产生干涉的必要条件和获得相干光的基本方法，然而，这并不意味着凡是有相干光传播的空间都一定能产生干涉现象。因为光干涉现象能否发生，还与光源发光过程的时间特性以及光源上不同部分发光的空间特性有关，这两者可分别归结为光源的时间相干性和空间相干性。

一、时间相干性

时间相干性问题来源于光源中微观发光过程在时间上的非连续性，也就是说，从光源中发出的各个独立波列的长度是有限的。图 13.19a 所示为从光源 S 发出的一列有限长的光波，经双缝 S_1、S_2 分割波阵面后得到两列有限长相干波列。如果这两列波沿 S_1P 和 S_2P 两波线传播，由于光程差较小，它们就会在 P

点相遇而发生干涉。

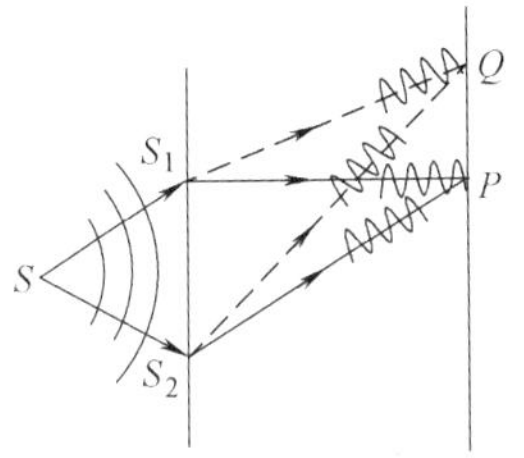

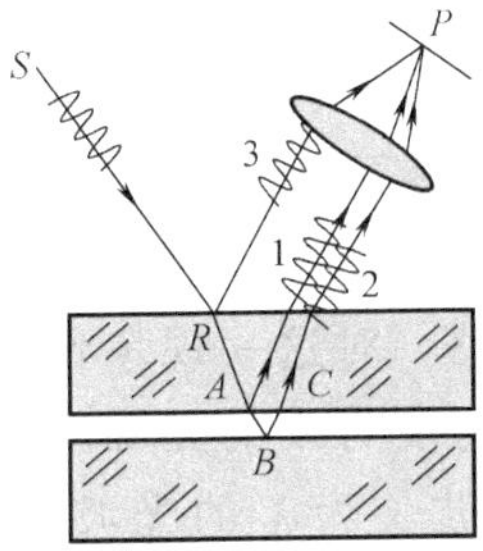

图 13.19 时间相干性

如果沿 S_1Q 和 S_2Q 波线传播，由于光程差较大，以致其中一个波列已完全通过 Q 点时，另一个波列尚未到达，它们因为没有机会相遇而无法发生干涉。图 13.19b 所示为分振幅干涉中的情形，波列 1、2 和 3 都是由同一入射波列 S 经不同界面分振幅而获得的相干波列。当上面一块玻璃板较厚而上下两玻璃板间的空气层很薄时，波列 1 和 2 的光程差较小，能在 P 点相遇而发生干涉。但它们到达 P 点，波列 3 则早已通过 P 点，因而没有机会与 1、2 波列相遇，从而无法参与干涉。这就是用普通光源观察薄膜干涉时，要求膜很薄的原因所在。

为了便于分析，我们将光源中原子每次发光的持续时间称为相干时间，用 τ_0 表示，则每一波列在真空中的长度为 $L_0=c\tau_0$，c 为真空中光速，L_0 称为光源的相干长度，它等于真空中的波列长度。由图 13.19a，b 所示的两种情况可知，若两相干波列传播路径的光程差为 δ，则只有在 $L_0>\delta$ 时两波列才有机会相遇而发生干涉。所以 L_0 越长，发生干涉所允许的光程差就越大，而 L_0 的长短取决于光源的相干时间 τ_0。我们将光源的这种相干性称为时间相干性。普通光源的相干长度只有毫米到厘米数量级。激光的相干长度较长，但因激光器的类型及设计标准不同而有较大差异，从米数量级到百米或更高的数量级，所以激光的时间相干性好。

另外，从光谱分析的理论和实验发现，光源的时间相干性与光源的光谱结构特点有密切关系。相干长度较长的光源，其频率成分较单纯，即以某一中心频率的光强为主，而高于和低于这一中心主频率的其他光波的光强下降得很快，亦即所谓光源的单色性好。由此可知，单色性好的光源，其时间相干性也好。

二、空间相干性

在使用普通光源做杨氏双缝干涉实验时，总是先用一条狭缝对光源进行限制，才能获得清晰的干涉条纹。如果将狭缝的宽度逐渐增大，将会发现干涉条纹逐渐变得模糊，当缝宽达到一定程度时，干涉条纹完全消失。这就是所谓的空间相干性问题。

如图 13.20 所示，S 是一宽光源，假定当入射屏 P_1 上的缝宽扩大到 b 时，观察屏上的干涉条纹恰好完全消失。这时，我们可以针对图中光路，对这一现象作如下解释：在宽度为 b 的光源上各点独立发出波长为 λ 的光波，经双缝 S_1、S_2 分波阵面后，各自在观察屏上产生自己的一套干涉条纹，其在 x 轴上的条纹间距 $\Delta x = D\lambda/d$ 。若 b 上任取一对相距为 $b/2$ 的点光源，例如图中 S' 和 S''，它们在 x 轴上产生的零级明纹恰好相互错开半个条纹间距，即 $O'O'' = \Delta x/2$。此时一组干涉条纹的明纹与另一组干涉条纹的暗纹相互重叠（如图中的虚线曲线与实线曲线所示），结果就观察不到这两组干涉条纹。由于在 b 上连续分布的各对间距为 $b/2$ 的点光源都发生上述情况，所以在屏上只能看到均匀的光强分布。由图中几何关系并考虑到通常的实验条件是 $b \ll R$ 和 $\Delta x \ll D$，可以得出

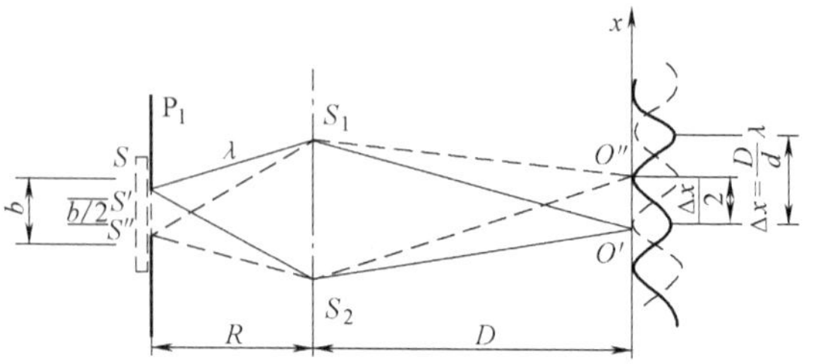

图 13.20　空间相干性

$$\frac{b/2}{R} = \frac{\Delta x/2}{D}$$

将 $\Delta x = D\lambda/d$ 代入上式，得到干涉条纹恰好消失时，光源的最大宽度为

$$b = \frac{R}{d}\lambda \tag{13.10}$$

当缝宽等于或大于 b 时，就不能观察到干涉条纹。当 R，d，λ 给定时，可由上式算出 b 值，从而对光源宽度作出限制。反之，对于某一宽度为 b 的光源（它发出波长为 λ 的光波），要想在杨氏双缝干涉实验中观察到干涉条纹，则应对比值 R/d 作出限制。

这又是什么原因造成的？

乔治·修拉（Georges Seurat）的一幅著名的油画（图 13.21）《大亚特岛上的星期天中午》，他运用的不是通常意义上的许多笔画，而是无数的小彩色点。这种画法现在称为点画法。当站在离画面足够近时，可以看到这些点，但当移向远处时，这些小彩点最后会混合起来而不能分辨。还有，当远离时看到的画面上任何给定的点的颜色会改变——这就是为什么 Seurat 用点来作画的原因。

图 13.21　油画

那么是什么原因使得画面的颜色发生了这种变化呢？

第七节 光的衍射

衍射和干涉一样，是波动过程的基本特征，研究衍射的思想基础是惠更斯原理，数学基础是菲涅耳原理（菲涅耳公式）。

一、光的衍射现象

在日常生活中，人们对水波和声波的衍射现象是比较熟悉的。在房间里，人们即使不能直接看见窗外的发声物体，却能听到从窗外传来的喧闹声。在一堵高墙两侧的人，也能听到对方说的话。这些现象表明，声波能绕过障碍物传播。粗略地说，当波遇到障碍物时，它将偏离直线传播。这种现象叫做波的衍射。

一束平行光通过一个宽度可调的狭缝时，若缝的宽度比光的波长大很多，则屏上会呈现出与缝等宽且边界清晰的光斑，两侧是几何阴影，如图 13.22a 所示，这是光的直线传播性质的表现。若将缝的宽度不断缩小，当缝宽达到很窄时，光将进入几何阴影区域，这时光斑亮度降低而范围扩大，并且在中央亮斑两侧的阴影区域出现明暗相间的条纹，如图 13.22b 所示。这种光波遇到障碍物时偏离直线传播，进入几何阴影区域，使光强重新分布的现象称为光的衍射。

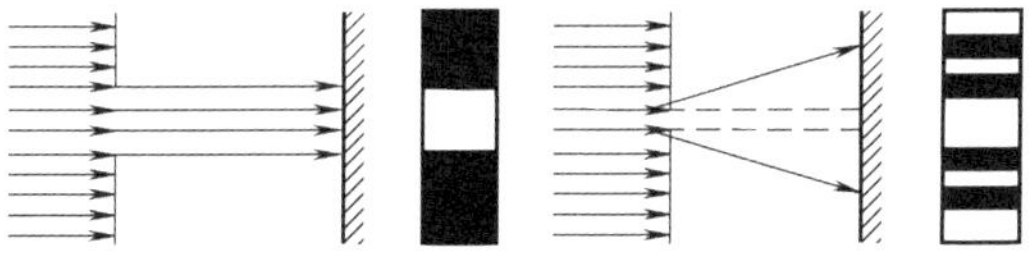

图 13.22 光的衍射

光遇到小孔、小圆屏等其他障碍物时也能发生衍射。衍射现象是否显著，取决于障碍物的线度 ρ，还与观察的距离和方式，光源的强度等多方面的因素有关。ρ 的数量级大体可作如下划分：

线度 $\rho>10^3\lambda$，衍射效应不明显，近乎直线传播；当线度在 $10^3\lambda \sim 10\lambda$ 时，衍射现象明显，光分布突破上述阴影区，但亮度逐渐降低，呈明暗相间分布，不再是明斑；线度 $\rho<10\lambda$，衍射向散射过渡，衍射范围弥漫整个视场。

正因为这样，在日常生活中，光的衍射现象不易为人们所察觉。与此相反，光的直线传播行为给人们的印象却很深。这是由于光的波长很短，以及普通光源是不相干的面光源。以上两方面的原因使得在通常的条件下光的衍射现象很不显著。

二、惠更斯-菲涅耳原理

我们知道，惠更斯原理可以定性地从某时刻的已知波阵面求出其后另一时刻的波阵面。但因惠更斯原理的子波假设不涉及子波的强度和相位，所以不能解释衍射形成的光强不均匀的分布现象。菲涅耳（A. J. Fresnel）在惠更斯的子波假设基础上，提出了“子波相干叠加”的思想，从而建立了反映光的衍射规律的惠更斯-菲涅耳原理。该原理指出：**波阵面上任一点均可视为能发光的衍射子波的波源，波阵面前方空间某点处的光振动取决于到达该点的所有子波的相干叠加。**

三、衍射的分类

根据光源、障碍物、观察屏三者的相对位置，可将衍射分为两类。当光源和屏，或两者之一与障碍物之间的距离为有限远时，所产生的衍射称为**菲涅耳衍射**，如图 13.23a 所示。当光源和屏与障碍物之间的距离均为无限远时，所产生的衍射称为**夫琅禾费衍射**，如图 13.23b 所示。这时，光到达障碍物和到达观察屏的都是平行光。显然可用透镜实现夫琅禾费衍射，如图 13.23c 所示，这种衍射称作实验室中的夫琅禾费衍射。本章只讨论夫琅禾费衍射，因为这种衍射计算比较简单，且有一定的实用价值。

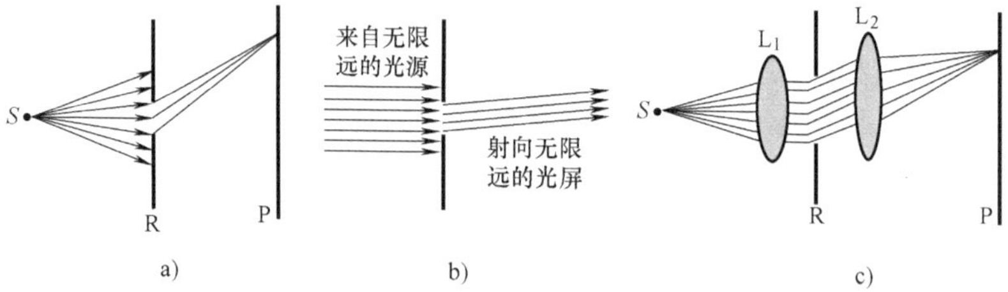

图 13.23　衍射的分类

第八节　单缝衍射

一、单缝的夫琅禾费衍射

宽度远小于长度的狭缝，叫做单缝。夫琅禾费单缝衍射实验装置如图 13.24 所示。当单色平行光垂直入射到单缝上由缝平面上各面元发出的向不同方向传播的平行光束被透镜 L_2 会聚到焦平面上，在位于焦平面的观察屏 H 上形成一组平行于狭缝的明暗相间的衍射条纹，中央明纹最宽最亮，其他明纹的光强随级次增大而迅速减小。

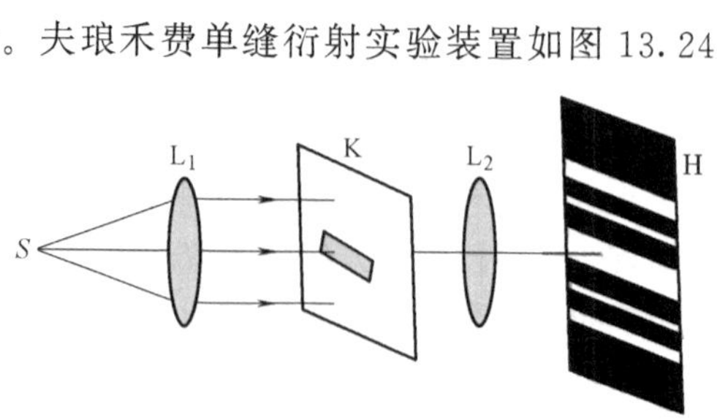

图 13.24　夫琅禾费单缝衍射

二、菲涅耳半波带法

（一）菲涅耳半波带

根据惠更斯-菲涅耳原理，单缝面上每一个面元都是子波源，它们各自向不同方向发出子波，形成衍射光线。衍射光线与缝面法线的夹角，称为衍射角，记为θ。经透镜会聚后，凡是有相同衍射角的光线将会聚于屏上的同一点。如图13.25所示，其中平行光束1的衍射角$\theta=0$，经透镜后聚焦于屏幕上的O点。由于这组平行光在单缝处的波振面相位相同，因此它们到达O点的光程差相等，因而互相加强，在O点形成中央明纹。

衍射角为θ的平行光束2经透镜后会聚汇聚于P点。作$AC\perp BC$，则由AC面上各点到达P点的光程相等，因而这组平行光在P点的光程仅取决于它们从缝面各点到达AC面时的光程差。从单缝两端A和B发出的两束光的光程最大。设缝宽为a，则最大光程$BC=a\sin\theta$。

这显然是沿θ角方向各平行光线间的最大光程差。P点的明暗程度就决定于BC的值。下面我们应用菲涅耳提出的半波带法，来讨论单缝衍射条纹。

我们可以作彼此相距为$\lambda/2$的平行于AC的平面，把BC分成N等份，同时这些平面也把单缝上波面AB切割成个N波带。这样的波带称为菲涅耳半波带。图13.26中所示的单缝正好分成3个半波带。由于观察点P到单缝中心的距离远大于缝的宽度，所以从各个半波带发出的子波在P点的强度可近似认为相等。

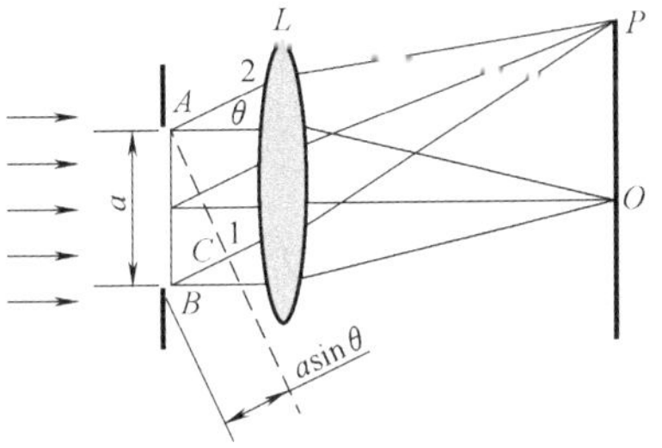

图13.25 衍射角相同的光线会聚于同一点

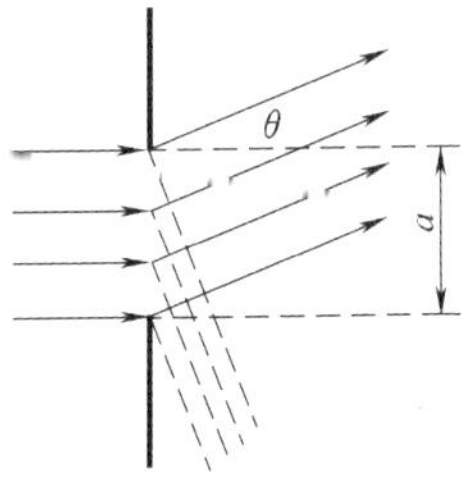

图13.26 单缝分成3个半波带

两个相邻半波带的任意两个对应点所发出的衍射光到达P点时，光程差都是$\lambda/2$，它们将相互干涉抵消。因此，**两个相邻半波带所发出的衍射光在P点都将干涉相消**，这是半波带的基本特点。

因此，对于某确定的衍射角θ，若BC恰好等于半波长的偶数倍，即单缝恰好能分成偶数个半波带，则在屏幕上对应点出现暗条纹。若BC恰好等于半波长的奇数倍，即单缝恰好可以分成奇数个波带时，结果是除了俩俩相邻波带发出的光相抵消外，总要剩下一个波带发出的光线在会聚点没被抵消，因此在该点处出现明条纹。衍射角 θ 越大，缝被分成的半波带越多，未被抵消的波带面积占总面积越小，所以这波带上发出的光在屏幕上产生的明条纹的光强也越小。若对应于某个衍射角 θ，BC 不能分成整数个半波带，则屏幕上的对应点将介于明暗之间。

（二）明暗纹条件

上述讨论结果，可用数学式表示如下：

$$a\sin\theta = \pm 2k\frac{\lambda}{2} \qquad (k=1,2,\cdots \quad \text{暗纹}) \tag{13.11a}$$

$$a\sin\theta = \pm (2k+1)\frac{\lambda}{2} \qquad (k=1,2,\cdots \quad \text{明纹}) \tag{13.11b}$$

式中 k 称为衍射级次（$k\neq 0$），$2k$ 和 $2k+1$ 是单缝上可分出的半波带数目，对应于 $k=1,2,\cdots$，分别叫第一级明、暗条纹，第二级明、暗条纹，……式中正负号表示各级明暗条纹对称分布在中央明条纹两侧。

（三）衍射图样的特点

按照上述讨论可知，单缝衍射条纹是这样分布的：在中央明纹的两侧，对称分布着第 1 级、第 2 级、……暗条纹，两暗条纹中间为明条纹，明条纹的亮度随级次 k 的增大而迅速减小。

由式（13.11a），取 $k=1$，可得中央明纹的半角宽度为

$$\theta_0 \approx \sin\theta_0 = \frac{\lambda}{a} \tag{13.12}$$

设透镜的焦距为 f，因透镜靠近单缝，所以中央明纹的线宽度为

$$\Delta x_0 = 2f\tan\theta_0 \approx 2f\frac{\lambda}{a} \tag{13.13}$$

同理，其他明纹宽（相邻暗纹中心间距）为

$$\Delta x = \theta_{k+1}f - \theta_k f = \left[\frac{(k+1)\lambda}{a} - \frac{k\lambda}{a}\right]f = \frac{\lambda}{a}f$$

可见，除中央明纹外，**所有其他明纹均有同样的宽度，而中央明纹的宽度为其他明纹宽度的两倍。**

从式中可以看出，当单缝宽度 a 越小时，条纹分布越疏，光的衍射作用明显。当 a 变大时，条纹变密；当单缝很宽（$a \gg \lambda$）时，各级衍射条纹都密集于中央明条纹附近而分辨不清，只能观察到一条亮纹，它就是单缝的像。这时，光可以看做是直线传播的。

当缝宽 a 一定时，入射光的波长 λ 越大，衍射角也越大。因此，若以白光照射，因各种波长的光在屏上 O 点都因干涉而加强，所以中央明纹将是白色的，而其两侧则呈现出一系列内紫外红的彩色条纹。

另外，式（13.11a）中 $k\neq 0$，是因为如果 $k=0$，必有 $\theta=0$，而对应这一衍射角处，应是中央明纹所在位置。在式（13.11b）中，如果 $k=0$，$\sin\theta=\lambda/2a$，

而中央明纹的半角宽是 $\theta_0 = \sin\theta_0 = \lambda/a$，即这一区域仍是中央明纹所在区域。

需要指出，单缝衍射的半波带法虽然形象直观、简单易懂，但由此得出的结果只是粗略的。它不能给出明暗纹的精确位置，具体的光强分布也无法算出。要想得到这些信息，可以通过矢量图解法或菲涅尔积分法来实现（可参照物理专业的光学教材）。

例 13.5 用单色平行可见光垂直照射到缝宽为 $a=0.5\text{mm}$ 的单缝上，在缝后放一焦距 $f=100\text{cm}$ 的透镜，则在位于焦平面的观察屏上形成衍射条纹。已知屏上距中央明纹中心 1.5mm 处的 P 点为明纹，求：(1) 入射光的波长；(2) 此时单缝波面可分出的半波带数；(3) 中央明纹的宽度。

解：(1) 对于 P 点，有

$$\tan\theta = \frac{x}{f} = \frac{1.5\text{mm}}{1000\text{mm}} = 1.5 \times 10^{-3}$$

可见 θ 角很小，因而 $\tan\theta \approx \sin\theta \approx \theta$。根据明纹条件，可得

$$\lambda = \frac{2a\sin\theta}{2k+1} = \frac{2a\tan\theta}{2k+1}$$

k 取不同值，代入上式，$k=1$ 时，有

$$\lambda = \frac{2a\sin\theta}{2k+1} = \frac{2a\tan\theta}{2k+1} = \frac{2 \times 0.5\text{mm} \times 1.5 \times 10^{-3}}{2 \times 1 + 1} = 500\text{nm}$$

类似地，当 $k=2$ 时，可算出 $\lambda_2 = 300\text{nm}$。显然，不是可见光，所以入射光波长为 500nm。

(2) 因 $k=1$，故 P 点明纹为第一级明纹，其衍射角为

$$\theta \approx \sin\theta = \frac{(2k+1)\lambda}{2a} = \frac{3 \times 5 \times 10^{-4}\text{mm}}{2 \times 0.5\text{mm}} = 1.5 \times 10^{-3}\text{rad}$$

与该衍射角处明纹对应的半波带数为

$$2k+1 = \frac{2a\sin\theta}{\lambda} = \frac{2 \times 0.5 \times 10^{-3} \times 1.5 \times 10^{-3}}{500 \times 10^{-9}} = 3$$

故半波带数为 3。

(3) 中央明纹宽度

$$\Delta x = 2f\frac{\lambda}{a} = 2 \times 1000\text{mm} \times \frac{5 \times 10^{-4}\text{mm}}{0.5\text{mm}} = 2\text{mm}$$

第九节 光学仪器的分辨本领

一、圆孔夫琅禾费衍射

将夫琅禾费衍射中的单缝改为圆孔，圆孔直径为 D，则可发现观察屏上形成的并不是简单的集合圆斑，而是一些明暗相间的同心圆环，如图 13.27 所示。这

种现象称为圆孔的夫琅禾费衍射。在圆孔衍射中，圆环中心的亮斑最亮，称为**爱里**（Airy）**斑**。其相对透镜中心张角一半为 θ。利用菲涅耳积分公式（从略），解相关方程可得

$$\sin\theta = 1.22\frac{\lambda}{D} \quad (13.14)$$

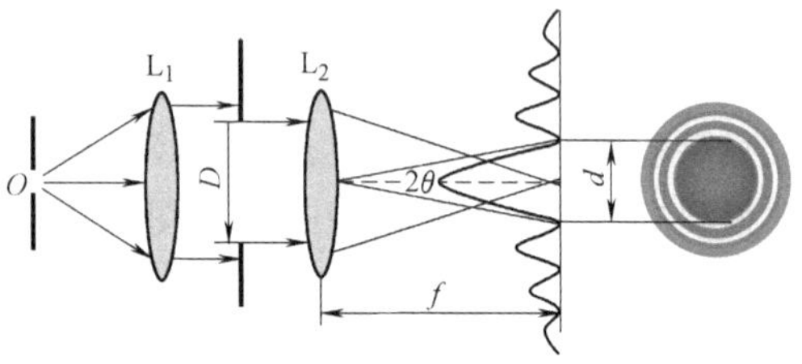

图 13.27　圆孔夫琅禾费衍射

因 84%左右的光能均集中在爱里斑区域，所以我们只关心该斑，因 $\sin\theta \approx \tan\theta = \frac{d}{2f}$，所以，全角 $2\theta \approx \sin\theta \approx \tan\theta = \frac{d}{f} = 2.44\frac{\lambda}{D}$。

二、光学仪器的分辨本领

透镜包括人眼都相当于透光圆孔，而光在通过圆孔时发生衍射，物点不再成像为一个点，而是一个斑，而斑的重叠程度就影响了仪器对像的分辨。通常用发光强度相同的两个物点 S_1，S_2 对透镜光心的张角 θ 的大小来衡量爱里斑的重叠程度。当 θ 大于某个角度 θ_0 时，如图 13.28a 所示，两爱里斑只有小部分重叠，因而可以分辨出这是两个物点形成的爱里斑。当 $\theta < \theta_0$ 时，如图 13.28c 所示，两爱里斑因重叠过多而无法分辨。当 $\theta = \theta_0$ 时，如图 13.28b 所示，从衍射图样来看，这时 S_1 的爱里斑中心恰好与 S_2 的第 1 级暗环重合，而 S_2 的爱里斑中心恰好与 S_1 的第 1 级暗环重合。也就是说，一个爱里斑的中心恰好落在另一爱里斑的边缘。这时，两个衍射图样重叠中心处的光强约为单个衍射图样最大光强的 80%左右，在这种情况下，对视力正常的人来说，恰好能分辨出是两个物点。瑞利（L. Rayleigh）据此提出了作为确定光学仪器分辨极限的标准，称为瑞利判据。这个判据规定：**如果一个物点衍射图样的中央最亮处，恰好与另一个物点衍射图样的第 1 级暗纹重合，则这两个物点恰好能被光学仪器所分辨**。这时两物点对

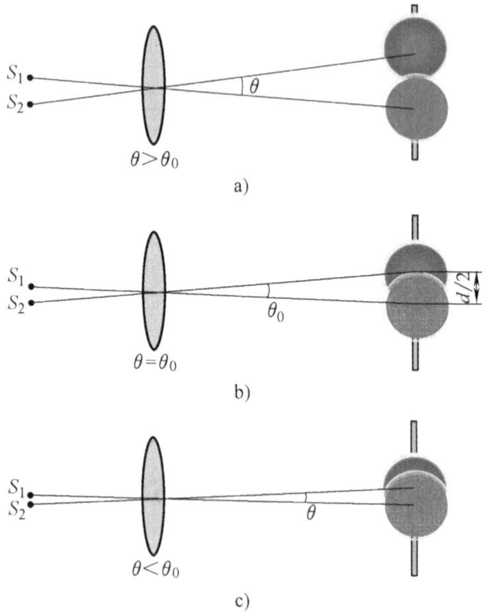

图 13.28　光学仪器的分辨本领

透镜光心的张角 θ_0 称为光学仪器的最小分辨角，其倒数 $1/\theta_0$ 称为光学仪器的分辨本领或分辨率。显然，θ_0 等于爱里斑半径对透镜光心的张角，由式（13.14）可得最小分辨角为

$$\theta_0 = 1.22\frac{\lambda}{D} \tag{13.15}$$

分辨本领为

$$\frac{1}{\theta_0} = \frac{D}{1.22\lambda} \tag{13.16}$$

由式（13.16）可知，提高光学仪器的分辨本领，可以通过增大透镜的直径或减小入射光的波长来实现。电子显微镜由于它的波长较短，可以观察更细微的结构。

哈勃太空望远镜 1990 年升空服役。直径为 2.4m，耗资近 30 亿美元，在距地面 600km 轨道上运行，这是目前世界上最大的太空望远镜。目前，由美国宇航局、欧洲航天局和加拿大太空局合作研制的詹姆斯·韦伯太空望远镜（如图 13.29 所示，它是哈勃太空望远镜的继任者），由于制造和经费等方面的问题，发射时间一再推迟，镜片直径也由原来设计的 8m 缩水至 6.5m（这是观察宇宙大爆炸信息的最低要求），或许最晚于 2018 年 10 月发射升空。该望远镜轨道高度将达到 150 万 km。分辨率是哈勃望远镜的约 2.7 倍。

图 13.29 詹姆斯·韦伯太空望远镜

例 13.6 设人眼在正常照度下的瞳孔直径约为 $D=3\text{mm}$，而在可见光中，对人眼最敏感的波长是 $\lambda=550\text{nm}$（黄绿光）。问：（1）人眼的最小分辨角多大？（2）教室黑板上有一等号"＝"，在什么情况下，在 10m 远处的学生才不至于将"＝"看成"－"。

解：（1）通常情况下，人眼观察的距离远大于瞳孔直径，瞳孔相当于小孔。可近似用瑞利判据计算瞳孔的最小分辨角

$$\theta_0 = 1.22\frac{\lambda}{D} = 1.22\times\frac{5.5\times10^{-7}\text{m}}{3\times10^{-3}\text{m}} = 2.2\times10^{-4}\text{rad}$$

（2）在 $l=10\text{m}$ 处，等号中两个横线的最短距离为

$$s = l\theta_0 = 10\times2.2\times10^{-4}\text{m} = 2.2\text{mm}$$

回看 Seurat 的油画《大亚特岛上的星期天中午》：当你离画面足够近时，相邻点之间的角距离 θ 比 θ_0 大，因而这些点能被一个个地看出来。它们的颜色是 Seurat 用的颜色。然而当你站得离画面足够远时，角距离 θ 比 θ_0 小因而各点不能单独的

看清楚。由此引起的从任何一组点反射到你眼睛的颜色的混合可以使你的大脑对该群质点“制造”一种颜色——一种在该群中实际上可能不存在的颜色。以这种方式，Seurat 利用你的视觉系统去创造他的艺术品的颜色。

第十节　光栅衍射

从单缝衍射条纹宽度 $\Delta x_0 = 2\lambda f/a$ 和 $\Delta x = \lambda f/a$ 看，减小缝宽，可使条纹宽度增大，但由于透光量更少，明暗条纹对比度下降，能够看到的条纹级次更少；而增加缝宽，衍射效果又不明显，不便作光学测量、光谱分析（分光）。为解决此矛盾，改善其结构，采用多条窄缝结构，利用多缝衍射原理使光发生色散的元件称为衍射光栅。它是光谱仪、单色仪及许多光学精密测量仪器的重要元件。

一、光栅及分类

由一组相互平行的等宽等间隔的狭缝构成的光学器件就是光栅。光栅可分为透射式、反射式；一维、二维、三维，现在我们只讲一维平面透射光栅。

若刻痕间的透光部分宽为 a，不透光部分宽为 b，则 $d = a + b$ 称为光栅常数。d 也是相邻两缝对应点之间的距离。通常，光栅常数很小，如在 1cm 内仅有 400 条狭缝（400 个狭缝对应 400 条刻痕，即 400 个光栅常数的距离），则 $d = 1/400\text{cm} = 2.5\times10^{-3}\text{cm}$。光栅常数和色散本领、色分辨本领一样，是光栅品质的重要参数。

二、光栅方程

如图 13.30 所示，平行单色光垂直照射到光栅上，从各缝发出的衍射角 θ 相同的平行光通过透镜 L 会聚在焦平面处屏上同一点，衍射角不同的各组平行光则会聚于不同的点，从而形成衍射图样。

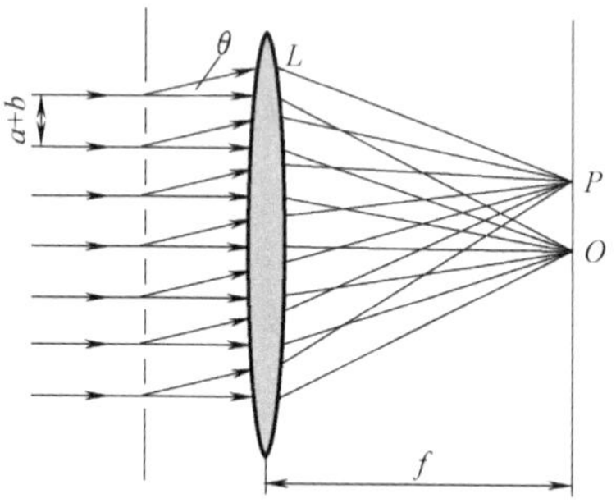

图 13.30　光栅

由图 13.30 可知，当光垂直射向光栅时，沿 θ 方向的衍射光经透镜均会聚于 P 点，其中任意两个相邻狭缝发出的光到达 P 点的光程差为 $\delta = d\sin\theta = (a+b)\sin\theta$，若这一光程差等于入射光波长 λ 的整数倍，各缝对应点发出的、会聚于 P 点的衍射光因相干叠加得到加强，从而在 P 点形成明纹。因此，光栅缝间干涉的明纹条件为

$$d\sin\theta = \pm k\lambda \quad (k = 0,1,2,\cdots) \tag{13.17}$$

式（13.17）称为光栅方程，k 为明纹（主极大）级次，$k = 0$，对应中央明纹

(中央主极大)，± 表示各级明纹在中央明纹两侧对称分布。

三、光栅衍射的条纹特点

光栅衍射既有每个单缝中无限多个相干子波源发出的光的相干叠加（单缝衍射），也有缝间有限个对应点（ N 个）发出的光的相干叠加（缝间干涉）。即光栅衍射是各单缝衍射和缝间干涉的总效果，并且缝间干涉要受到单缝衍射的调制。

1）单缝衍射的主极大位置不变，只是由于缝增多，各级主极大亮度增强。也就是在光栅上任意打开一个缝而关闭其他缝，由于从任意缝发出的光程差为零的子波都聚于屏上 O 点，所以其他各级衍射的明暗纹位置也不会因为缝所在的位置改变而改变。

2）缝间干涉主极大位置也不变、缝增多，干涉条纹变亮，且相邻主极大间出现 $N-2$ 个次极大（实际看不到)，$N-1$ 个极小。最终将干涉条纹变得尖而细，主极大间距拉开。与单缝衍射相比，更便于观察和测量。

3）光栅的缝间干涉受单缝衍射的调制。单缝衍射限制了光强的外部轮廓，同时伴有缺级，具体讨论如下：

平行光垂直射到光栅上时，按光栅方程，明纹条件为

$$d\sin\theta=\pm k\lambda \quad (k=0,1,2,\cdots)$$

如果当 θ 方向的衍射光满足缝间干涉明纹条件时，同时也满足单缝衍射的暗纹条件，即

$$a\sin\theta=\pm k'\lambda \quad (k'=1,2,3,\cdots)$$

那么，尽管在 θ 衍射方向上各缝间的干涉是加强的，但由于各单缝本身在这一方向上的衍射光强为零，最终使得该方向上的明纹不能出现。这种满足光栅明纹条件而实际上明纹并不出现的现象，称为光栅的缺级。

以上两式相除，可得缺级条件

$$k=\pm\frac{d}{a}k' \quad (k'=1,2,3,\cdots) \tag{13.18}$$

如果 d/a 是整数，例如：$d/a=3$，则 $k=3k'$，$k'=1$，2，3，…时，$k=3$，6，9，…，出现缺级，如图 13.31 所示。如果 $d/a=5/2$ 不是整数，由于 k 必须取整数，所以只有 $k'=2$，4，6，…时，$k=5$，10，15，…，出现缺级。

对于光栅衍射的缺级现象，如果你还不能适应上述解释，我们是否可以这样设想：周末休息，几位好同学约好逛街购物。到了商场，在没有事先沟通的情况下，不约而同都看好某一商品，随即有了购买的欲望。可是每个人口袋里都没带钱，这时，一位同学提议大家凑钱集资购买，虽然没有人反对，但由于每位同学对集资款都是零贡献，最终也无法购到这一商品，结果只能是空手而归了。也就

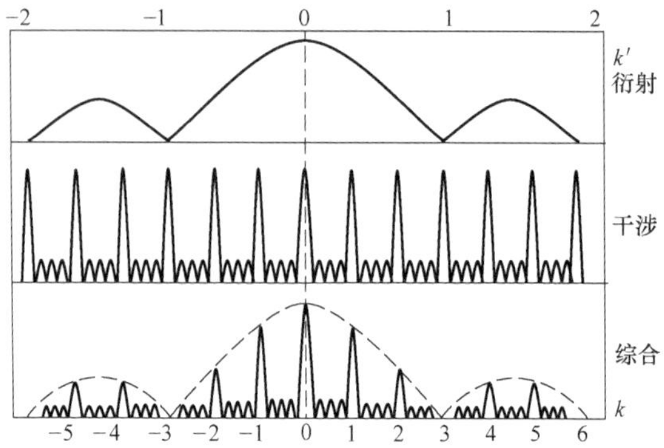

图 13.31 光栅的缺级

是说每个缝对屏上那点的光振动的贡献均是零，指望着各缝间对应点发出的光的相干叠加而产生干涉主极大也是无法实现的。

例 13.7 用波长为 500nm 的单色光垂直照射到每毫米有 500 条刻痕的光栅上，求：(1) 第 1 级和第 3 级明纹的衍射角；(2) 若缝宽与缝间距相等，则用此光栅最多能看到的明纹的条数。

解：(1) 光栅常数即每个透光与不透光的单元宽度，一毫米有 500 个这样的单元，所以，一个单元的宽度，即光栅常数为

$$d=\frac{1\times10^{-3}\mathrm{m}}{500}=2\times10^{-6}\mathrm{m}$$

光栅方程为

$$d\sin\theta=\pm k\lambda$$

将 $k=1,3$ 分别代入光栅方程，可得第 1 级和第 3 级明纹的衍射角分别为

$$\sin\theta_1=\pm\frac{\lambda}{d}=\pm0.25,\theta_1=\pm14^\circ28'$$

$$\sin\theta_3=\pm\frac{3\lambda}{d}=\pm0.75,\theta_3=\pm48^\circ35'$$

(2) 理论上能看到的最高级谱线极限对应于 $\theta=90^\circ$，代入光栅方程得

$$k_{\max}=\frac{d}{\lambda}=4$$

这表明最多能看到 4 级明纹，考虑实际出现多少明纹时，还需要考虑是否缺级。因 $a=b$，所以 $d=a+b=2a$，由缺级条件得 $k=2k'$，$k'=1,2,3,\cdots$ 时，可见第 2 级、第 4 级缺级。所以，只能看到 0,1,3 级，共五条条纹。

上面对光栅衍射的讨论也仅仅是粗略的，相邻主极大间的次极大、极小个数及位置，以及相对光强分布的详细信息没有反映出来。可参阅张铁强编《大学物理学》下册 P136～141，了解相关信息。

X射线衍射：电子撞击金属表面可以产生X射线，其波长很短（1Å数量级）。在普通衍射装置中很难观察其衍射，所以其波动性不易被证实。因原子尺寸恰好也在该量级，特别是晶体的有规律空间点阵具有三维周期性，是X射线衍射的理想光栅。1912年劳厄做了晶体的X射线衍射实验。该实验不仅强有力地证明了X射线的波动性，还可通过衍射图样推断了晶体结构。

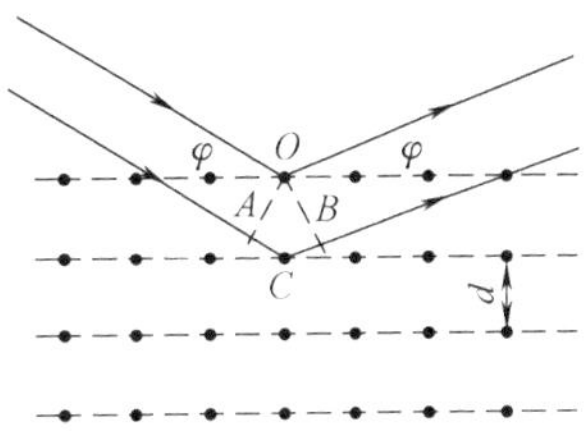

图 13.32 晶面

布拉格父子于1913年提出，原子是一系列平行原子层构成，这些原子层称为晶面，如图13.32所示，其中小圆点表示原子。在X射线照射下，晶体表面和内部每一层原子层的每个原子所在处都称为子波中心，向各方向发射X射线，即X射线被散射。而这些子波又是相干波，再次相遇产生干涉。

设晶格常数为d（不同方向原子层组的晶格常数各不相同），相邻两原子层产生的“反射线”的光程差为

$$\delta = \overline{AC} + \overline{BC} = 2d\sin\varphi$$

φ为掠射角。当光程差符合下述时，各层的“反射线”因相互干涉而加强，形成亮点。即

$$2d\sin\varphi = k\lambda \quad (k = 1,2,3,\cdots)$$

上式称为布拉格公式。

用布拉格公式解释劳厄实验：不同原子层d不同，只有φ满足$2d\sin\varphi = k\lambda$才能观察相应亮点（斑）。这里$k \neq 0$，是因为如果$k = 0$，X射线在晶格间反复振荡（反射），无法接收干涉图样。

从布拉格公式可见，若已知X射线波长λ，可测晶体结构$d_1, d_2, \cdots$，反之，已知晶体结构$d_1, d_2, \cdots$，可测X射线波长λ。

第十一节 光的偏振性 马吕斯定律

干涉和衍射是波动的共同特征。前面所讨论的光的干涉和衍射有力证明了光具有波动性。由于电磁波是横波，所以光波中光矢量的振动方向和光的传播方向垂直，由于在传播过程中总要遇到介质而发生反射、折射等现象，引起光振动相对于传播方向的不对称性，这种不对称性称为光的偏振。偏振是横波特有的属性。根据光矢量对传播方向的对称情况，可分为自然光、线偏振光，部分偏振光以及椭圆偏振光和圆偏振光。

一、自然光

一个原子或分子在某一瞬间发出的光是有确定光振动方向的光波列，但由于

普通光源中大量分子或原子发光是无序、间歇和随机的，所以平均看，光矢量相对于传播方向呈轴对称分布，没有哪一个方向的光振动更有优势，光矢量的分布各向均匀，各个方向光振动的振幅都相同。这种光称为自然光，面对光的传播方向看，如图 13.33a 所示。将自然光中各光矢量沿两个相互垂直方向分解，所以，从垂直于光的传播方向看，自然光也可以表示成如图 13.33b 所示的形式。两个相互垂直方向的光振动没有固定的相位关系。

二、线偏振光

如果光矢量只沿一个固定的方向振动，这种光就是**线偏振光**，又称为平面偏振光或完全偏振光。线偏振光的光矢量方向和光的传播方向构成的平面叫作**振动面**，如图 13.34a 所示。图 13.34b 是线偏振光的表示方法，短线表示光的光振动面在纸面内，圆点表示光振动垂直于纸面。显然，发光体中一个原子发出的一列光波是线偏振光，激光是良好的线偏振光光源。

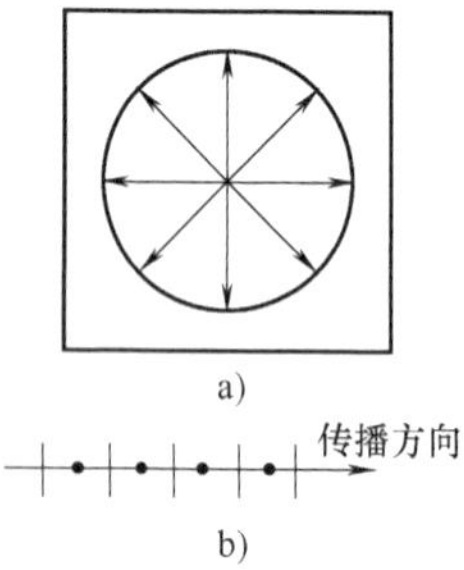

图 13.33 自然光

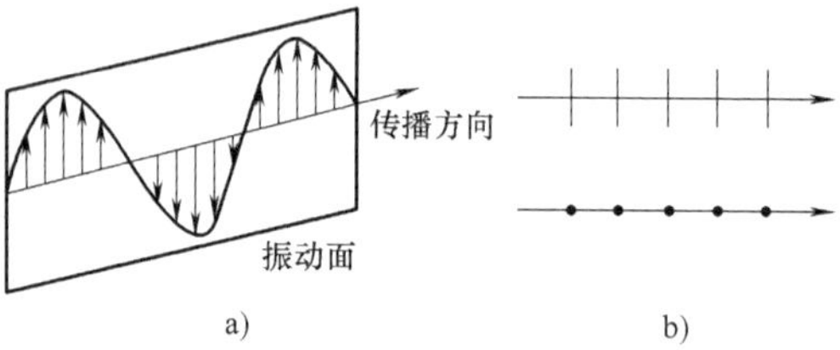

图 13.34 线偏振光

三、部分偏振光

若在垂直于光传播方向的平面内各个方向的光振动都存在，但不同方向的振幅不等，在某一方向的振幅最大，而在与之垂直的方向上的振幅最小，则这种光称为**部分偏振光**，如图 13.35a 所示，表示方法如图 13.35b 所示。显然，部分偏振光介于线偏振光与自然光之间，可看成由自然光和线偏振光混合而成。对于部分偏振光，两个相互垂直的光振动也没有固定的相位关系。

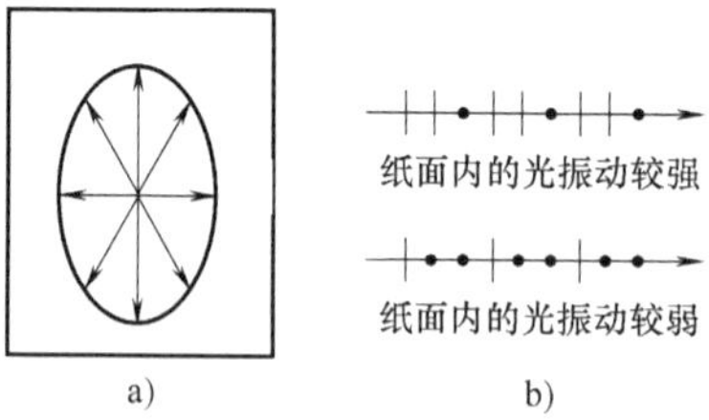

图 13.35 部分偏振光

若与最大振幅和最小振幅对应的光强分别为 $I_{\max}$ 和 $I_{\min}$，则**偏振度**定义为

$$P = \frac{I_{max} - I_{min}}{I_{max} + I_{min}}$$

自然光 $I_{max} = I_{min}$，偏振度为零；线偏振光 $I_{min} = 0$，$P = 1$，偏振度最大；部分偏振光 $0 < P < 1$。

四、椭圆偏振光和圆偏振光

在垂直于光传播方向的平面内，光矢量 $\boldsymbol{E}$ 端点的轨迹是椭圆的称为椭圆偏振光，轨迹为圆的则称为圆偏振光。根据光矢量的旋转方向还分为右旋（迎着光的传播方向看为顺时针旋转）和左旋（逆时针旋转）偏振光。

它是由两个频率相同、振动方向垂直，相差恒定的分振动合成的（简谐振动合成中已有介绍），在 $\Delta\varphi = \varphi_2 - \varphi_1 \neq 0$ 或 $\pm\pi$ 时，合振动一般轨迹为椭圆

$$\frac{x^2}{A_1^2} + \frac{y^2}{A_2^2} - 2\frac{xy}{A_1 A_2}\cos(\varphi_2 - \varphi_1) = \sin^2(\varphi_2 - \varphi_1)$$

如果 $\Delta\varphi = \varphi_2 - \varphi_1 = 0$ 或 $\pm\pi$，则椭圆偏振光就变成线偏振光，光振动在一、三或二、四象限。

需要指出，所谓光矢量端点的轨迹运动，实际上是光矢量 $\boldsymbol{E}$ 的振动方向和大小随时间的变化，这正是因为两个相互垂直的光振动有确定的相位差造成的。并非是光点的真实旋转运动，所以用肉眼是无法分辨的。

五、起偏和检偏　马吕斯定律

（一）起偏和检偏

普通光源发出的光具有随机性，决定了其各方向振动平权和等价，出射光为自然光。用于将自然光转化为偏振光的器件称为**起偏器**，常用的起偏器有偏振片、尼科耳棱镜等。用于鉴别光的偏振态的器件为**检偏器**。起偏器和检偏器的种类很多，这里介绍常用的一种偏振片。

某些物质对不同方向的光振动具有选择吸收的性质，如天然的电气石晶体，硫酸碘奎宁晶体等，它们能吸收某方向的光振动而仅让与此方向垂直的光振动通过，这种性质叫做晶体的二向色性。如将硫酸碘奎宁晶粒涂于透明薄片上，就可制成偏振片。某偏振片所允许通过的光振动方向称为该偏振片的**偏振化方向**。偏振片即可用做起偏器，又可用做检偏器。在图 13.36a 中，P_1 为偏振片，“↕”表示偏振化方向。当入射到起偏器的自然光光强为 I_0 时，若不考虑起偏器对平行与偏振化方向光振动分量的吸收和介质表面的反射，则从起偏器出射的线偏振光的光强为 $I_1 = I_0/2$。

起偏器不但能使自然光变为线偏振光，还可以用来检查某束光是否为线偏振光。如图 13.36b 所示，若偏振片 P_1，P_2 的偏振化方向相互平行，则透过 P_1 的

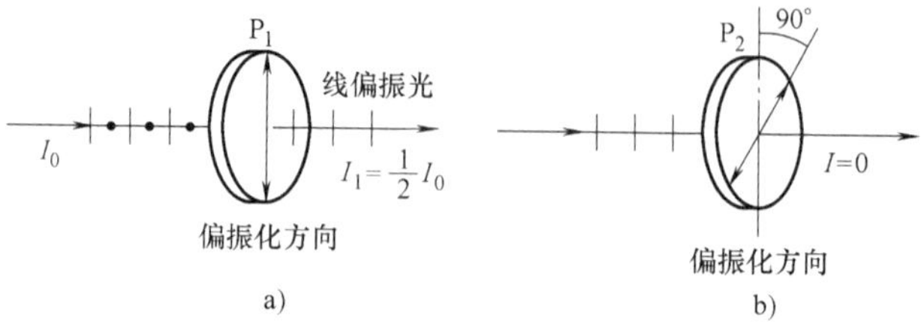

图 13.36　起偏和检偏

线偏振光将全部透过 P_2，透射光强最强，照射到 P_2 后面的屏幕上则为最明；若 P_1，P_2 的偏振化方向相互垂直，则透过 P_1 的线偏振光完全不能透过 P_2，透射光强为零（无光，称为消光现象）。因此，将 P_2 以光的传播方向为轴旋转，如果透过 P_2 的光强呈现出"最明 → 无光 → 最明 → 无光 → 最明"交替变化，那么，照射到 P_2 上的就是线偏振光，否则就不是线偏振光。

（二）马吕斯定律

如图 13.37a 所示，起偏器 P_1 与检偏器 P_2 的偏振化方向的夹角为 α。自然光通过 P_1 后为线偏振光。以 A_0 表示线偏振光的光矢量的振幅，则 A_0 可分解为平行和垂直 P_2 的偏振化方向的两个分量，如图 13.37b 所示。所以有

$$A_{/\!/} = A_0\cos\alpha, A_{\perp} = A_0\sin\alpha$$

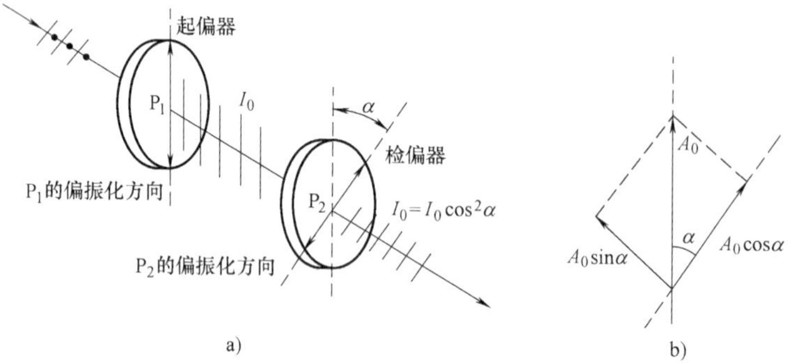

图 13.37　马吕斯定律

由于只有平行分量可通过检偏器，故通过 P_2 的透射光的振幅为 $A_0\cos\alpha$。因此，以 I_0 表示入射线偏振光的光强，则透过检偏器后的光强为

$$I = I_0\cos^2\alpha$$

上式叫做马吕斯定律。式中 α 为起偏器与检偏器偏振化方向之间的夹角。

由马吕斯定律可看出，当起偏器与检偏器的偏振化方向平行，即 $\alpha = 0$ 或 $\alpha = \pi$ 时，则 $I = I_0$，光强最大。若起偏振器与检偏振器的偏振化方向互相垂直，即当 $\alpha = \pi/2$ 或 $\alpha = 3\pi/2$ 时，则 $I = 0$，光强为零，这时没有光从检偏振器中射出。若 α 介于上述各值之间，则光强在最大和零之间。因此，我们可以利用

检偏振器来检查入射光是否为偏振光，并且还可以确定出偏振化的方向。

偏振片的应用很广。如汽车夜间行车时为了避免对方汽车灯光晃眼以保证安全行车，可以在所有汽车的风窗玻璃和车灯前装上与水平方向成 45° 角，而且向同一方向倾斜的偏振片。这样，相向行驶的汽车可以都不必熄灯，各自前方的道路仍然照亮，同时也不会被对方车灯晃眼了。

偏振片也可用于制成太阳镜和照相机的滤光镜。有的太阳镜，特别是观看 3D 电影的眼镜的左右两个镜片就是用偏振片做的，它们的偏振化方向互相垂直。因为反射光都是不同程度的部分偏振光，加了偏振化方向相互垂直的偏振片，可以使相互垂直的光振动信息尽可能在底片上或视网膜上清晰成像，如图 13.38 所示。

照相机镜头前没加偏振片　　照相机镜头前加偏振片

图 13.38　偏振片用做滤光镜

第十二节　反射光和折射光的偏振　布儒斯特定律

一、反射和折射时的偏振

从大量实验中发现，当自然光在两种介质的分界面被折射和反射时，反射光和折射光都是部分偏振光，在一定条件下，反射光还可以成为完全偏振光。在反射光中垂直于入射面的光振动强于平行入射面的光振动，而在折射光中平行入射面的光振动强于垂直入射面的光振动，如图 13.39 所示。

二、布儒斯特定律

理论和实验都证明，反射光的偏振化程度和入射角有关。当入射角等于某一特定值 i_0 时，反射光是光振动垂直于入射面的线偏振光，如图 13.40 所示。这个特定的入射角 i_0 称为**起偏角**，或称为**布儒斯特角**。

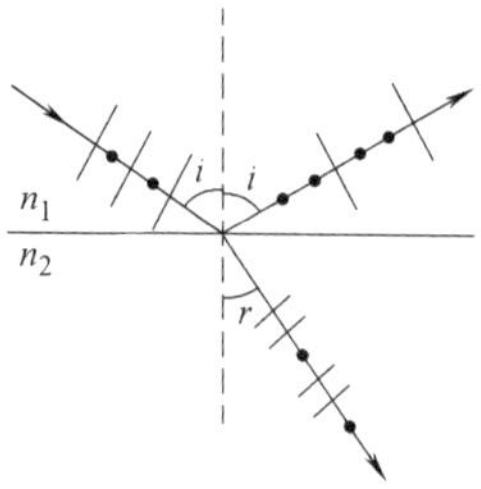

图 13.39　自然光的反射和折射

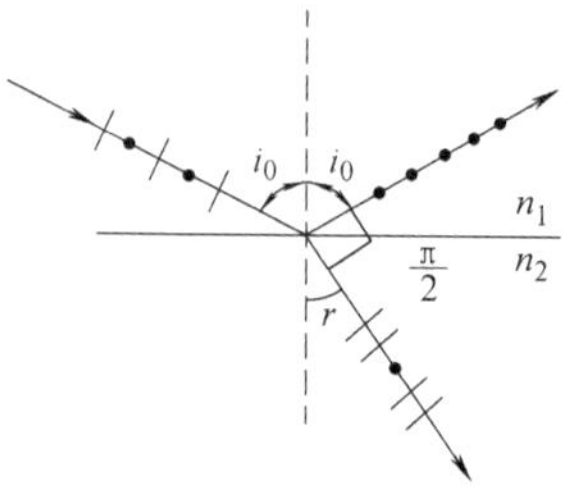

图 13.40　布儒斯特角

实验还发现，当光线以起偏角入射时，反射光和折射光的传播方向相互垂直，即

$$i_0 + r = 90°$$

根据折射定律，有

$$n_1 \sin i_0 = n_2 \sin r = n_2 \cos i_0$$

即

$$\tan i_0 = \frac{n_2}{n_1}$$

上式称为布儒斯特定律，n_1 和 n_2 分别为入射光和折射光所在介质的折射率。

对于不同的介质，布儒斯特角是不同的。自然光从空气射到折射率为 1.50 的玻璃片上，根据上式算得布儒斯特角为 56.3°；自然光从空气射到折射率为 1.33 的水面上，布儒斯特角为 53.1°。当自然光以起偏角 i_0 入射时，由于反射光中只有垂直于入射面的光振动，所以入射光中平行于入射面的光振动全部被折射。又由于垂直于入射面的光振动也大部分被折射，而反射的仅是其中的一部分，所以，反射光虽然是完全偏振的，但光强较弱，而折射光是部分偏振的，光强却很强。为了增加反射光的强度和折射光的偏振化程度，把许多相互平行的玻璃片叠放在一起，构成一玻璃片堆，如图 13.41 所示。自然光以起偏角 i_0 入射玻璃片堆时，光在各层玻璃面上反射和折射，这样就可以使反射光的光强得到加强，同时折射光中得垂直分量也因多次被反射而减小。当玻璃片足够多时，透射光就接近完全偏振光了，而且透射偏振光的振动面和反射偏振光的振动面相互垂直。利用玻璃片堆可做起偏器，也可做检偏器。

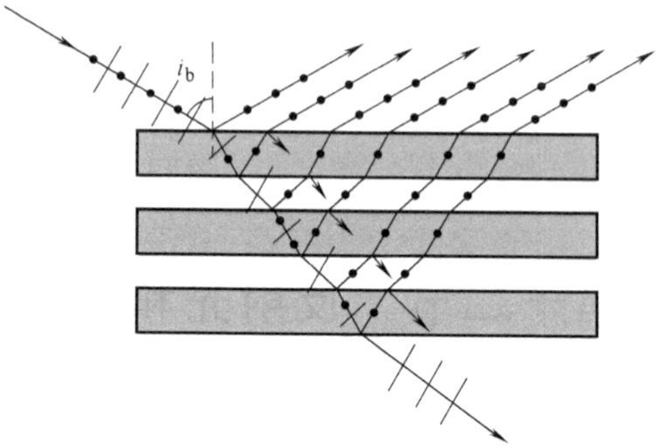

图 13.41　玻璃片堆

本章小结

光的叠加有相干叠加和非相干叠加之分。利用分波振面法和分振幅法均可从普通光源获得相干光。在这种情况下，由于子波源在同一波面上（分波振面）或在波线上同一点（分振幅法），所以两束相干光的初相位相等，在相遇点的相位差只由波程差决定，并考虑到光在由光疏介质向光密介质反射时的半波损失，便可计算干涉结果。薄膜干涉中，如果膜厚相同，干涉级次由入射角决定——等倾干涉；如果入射角相同（平行光），干涉级次由厚度决定——等厚干涉。

衍射是无限多相干子波的相干叠加。单缝衍射中央明纹最亮，其他明纹随级次升高而亮度降低，中央明纹宽度是其他明纹宽度的两倍。光栅衍射是缝间干涉和单缝衍射的共同作用效果，并且干涉受到衍射的调制，并伴有缺级。与单缝衍射相比光栅衍射亮度高，条纹尖而细，两相邻主极大间有 $N-2$ 个次极大和 $N-1$ 个极小。主极大角位置由光栅方程决定。

干涉是有限多条相干光的相干叠加，强调光的直线传播；衍射是无数多条相干光的相干叠加，更强调光的绕射。

光的偏振反映了光振动方向和光振动强度相对于传播方向的不对称性。利用反射、折射和晶体的二向色性可以获得偏振光。光的干涉和衍射反映了光的波动性特征，而光的偏振则进一步证实了光波是横波。

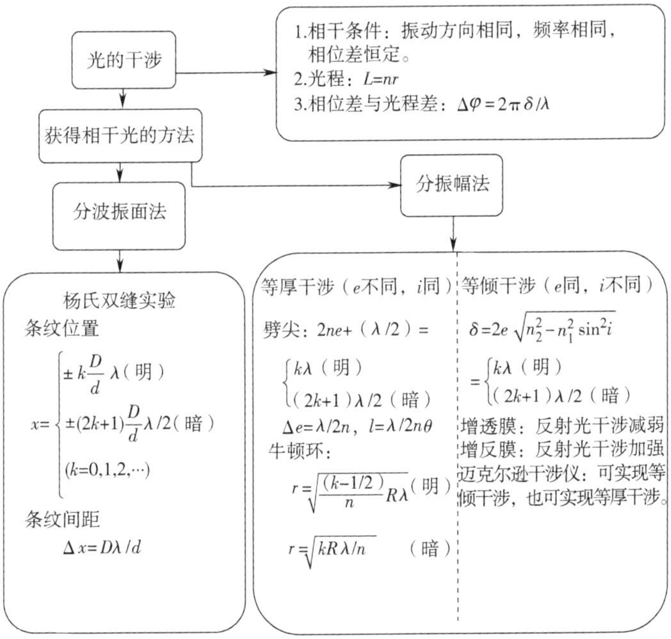

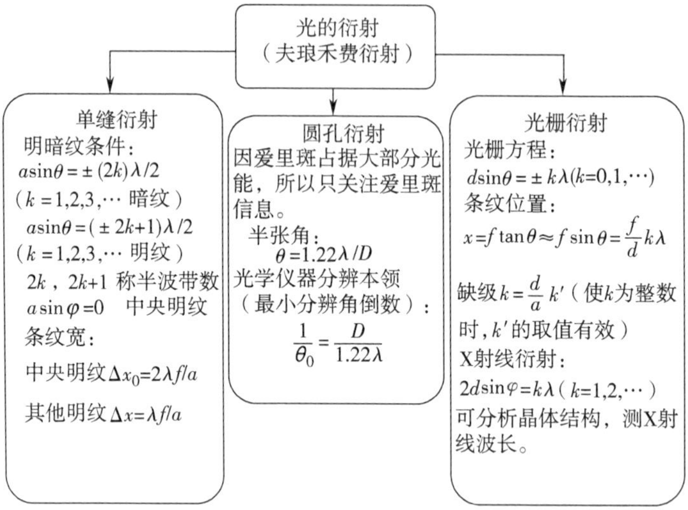

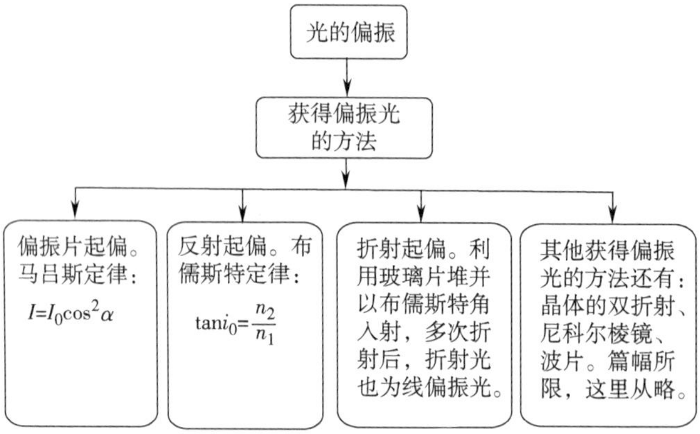

思考与练习

1. 为什么在普通光源中常用分振幅法或分波阵面法获得相干光，并且只通过计算光程差来计算干涉结果？

2. 如果将劈尖干涉装置放入水中，条纹发生怎样变化？如果将双缝其中的一个缝用玻璃片遮盖，条纹又将怎样变化？

3. 衍射的本质是什么？衍射和干涉有什么区别和联系？

4. 什么是半波带？单缝衍射中半波带是如何划分的？对应于单缝衍射第3级明纹和第4级暗纹，单缝处被分成几个半波带？

5. 对应于30°衍射角处，如果调整缝宽，使其分别为3λ，4λ，则缝被分成几个半波带？屏上对应位置是明纹还是暗纹？

6. 单缝衍射中，为什么级次越高，条纹亮度越低？

7. 单缝衍射中的暗纹条件与光栅衍射或双缝干涉的明文条件类似，两者相互矛盾吗？如何加以说明？

8. 玻璃也是透明的介质板，但在日光照射下，你为何看不到干涉现象？

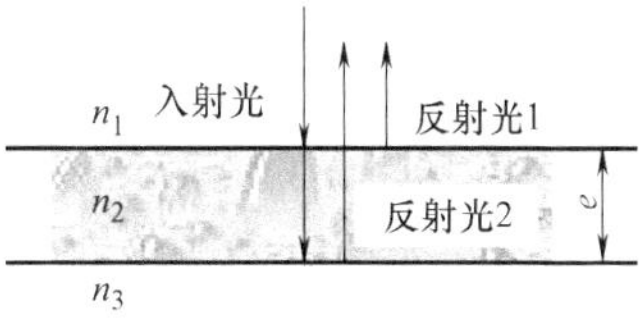

图 13.42 题 9 图

9. 如图 13.42 所示，单色平行光照射在薄膜上，经上下两表面反射的两束光发生干涉，若薄膜的厚度为 e，且 $n_1 < n_2$，$n_3 < n_2$。λ 为光在介质折射率为 n_1 中的波长，则两束反射光的光程差为（　　）。

(A) $2n_2e$　(B) $2n_2e+\dfrac{\lambda}{2}$　(C) $2n_1e+\dfrac{n_2\lambda}{2}$　(D) $2n_2e+\dfrac{n_1\lambda}{2}$

10. 一束波长为 λ 的单色光由空气垂直入射到折射率为 n 的透明薄膜上，透明薄膜放在空气中，要使反射光得到干涉加强，则薄膜最小的厚度为（　　）。

(A) $\lambda/4$　(B) $\lambda/4n$　(C) $\lambda/2$　(D) $\lambda/2n$

11. 一束平行单色光垂直入射在光栅上，当光栅常数 d 为下列哪种情况时（a 是每条缝宽度，b 为刻痕宽度），$k=2, 4, 6, \cdots$ 等级次的主极大均不出现（　　）？

(A) $d=2a$　(B) $d=3a$　(C) $d=4a$　(D) $d=2b$

12. 某单色光垂直入射到每厘米有 5000 条狭缝的光栅上，在第 4 级明纹中观察到的最大波长小于（　　）。

(A) 400nm　(B) 450nm　(C) 500nm　(D) 550nm

13. 在双缝干涉实验中，双缝间距为 0.30mm，用单色光垂直照射双缝，在离缝 1.2m 的屏上测得中央明纹一侧第 5 条暗纹与另一侧第 5 条暗纹的距离为 22.78mm，问所用的光波波长为多少？对照本章第一节光波段波长划分参考值，该光是什么颜色？

14. 将一折射率 $n=1.58$ 的云母片遮盖在下面的缝上，使得屏上原中央明纹处被第 5 级明纹占据，如果入射光波长 $\lambda=550$nm，(1) 分析条纹如何移动，条纹间距是否变化？(2) 求云母片的厚度。

15. 照相机镜头是折射率为 1.58 的玻璃，上面镀有折射率为 1.38 的透明氟化镁薄膜。在初夏，户外背景以黄绿光为主，若要使垂直入射到镜头的黄绿光（波长约为 550nm），最大限度进入镜头，所镀膜厚至少为多少？

16. 单色平面光波垂直入射到宽度为 0.5mm 的单缝上，缝后置一焦距为 1m 的透镜，在焦平面上观察衍射条纹。若中央明纹线宽为 2mm，求：(1) 该光波的波长；(2) 中央明纹与第 3 级暗纹间的距离。

17. 在白光形成的单缝衍射中，某一波长的第 2 级明纹与波长为 500nm 的第 3 级明纹重合，求该波长。

18. 老鹰眼睛瞳孔直径约为 6mm，问其最高飞翔多高时能看清地面上身长为 5cm 的小鼠？设光在空气中波长为 600nm。

19. 用 $\lambda=600\text{nm}$ 的单色光垂直照射在宽为 3cm，共有 5000 条缝的光栅上。问：(1) 光栅常数是多少？(2) 第 2 级主极大的衍射角 θ 为多少？(3) 光屏上可以看到的条纹的最大级数。

20. 一束平行光垂直入射到某个光栅上，该光束含有两种波长的光，$\lambda_1=440\text{nm}$ 的蓝光和 $\lambda_2=660\text{nm}$ 的红光。实验发现，两种波长的谱线（不计中央明纹）第二次重合于 $\theta=60°$ 的方向上，求此光栅的光栅常数。

“牛顿啊，请原谅我！你所发现的道路，在你所处的那个时代是一位具有最高思维能力和创造力的人所能发现的唯一道路。你所创造的概念，甚至今天仍然指导着我们的物理思想，虽然我们现在知道，如果要更加深入地了解各种联系，那就必须用另外一些离直接经验领域较远的概念来代替这些概念。”

——爱因斯坦在牛顿诞辰300周年纪念会上的讲话

19世纪后期，经典物理理论已经发展得相当完善。特别是以麦克斯韦两个基本假设为前提的电磁学理论的提出，并由稍后的实验证实了电磁波的存在，使经典电磁学（包括光学）作为一个完整的理论体系被人们广泛接受。从此，实现了继牛顿力学、能量转化与守恒定律以来物理学史上第三次大综合。

此时，正是物理学家们感到最幸福的时刻，物理学天空一片光明。然而，随着电子、X射线、放射性等的发现，特别是迈克尔逊-莫雷实验和黑体辐射实验，这些都是经典理论无法解释甚至在概念是上与之相悖的，这使物理学家们深感“意外”，并陷入极度困惑之中。难怪开尔文在1900年元旦的一次报告会上说：“热和光都是运动的形式，但现在，这一优美性和明晰性却被两朵乌云所遮蔽，显得黯然失色”。

这一章，我们将以近代物理基础为主题，以19世纪末物理学天空中的“两朵乌云”为背景，以这一时期的科学家们创新性思维和开创性工作为线索，以讲座形式简要介绍近代物理两大支柱性学科——狭义相对论和量子物理诞生和发展的过程。通过讲座，我们在理论层面认识经典物理的局限性，理解时空观和物质观革命的重大意义。

第十四章　近代物理基础

第一篇　狭义相对论

狭义相对论是研究高速运动客体运动学和动力学规律的科学，诞生于1905年。它是建立在广义的**相对性原理**和**光速不变原理**基础上的一种全新的理论。狭义是指描述运动的两个参考系都是惯性参考系，即参考系之间相互作匀速直线运动。

第一讲 狭义相对论的诞生背景

19 世纪后期，麦克斯韦电磁理论取得了巨大成功，光的电磁本质说被人们广泛接受。但同时，电磁波速作为一个不变的常数出现，且恰好又与光速相吻合，恰恰又违背了经典的相对性原理。现实的矛盾出现了，要么不附加任何条件承认光速不变；要么恪守陈规承认光速也满足一般的速度叠加，这便必须否定麦克斯韦方程。由于赫兹实验的成功，显然有更充分的理由相信前者。这样，自然要设想光也必须在一种特殊的绝对静止的介质（参考系）中传播，由于光是横波，传播速度快，那么这种介质有必须具有极高的切变弹性，以至于任何天体在其中穿行，也不会改变其性质，人们把这种奇怪、甚至是不可思议的介质称为“以太”。

于是，紧随着这种机械的臆想，测量以太最具代表性的实验，即迈克尔逊-莫雷实验诞生了。如图 14.1 所示，当 M_1，M_2 不严格垂直，且光线 1 和光线 2 的光程稍有差别时，M_1 的像和 M_2 就组成了一个空气劈尖。根据等厚干涉的明纹条件，可得第 k 级和第 $k+\Delta n$ 级明纹所满足关系式分别为 $2e_k+\lambda/2=k\lambda$ 和 $2e_{k+\Delta n}+\lambda/2=(k+\Delta n)\lambda$，其中，$e$ 为空气膜厚，$2e+\lambda/2$ 为光线 1 和光线 2 在空气膜间产生的光程差。膜厚的变化为 $\delta=\Delta e=\Delta n\lambda/2$。由此不难看出，膜厚的变化与光程差的变化以及条纹移动数目有关。光程差每变化 $\lambda/2$，就将移动一条条纹，这样，便可通过观察条纹移动的数目反过来推算光程的变化。实验中，使干涉仪平稳转过 90°，假设有以太这一绝对静止介质的存在，依据速度叠加原理，则在转动干涉仪前后，光对地球的传播速度必将发生变化，进而导致光程差改变并产生条纹移动。通过计算，预期的条纹移动数目为 0.04，可是自 1881 年以后的十几年间，包括迈克尔逊和莫雷在内的很多人在不同纬度做了该实验，甚至为了提高精度，将干涉仪臂长增至十几米，均未获得预期的条纹移动。因此可以得到这样的结论：**以太并不存在，光速不依赖于参考系的运动以及光的传播方向而变化。**

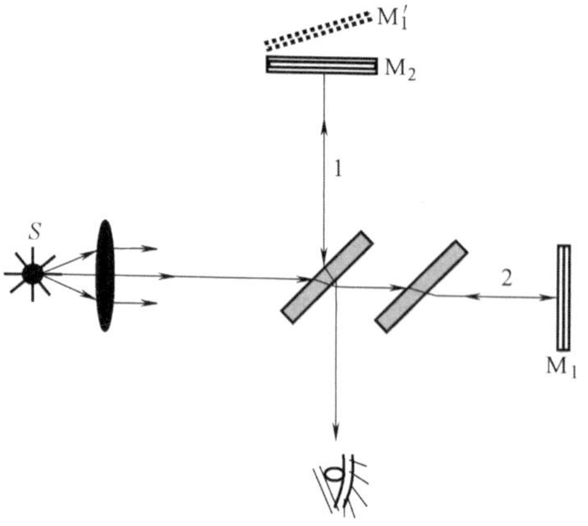

图 14.1 迈克尔逊-莫雷实验

迈克尔逊一直是光速测定的国际中心人物，因发明精密光学仪器和借助这些仪器在光谱学和度量学的研究工作中所作出的贡献，被授予了 1907 年度诺贝尔物理学奖，成为美国历史上第一位诺贝尔物理奖得主。

1904 年，洛伦兹提出了洛伦兹变换用于解释迈克尔逊-莫雷实验的结果。根据他的设想，观察者相对于以太以一定速度运动时，以太（即空间）长度在运动方向上发生收缩，抵消了不同方向上的光速差异，这样就解释了迈克尔逊-莫雷实验中条纹移动的零结果，这也间接说明了麦克斯韦方程的正确。

综上所述，狭义相对论似乎具备了实验和理论基础，但在爱因斯坦（A·Einstein）看来，这是远远不够的。他认为一个实验不足以确立一个新理论，并重新审视着经赫兹和洛伦兹发展的电动力学。基于他对“时间”与“空间”性质近十年的思考，一个全新的时空观即将诞生。

第二讲 伽利略变换 经典力学时空观

（一）伽利略变换

现在让我们把不同惯性参考系下同一运动的两组运动量的关系建立起来，从中观察、思考、总结经典时空观的内涵。

如图 14.2 所示，有两个惯性系 S（O，x，y，z）和 S′（O'，x'，y'，z'），它们对应的坐标轴相互平行，设 S′相对 S 以速度 $\boldsymbol{v}$ 运动，计时开始时坐标原点重合，t 时刻，点 P 在两个惯性系中的位置坐标有如下关系：

$$\begin{cases}x' = x - vt \\ y' = y \\ z' = z \\ t' = t\end{cases} \tag{14.1}$$

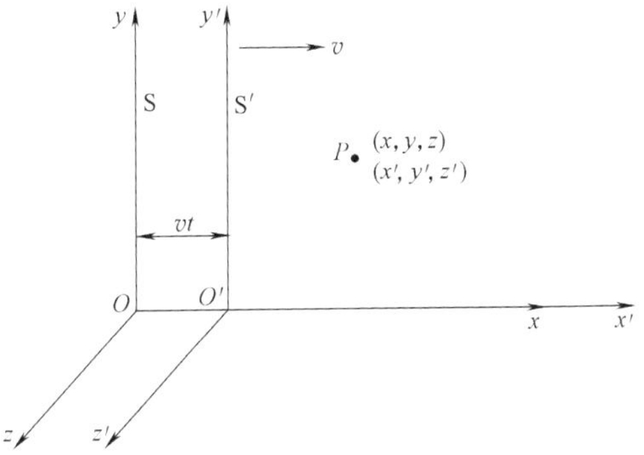

图 14.2 伽利略变换

这就是经典力学（牛顿力学）中的时空变换式，也称伽利略时空变换。如果有一根细棒沿 S′运动方向放置，两个坐标系下的棒长分别为 $l = x_2 - x_1$ 和 $l' = x'_2 - x'_1$，根据式（14.1）又有 $x_2 - x_1 = x'_2 - x'_1$，因此必有

$$l = l'$$

即在两个惯性系中测量的棒长相等，与参考系无关。也就是说，**经典力学中，空间间隔和时间间隔是绝对的，与参考系选取无关**。

将式（14.1）前三式对时间求一阶导数，立即得到速度变换

$$\begin{cases}u'_x = u_x - v \\ u'_y = u_y \\ u'_z = u_z\end{cases} \tag{14.2a}$$

写成矢量式为

$$\boldsymbol{u}' = \boldsymbol{u} - \boldsymbol{v} \tag{14.2b}$$

同理，加速度变换

$$\begin{cases} a'_x = a_x \\ a'_y = a_y \\ a'_z = a_z \end{cases} \tag{14.3a}$$

写成矢量式为

$$\boldsymbol{a}' = \boldsymbol{a} \tag{14.3b}$$

式（14.1）、式（14.2）、式（14.3）分别称为伽利略的时空变换、速度变换和加速度变换。由于经典力学认为质量是与运动状态无关的常量，那么，牛顿运动定律也具有相同形式，即

$$\boldsymbol{F} = m\boldsymbol{a}, \boldsymbol{F}' = m\boldsymbol{a}'$$

上述结果表明，对伽利略变换，牛顿第二定律具有不变形式，推广至其他惯性系，牛顿力学的规律都应具有相同形式。这也就是牛顿力学的相对性原理。它在宏观低速情况下，与实验结果相一致。

（二）经典力学的绝对时空观

从上述分析过程不难看出，经典力学认为空间和时间与物质的运动毫不相干，各自独立存在，空间间隔和时间间隔与惯性系的选取无关。空间只不过是物质运动的场所，永恒不变，绝对静止。时间也是独立的、永恒的流逝着。

第三讲　爱因斯坦关于时间和空间的十年思考

爱因斯坦（图 14.3）于 1879 年 3 月 14 日出生在德国乌尔姆市。少年时期就表现出非凡的数学才能，在这方面甚至可以说是“天才”，16 岁时就已经自学学会了解析几何和微积分。这一年，他从书本上了解到光是以很快速度前进的电磁波，由此便萌生了对时间和空间性质的思考。他设想了一个理想性实验：人如果以光的速度赛跑，将看到一幅什么样的景象呢？你看不到前进的光，只能看到在空间里振荡着却停滞不前的电磁场，这种事可能发生吗？依据经验和麦克斯韦方程都不会如此。

图 14.3　爱因斯坦

现在想来，这句话隐含了光速不变以及光速是物体极限速度的深邃内涵，我们不妨将它称为追光佯谬。

爱因斯坦便是使物理学天空再现曙光的人。他认真研究了麦克斯韦电磁理论，特别是经过赫兹和洛伦兹发展和阐述的电动力学（我们现在所称的电磁学）。爱因斯坦坚信电磁理论是完全正确的，但是有一个问题使他不安，这就是绝对参考系以太的存在。他阅读

了许多著作发现，所有人试图证明以太存在的试验都是失败的。经过研究发现，以太在洛伦兹理论中已经没有实际意义，电磁场一定要有荷载物（介质）吗？这时他已开始怀疑以太存在的必要。

爱因斯坦喜欢阅读哲学著作，并从哲学中汲取思想营养，他相信世界是完美、和谐、统一和对称的。当然，逻辑的一致性也是必然的，相对性原理已经在牛顿力学（经典力学）中被广泛证明，在经典电动力学中却无法成立，对于物理学这两个理论体系在逻辑上的不一致，爱因斯坦提出了怀疑。他认为，相对性原理应该普遍成立，因此电磁理论对于各个惯性系应该具有同样的形式，但在这里出现了光速的问题，光速是不变的量还是可变的量？成为相对性原理是否普遍成立的首要问题。当时的物理学家一般都相信以太，也就是相信存在着绝对参考系，这是受到牛顿的绝对时空观念的影响。19 世纪末，马赫在所著的《发展中的力学》中，批判了牛顿的绝对时空观，这给爱因斯坦留下了深刻的印象。

1905 年 5 月的一天，爱因斯坦与一个朋友贝索讨论这个已探索了十年的问题，贝索按照马赫的观点阐述了自己的看法，两人讨论了很久，突然，爱因斯坦领悟到了什么，回到家经过反复思考，终于想明白了问题。第二天，他又来到贝索家，说："谢谢你，我的问题解决了。"原来爱因斯坦想清楚了一件事：时间没有绝对的定义，时间与光信号的速度有一种不可分割的联系。他找到了开锁的钥匙，经过五个星期的努力工作，狭义相对论便由此诞生，从此开创了物理学的新纪元。这一年，爱因斯坦只有 26 岁。

第四讲　狭义相对论的基本原理　洛伦兹变换

1905 年 6 月 30 日，德国《物理学年鉴》接受了爱因斯坦的论文《论动体的电动力学》，在同年 9 月的该刊上发表。这篇论文是关于狭义相对论的第一篇文章，它包含了狭义相对论的基本思想和基本内容。

（一）狭义相对论的基本原理

1）相对性原理：**在一切惯性系中所有物理定律（这里的定律指力学定律和电磁学定律）都是等价的。即所有的惯性系对运动的描述都是等效的。**

2）光速不变原理：**在所有惯性系中，真空中光速是常数，它与光源或观察者的运动无关。即光速不依赖与惯性系的选择。**

这两条基本原理是爱因斯坦解决问题的出发点，它是狭义相对论的基础。正是由于他坚信世界的完美、和谐、统一和对称，所以相对性原理便是自然的结果，它是对经典力学相对性原理的发展，对这一原理，人们深信不疑。对于光速不变原理，在《论动体的电动力学》这篇文章中没有多讨论将其作为基本原理的根据，可以说，他最初提出光速不变只是一个大胆的假设，是从电磁理论和相对性原理的要求而提出来的。就爱因斯坦本人而言，提出这样的大胆设想与他本人的理性思考逻辑完全吻合，他曾有过这样的名言：**“想象力比知识更重要，因为知识是有限的，而想象力概括着世界上的一切，推动着进步，并且是知识进步的源泉”**；还曾说过：**“若无某种大胆、放肆的猜想，一般是不可能有知识的进展的”**。光速不变就是基于满足电磁理论和相对性原理要求下的大胆的假设、“放肆的猜想”。但很多人对这一原理感到惊异，甚至是怀疑，有学者试图将它去掉，通过证明麦克斯韦方程在所有惯性系下都成立，从而使光速不变成为一个推论而不是原理，但所有的尝试均告失败，无果而终。

其实，爱因斯坦的逻辑十分严格，他将光速不变原理量化，即可等价表述为：要满足相对性原理，即在两个惯性系中，要使物理规律具有不变形式，就必然存在一个相应的变换，而要使该变换确定并有意义，变换式中必须有一个常数存在，它就是光速 c 。进一步的问题出现了，承认光速不变，空间和时间都不可能是相互独立的，这必然导致旧的时间和空间概念上的革命。

（二）洛伦兹变换

前面已经提到洛伦兹变换，那是洛伦兹为使麦克斯韦理论自洽，或者说是为协调麦克斯韦电磁理论与经典力学时空观的矛盾而提出的。对与该变换相适应的更深层物理学内涵并没有作更深入的探究。正是爱因斯坦基于对时间和空间性质长达十年的思考，以两条“原理”为前提，才赋予了它更深刻、更鲜活的物理内涵。

对于该变换，最合理也是最自然的要求有三：一是该变换必须与广义的相对性原理、光速不变原理协调，或者说满足这两条原理；二是在物体运动速度远小于光速时，即 $v \ll c$ 时，该变换与伽利略变换一致，即符合伽利略变换；三是该变换一定要满足线性关系，这是因为 S 系和 S′系相互作匀速直线运动，所以坐标与时间就必须是线性关系。据此要求，该变换结果也就顺理成章了。

设 OO' 重合时，置于两个惯性系中的时钟同时计时，即 $t'=t=0$，根据上述要求

$$x' = k(x - vt) \tag{14.4}$$

且因 S′系和 S 系相对运动，即 S 系相对 S′系的速度为 $-v$ ，将带撇量与不带撇量互换，并用“+”取代“−”，应有

$$x = k(x' + vt') \tag{14.5}$$

式中，k 为待定常数。

由于光速是不变量，OO' 重合时，恰有一光脉冲在 OO' 处发生，因此，在 S′系和 S 系看，将分别有

$$x' = ct' \tag{14.6}$$

$$x = ct \tag{14.7}$$

联立式（14.4）、式（14.5）、式（14.6）、式（14.7），便可解得

$$k=\frac{1}{\sqrt{1-v^2/c^2}}$$

再将此结果代入式（14.4）和式（14.5），进一步得到洛伦兹变换的正变换

$$\begin{cases}x'=\dfrac{x-vt}{\sqrt{1-v^2/c^2}}\\ y'=y\\ z'=z\\ t'=\dfrac{t-vx/c^2}{\sqrt{1-v^2/c^2}}\end{cases}\tag{14.8}$$

因 S 系相对 S′系以 $-v$ 速度运动，以 $-v$ 代替 v，带撇量与不带撇量互换，立即得到洛伦兹变换的逆变换

$$\begin{cases}x=\dfrac{x'+vt'}{\sqrt{1-v^2/c^2}}\\ y=y'\\ z=z'\\ t=\dfrac{t'+vx'/c^2}{\sqrt{1-v^2/c^2}}\end{cases}\tag{14.9}$$

对于洛伦兹变换有必要作以下两点说明：

1）该变换直接依据相对性原理得出 $x'=k(x-vt)$，$x=k(x'+vt')$，并根据光速不变原理得到 $x'=ct'$，$x=ct$，可见两条基本原理的重要性。同时，这四个方程的表述形式本身彰显出和谐的对称美。更为重要的是该变换将时间和空间联系在一起，组成了全新的四维时空组合，为狭义相对论时空观的建立奠定了坚实基础。

2）当 $v\ll c$ 时，$k=\dfrac{1}{\sqrt{1-v^2/c^2}}=1$，从中还可以看出，物体的极限速度是光速，即物体运动的速度永远追不上光速，所以在追光这一理想性实验中，人是永远追不上光的，总能看见光（电磁波）的存在。

将式（14.8）两端微分，得

$$\mathrm{d}x'=\frac{\mathrm{d}x-v\,\mathrm{d}t}{\sqrt{1-\dfrac{v^2}{c^2}}}$$

$$\mathrm{d}y'=\mathrm{d}y$$

$$\mathrm{d}z'=\mathrm{d}z$$

$$\mathrm{d}t'=\frac{\mathrm{d}t-v\,\mathrm{d}x/c^2}{\sqrt{1-\dfrac{v^2}{c^2}}}$$

还可以进一步得到洛伦兹速度变换式。例如，在 S' 系和 S 系中，P 点速度沿 x 轴方向分量分别为 u'_x 和 u_x，则

$$u'_x=\frac{\mathrm{d}x'}{\mathrm{d}t'}=\frac{\mathrm{d}x-v\mathrm{d}t}{\mathrm{d}t-\dfrac{v\mathrm{d}x}{c^2}}=\frac{\dfrac{\mathrm{d}x}{\mathrm{d}t}-v}{1-\dfrac{v}{c^2}\dfrac{\mathrm{d}x}{\mathrm{d}t}}=\frac{u_x-v}{1-\dfrac{v}{c^2}u_x}$$

与此类似，还可求得 u'_y 和 u'_z，请注意，虽然 $\mathrm{d}y'=\mathrm{d}y$，$\mathrm{d}z'=\mathrm{d}z$，但由于 $\mathrm{d}t'\neq\mathrm{d}t$，所以 $u'_y\neq u_y$，$u'_z\neq u_z$。显然，如果 $v\ll c$，则 $u'_x=u_x-v$，与伽利略速度变换一致。

现在，让我们再次重温爱因斯坦那个追光实验，设想有一辆高速运行的列车以 $0.9c$ 的速度运动，车厢顶部有一位超一流运动员也以同样的速度（$0.9c$）从车尾向车头跑去。地面上的人看，这位运动员的速度应该是多少呢？

利用经典力学中的速度叠加原理立即可以得到运动员相对地面的速度

$$u=0.9c+0.9c=1.8c$$

这能说明运动员以超光速在跑吗？在这样高速运动的参考系之间，这种速度叠加已经不再适用，我们改用上述速度变换的逆变换，即将带撇量与不带撇量互换，并以 $-v$ 取代 v，这样

$$u_x=\frac{u'_x+v}{1+\dfrac{v}{c^2}u'_x}$$

式中，$u'_x=0.9c$ 是运动员相对动系 S'（列车）的速度；$v=0.9c$ 是 S' 系（列车）对不动系 S（地面）的速度。将其代入上式，$u_x=0.9945c$，人永远追不上光。即使运动员对列车和列车对地面都以光速运动（仅仅是假设），由上式依旧可得运动员对地面的速度还是等于 c。

第五讲　狭义相对论的时空观

以洛伦兹变换为基础，可以得到许多与我们日常经验大相径庭、令人惊奇、甚至是不可思议的结论，而这些结论被后来的近代高能物理中许多实验所证实是正确的。

（一）同时性的相对性

如图 14.4 所示，在 S 系（地面）中的 x_1 和 x_2 处（$x_2>x_1$），同时发生两件事，即 $t_1=t_2$，在 S' 系（运动的车中）观察，利用洛伦兹变换，应有

$$t'_1=k\left(t_1-\frac{x_1v}{c^2}\right)$$

$$t'_2=k\left(t_2-\frac{x_2v}{c^2}\right)$$

将二式两端相减得 $\Delta t' = t_2' - t_1' = kv(x_1 - x_2)/c^2 \neq 0$，即 x_2 处的事件要早发生，不具有同时性。

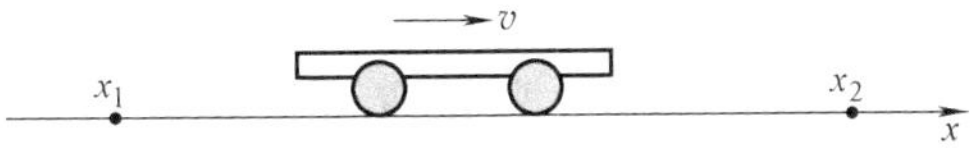

图 14.4 同时性的相对性

同样，若在运动的车中同时发生两件事，依据洛伦兹变换的逆变换，在地面看也有 $\Delta t \neq 0$，即同时的相对性是互逆的。

（二）长度收缩

运动的车上有一把相对车静止的尺子，尺沿运动方向放置。在车上测量其长度，得

$$\Delta l_0 = x_2' - x_1'$$

而在地面上要测尺的长度，一定要同时（$t_1 = t_2$）测量尺子首尾坐标，由洛伦兹变换

$$x_1' = k(x_1 - vt_1)$$
$$x_2' = k(x_2 - vt_2)$$

将二式相减得 $\Delta l_0 = x_2' - x_1' = k\Delta l$，即 $\Delta l = \sqrt{1 - v^2/c^2}\,\Delta l_0$，运动的尺变短了。即**运动方向的长度收缩**。同样，把尺放在地面上，在车上测得尺的长度也变短，可见，长度收缩效应是互逆的。只有**固有长度最长**。

（三）时钟变慢（或时间膨胀）

在运动的车中有一人静坐在椅子上（$x_1' = x_2'$）观察一件事发生后所持续的时间，得到 $\Delta t' = t_2' - t_1'$。依据洛伦兹逆变换

$$t_1 = k\left(t_1' + \frac{vx_1'}{c^2}\right)$$

$$t_2 = k\left(t_2' + \frac{vx_2'}{c^2}\right)$$

二式相减得 $\Delta t = t_2 - t_1 = k(t_2' - t_1') = k\Delta t'$，即 $\Delta t > \Delta t'$，在地面上的人认为运动的时钟变慢了。同样，静坐在地面上的人观察一件事持续一段时间，在运动的车上的人看也有同样的效应，只有**固有时间最短**。

综上所述，同时的相对性、长度收缩效应和时间延缓效应都是洛伦兹变换或逆变换下的自然产物。这也是爱因斯坦关于时间和空间性质思考近十年所取得的革命性成就。正如他本人所认为那样：**根本不存在绝对静止的空间，同样不存在绝对同一的时间，所有时间和空间都是和物体的运动联系在一起的**。

现在，让我们想象以下两个小实验：设想一火箭以相对地球 $v = 0.95c$ 的速

度作直线运动，以火箭为参考系测得其固有长度为15m，则在地面上测，火箭长度仅为

$$\Delta l = \Delta l_0 \sqrt{1 - \frac{v^2}{c^2}} = 4.68\text{m}$$

同样，坐在该火箭上的宇航员观察夜空中的星斗，所用的固有时间为10min，则在地面上看，用时为

$$\Delta t = \Delta t' / \sqrt{1 - \frac{v^2}{c^2}} = 32.01\text{min}。$$

双生子佯谬：前面提到的三个效应都是互逆的，以时间延缓效应为例，两个惯性系相互作匀速直线运动，甲和乙各在其中，甲认为乙的时钟慢，乙认为甲的时钟慢，当两个人停下来比较时，情况会怎样？

今设有一对孪生兄弟甲和乙，甲在地面家中，乙乘飞船离去。甲认为自己和乙相比变老了，可乙用自己的时钟衡量，认为自己比甲老。如果乙一直飞下去，兄弟俩是见不到面的，两人的结论都对。可是甲乙一旦想见面，飞船就必须掉头回飞，这便会产生加速度，惯性力（引力场）出现了，这就不是狭义相对论讨论的范畴了。广义相对论可以证明，当甲、乙见面时，乙的确要年轻些。1971年的模拟双生子佯谬实验中，确实发现飞机中的铯原子钟变慢了。

第六讲　狭义相对论的动力学基础

（一）质量与速度

按照牛顿第二定律 $\boldsymbol{F} = m\boldsymbol{a}$ ，只要力一直在增加，加速度便同步增加，而质量却不随之而改变，这样一来，似乎只要有足够的时间，一切物体都可以被加速到光速，甚至超过光速，这显然与光速是物体的极限速度相矛盾。

现在的问题是，承认作为物体极限速度的光速是不变量，那么质量就不可避免地要发生变化。

设有两个小球A和B，它们的静止质量均为 m_0 ，它们分别静止在S′系和S系中，当S′系和S系相对运动时，小球A和B发生完全非弹性碰撞，如图14.5所示。在S系看，B静止，其质量为 m_0 ，A的速率为 v ，质量为 m ，相碰后，A和B合在一起，并以速度 u_x 运动。依据动量守恒定律，应有

$$(m + m_0)u_x = mv \qquad (1)$$

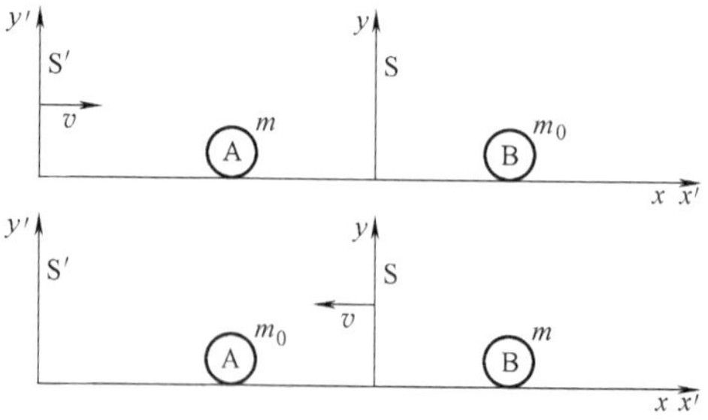

图14.5　质量与速度

在 S' 系看，A 静止，其质量为 m_0，B 的速率为 $-v$，质量为 m，相碰后，A 和 B 合在一起，并以速度 u'_x 运动。依据动量守恒定律，应有

$$(m+m_0)u'_x=-mv \tag{2}$$

由式（1）、式（2）立即得 $u_x=-u'_x$，再由洛伦兹速度变换 $u'_x=\dfrac{u_x-v}{1-\dfrac{v}{c^2}u_x}$ 得 $u_x=-\dfrac{u_x-v}{1-\dfrac{v}{c^2}u_x}$，等式两端同除以 u_x，便得到 $\dfrac{v}{u_x}-1=1-\dfrac{vu_x}{c^2}=1-\dfrac{u_x}{v}\dfrac{v^2}{c^2}$ 由式（1）得 $\dfrac{v}{u_x}=\dfrac{m+m_0}{m}$，代入上式，便得出动质量和静质量之间的关系，即狭义相对论的质速关系

$$m=\frac{m_0}{\sqrt{1-\dfrac{v^2}{c^2}}} \tag{14.10}$$

从式（14.10）中可清楚地看到，只有静止质量为零的光子，其速度才等于光速。

（二）质能关系式

在第四讲最后，对运动员追光实验中的结论，我们好像还是感到奇怪，$0.9945c$ 和 $1.8c$ 相差太大了？运动员不用跑，而是坐在那辆列车上速度已经是 $0.9c$ 了，而相对运动的列车再以 $0.9c$ 的速度相对列车跑，速度才增加 $0.0945c$ 这么一点点，好像是运动员的步子小了（长度收缩效应所致）？步伐的频率变慢了（时钟延缓效应所致）？亦或心跳变慢跑不动？要完全解释这一问题，仅有狭义相对论运动学还不够，还要进一步讨论狭义相对论动力学层面的规律。爱因斯坦依据普遍的能量守恒定律，通过大胆想象和类比，认为能量应该与质量成正比，这个比例常数很可能，也应该是 c^2，而不是一次方，这是根据量纲分析得出的，与物体的动能等于质量与速度二次方之积的一半是同样的道理。因此，应该有能量与质量的如下相当关系：

$$E=mc^2 \tag{14.11}$$

我们称式（14.11）为质能关系式。当物体静止时，有 $E_0=m_0c^2$。质能关系是原子能应用的重要理论依据之一。进一步地，设想一物体以速率 v 运动，将式（14.10）进行泰勒展开，其总能量为

$$E=mc^2=\frac{m_0c^2}{\sqrt{1-\dfrac{v^2}{c^2}}}=m_0c^2+\frac{1}{2}m_0v^2+\cdots \tag{14.12}$$

总动量也改写为

$$p = mv = \frac{m_0 v}{\sqrt{1-\frac{v^2}{c^2}}} \tag{14.13}$$

从式（14.10）～式（14.13）看到，当 $v \to c$ 时，$m \to \infty$，$E \to \infty$，$p \to \infty$。

这就不难理解在高速运动情况下，速度提高是很有限的。同时也不难看到，动能的精确表达式应为

$$E_k = E - m_0 c^2 = \frac{1}{2} m_0 v^2 + \cdots \tag{14.14}$$

只有当 $v \ll c$ 时才有

$$E_k = \frac{1}{2} m_0 v^2$$

这与经典力学中的结果一致，也反过来印证了当初爱因斯坦想象的 $E = mc^2$ 是正确的。由式（14.12）和式（14.13）还可得出能量与动量的关系 $E^2 = m_0^2 c^4 + p^2 c^2$。

关于式（14.14），也可以通过动能定理推导出来，由式（14.10），相对论动力学基本方程写为 $\boldsymbol{F} = \frac{\mathrm{d}(m\boldsymbol{v})}{\mathrm{d}t}$，这样，$E_k = \int \boldsymbol{F} \cdot \mathrm{d}\boldsymbol{r} = \int \frac{\mathrm{d}(m\boldsymbol{v})}{\mathrm{d}t} \cdot \mathrm{d}\boldsymbol{r} = \int \boldsymbol{v} \cdot \mathrm{d}(m\boldsymbol{v})$。利用点积定义和微分公式，结合质速关系式（14.10），借助泰勒展开即可得到同样结果，有兴趣的读者可自行验证。

值得指出，对于低速运动的宏观物体，质量、能量和动量随运动的变化并不明显，但在研究微观粒子时却显示了极端的重要性。因为微观粒子的运动速度一般都比较快，有的接近甚至达到光速，所以在微观领域离不开相对论，质能关系式不仅为量子理论的建立和发展创造了必要的条件，而且为原子核物理学的发展和应用提供了根据。另外，对于爱因斯坦引入的这些全新的概念，当时大部分物理学家，其中包括相对论变换关系的奠基人洛伦兹，都觉得难以接受。甚至有人说“当时全世界只有两个半人懂相对论”。旧的思想方法的障碍，使这一新的物理理论直到一代人之后才为广大物理学家所熟悉，甚至从 1905 年到 1959 年几乎所有科普读物或文章都错误地理解了狭义相对论中的长度收缩效应，就连瑞典皇家科学院，1921 年把诺贝尔物理学奖授予爱因斯坦时，也只是说“由于他（爱因斯坦）对理论物理学的贡献，更由于他发现了光电效应的定律……”对爱因斯坦的诺贝尔物理学奖颁奖辞中竟然对于爱因斯坦的相对论只字未提。当然，还有一个重要原因就是当时还缺乏大量事实验证。然而，随着科学的发展，大量的科学实验证明爱因斯坦的理论是正确的，爱因斯坦才一跃而成为 20 世纪世界最伟大的科学家。

狭义相对论不但可以解释经典物理学所能解释的全部物理现象，还可以解释那些经典物理学不能解释的物理现象，并且预言了不少新的效应。它导致了光速

是极限速度，导致了不同地点的同时性只有相对意义，预言了长度收缩和时钟变慢，给出了质量随速度变化的公式和质能关系式。此外，按着狭义相对论，光子的静止质量必须为零。

1999 年在英国著名杂志《物理学世界》评出的 10 位最伟大的科学家中，爱因斯坦排名第一，而在当年英国广播公司（BBC）通过网评一千年来 10 位最伟大的思想家中，爱因斯坦在马克思之后位列第二。

第二篇 量子物理

为使物理学天空重现明朗，一方面，爱因斯坦发展了经典力学的相对性原理，大胆提出光速不变假设，建立了狭义相对论，掀起了波澜壮阔的时空观的革命；另一方面，普朗克（M. Planck）经过六年磕磕绊绊的摸索，独辟蹊径，提出能量子假设，冲出黑体辐射的迷宫，史无前例的量子革命——物质观的革命，从此拉开帷幕。

如果我们静下心来回顾物理学发展史，一定会有这样的共同感悟：每当物理学发展遇到重大困难，举步维艰的时候，伟大的物理学先驱者们，总是不拘泥于传统观念束缚，以他们杰出的洞察力、丰富的想象力和惊人的创造力，找到开启未知世界之门的金钥匙；同样也会感受到他们追寻物质世界和谐统一的那种执着的追求精神。下面就让我们再一次回望那段历史，踏寻那个年代科学家们工作的足迹，领略物质观革命给传统思维带来的冲击和震撼吧！

第一讲 黑体辐射 理论与现实的矛盾

（一）热辐射 黑体

光的量子性的发现和研究，在历史上是从探索不透明物体的热辐射规律开始的。在任何温度下，一切宏观物体都将向外辐射各种波长的电磁波，冬天，人们靠近火炉、暖气取暖时，接收的就是包含着各种波长的电磁波能量。比红光波长更长的红外光和比紫光波长更短的紫外光是不可见光。所接收的能量与温度有关，物体的温度越高，辐射的能量越多，物体的颜色也将不断变化。例如，加热铁块，开始时发出不可见红外光，然后逐渐变暗红、赤红、橙色，最后成黄白色。这种颜色变化是因为在不同温度时所发出的电磁波能量按波长有不同的分布造成的。可见，物体向周围辐射电磁波能量的多少以及能量按波长的分布都与温度有关。这种与温度有关的电磁辐射称为**热辐射**。

实验表明，物体在任何温度下不但能辐射电磁波，也能吸收电磁波。辐射性能好的物体，吸收电磁波性能也好。一般地，入射物体上的电磁辐射只有一部分被物体吸收，其余的辐射将被反射或折射。如果在某一时间间隔内物体向外界辐射的能量刚好等于它从外界吸收的能量，则称物体的热辐射达到动态平衡，这时物体温度保持恒定，所以称为**平衡热辐射**。

一个物体的颜色取决于它对各种波长电磁波的反射能力。我们看到树叶是绿色，是因为它反射更多的是绿光，看到一个物体是白色，就因为它反射了所有波长的电磁波，如果一个物体吸收所有波长的电磁波而不反射，该物体就是黑色。当然，这都是指在某一确定温度下观察，如果一个物体在任何温度下，对任何波长的电磁波都能完全吸收，而不反射和透射，该物体就称为**绝对黑体**，简称**黑体**。

显然，这是我们抽象出来的又一理想化模型。不同物体在相同温度下，辐射电磁波的能力以及能量按波长的分布各不相同，但对于黑体，辐射和吸收电磁波的能力最强。无论组成黑体材料如何，它们的辐射规律是相同的，所以研究黑体辐射有重要意义和实用价值。

在自然界中，绝对黑体并不存在，但可以人工制造黑体，如图 14.6 所示。将一物体制成密闭空腔，其上开一小孔，光投射到小孔上经多次反射后很难再反射出来，小孔就是这一黑体的表面。如果将空腔壁均匀加热提高温度，并使腔壁和腔内空间达到热平衡，腔壁将向腔内发生热辐射，而其中一部分将从小孔射出，由于在小孔处从外界接收的电磁波经腔内壁漫反射已无法逃逸，这些从小孔射出的辐射波谱就没有包含这部分，所以，这种辐射就单独表征了黑体辐射的特点，即这些辐射相当于从小孔表面（黑体）上发射出来的。煤灰、高楼窗口，甚至是太阳都可近似认为是黑体。

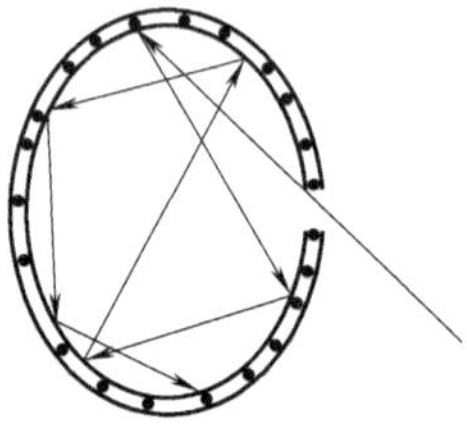

图 14.6 黑体

（二）**单色辐射出射度 黑体辐射的实验规律**

为研究辐射按波长分布的规律，引入单色辐射出射度（单色辐出度）和辐出度的概念。

单色辐出度：在单位时间内，温度为 T 的物体单位面积上，波长在 λ 到 $\lambda+\mathrm{d}\lambda$ 范围内辐射能与波长间隔 $\mathrm{d}\lambda$ 的比值，或称波长 λ 附近，在单位波长间隔内，单位时间、单位面积上辐射出的能量。用 $W(\lambda,T)$ 表示，即

$$W(\lambda,T)=\frac{\mathrm{d}W_{\lambda}}{\mathrm{d}\lambda} \qquad (14.15)$$

单色辐出度的单位为瓦每三次方米（$\mathrm{W\cdot m^{-3}}$）。实验表明，温度一定时，物体单色辐出度随波长变化而变化；温度升高时单色辐出度也随之增大。对于温度一定的物体，如果事先已知某物体单色辐出度随波长分布函数，可求出物体在单位时间、单位面积上发射的各种波长电磁波的总辐射能——称为物体的**辐出度**，用 $W(T)$ 表示，

$$W(T) = \int_0^{\infty} W(\lambda, T)\mathrm{d}\lambda \tag{14.16}$$

辐出度单位为瓦每二次方米（$W \cdot m^{-2}$）。

（三）黑体辐射实验定律

黑体单色辐出度 $W(\lambda,T)$ 随波长的变化关系实验曲线如图 14.7 所示，在温度一定时，黑体单色辐出度 $W(\lambda,T)$ 有一最大值，与这一最大值相对应的波长称为辐射的**峰值波长**，温度越高，峰值波长越短，热辐射中短波成分就越多，且各种波长的单色辐出度 $W(\lambda,T)$ 也随之升高，辐出度 $W(T)$（曲线下包围的面积）越大，总辐射也越多。而在 λ 很小或很大时，单色辐出度都趋于零。

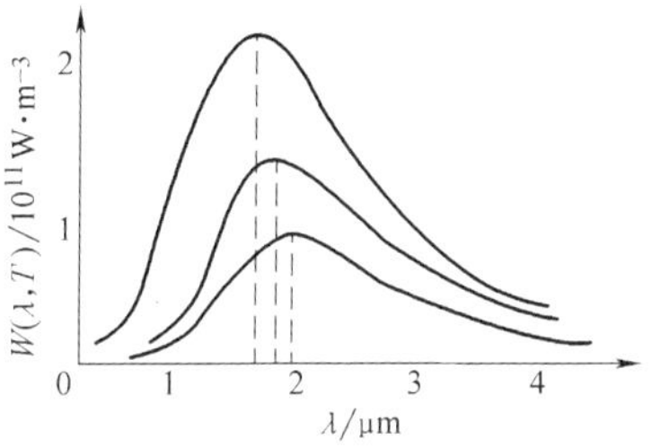

图 14.7 W-λ 曲线

根据实验，人们总结出关于黑体辐射的规律如下。

1. 斯忒藩-玻耳兹曼定律

$$W(T) = \sigma T^4 \tag{14.17}$$

即**黑体的辐出度 $W(T)$ 与其热力学温度 T 的四次方成正比**。式中，σ 称斯忒藩常量，可由实验确定，其值为 $\sigma = 5.67\times10^{-8}\,W \cdot m^{-2} \cdot K^{-4}$。从该定律看出，黑体的热平衡辐射随温度的升高迅速增大。

2. 维恩位移定律

$$T\lambda_m = b \tag{14.18}$$

黑体辐射的峰值波长与黑体热力学温度成反比。式中，b 称为维恩系数，它与温度无关，$b = 2.898\times10^{-3}\,m \cdot K$。

该定律表明，黑体温度越高，最强辐射（单色辐出度最大值）峰值波长越短。加热铁块时铁的颜色随温度变化恰恰符合这一规律。黑体辐射规律在现代科学技术中的应用非常广泛，它是高温测量、遥感、红外成像及追踪等技术的物理基础。比如通过冶炼炉上开的小孔测其辐射强度或峰值波长，就可算出炉内温度等。

我们通过下面两个例题体会这两条实验定律的实际意义。

例 14.1 夜间地面由于辐射而损失能量，假设这种辐射与黑体辐射相似，那么，地面温度为 10℃ 时，单位时间内在单位面积上由于辐射而损失的能量是多少？

解：根据斯忒藩-玻耳兹曼定律可得地面单位时间，在单位面积上辐射出的能量，即辐出度

$$W = \sigma T^4 = 5.67\times10^{-8}\times283^4\,W \cdot m^{-2} = 364\,W \cdot m^{-2}$$

例 14.2 把太阳看做黑体，太阳最大单色辐出度对应的波长（峰值波长）为 $\lambda_m = 4.70 \times 10^{-7}\,\mathrm{m}$，求太阳表面温度。

解：由维恩位移定律可得太阳表面温度为

$$T = \frac{b}{\lambda} = \frac{2.898 \times 10^{-3}}{4.70 \times 10^{-7}}\mathrm{K} = 6.17 \times 10^{3}\,\mathrm{K}$$

（四）经典理论与现实的矛盾

上述斯忒藩-玻耳兹曼定律和维恩位移定律都是实验结果的总结，具体说，这两条定律只是总结或反映了黑体辐射的总体特征，并没有给出黑体单色辐出度随波长变化的具体函数关系。当初，许多物理学家企图从经典理论出发导出与实验符合的理论公式，但都只是取得有限成功。最具代表性的工作是由维恩以及瑞利和金斯完成的。

1896 年，德国物理学家维恩借助玻耳兹曼关于速率分布的思想得到一个经验公式，这个公式只在温度较低、波长较短时与实验曲线符合得很好，而在长波段则发生明显偏离。这似乎让他很为难，其他经典物理学家也不舒服，因为把波动用粒子图像去处理，总有点南辕北辙之味道。尽管如此，这一结论还是引起了英国人瑞利的注意，他试图修改该定律以求完美。他抛弃了分子运动假设，想从麦克斯韦电磁理论出发，得出自己的公式（现在称瑞利-金斯公式），其中还用到了能量按自由度均分定理。这个公式可表示为

$$W(\lambda, T) = \frac{2\pi c}{\lambda^4}kT$$

式中，c 是光速；k 是玻耳兹曼常量。

此式与维恩的经验公式恰恰相反，它在长波段与实验曲线符合得很好，在短波段根本就不对。问题很明显，当 $\lambda \to 0$ 时，将得到黑体单色辐出度 $W(\lambda, T) \to \infty$，这就是我们经常提到的**紫外灾难**。

请大家注意，无论是维恩公式，还是瑞利-金斯公式，它们都是经典物理的产物，维恩公式与波动理论相抵触，瑞利-金斯公式虽用到波的概念，但仅仅是为了弥合维恩公式的偏差，好像是在“拆东墙补西墙”。试想，假如像瑞利-金斯公式描述的那样，如果波长足够短，即使温度很低，也将释放无限的能量，这岂不是荒唐！

纵观这两个公式，就像你有两套衣服，一套上装得体，裤子太长；另一套裤子合身但上衣太小，最要命的是两套衣服根本无法混穿，因为一套是西服，而另一套却是唐装，无法调和。

然而，伴随着新世纪的钟声，一个留着小胡子，微微有些谢顶的德国人——20 世纪另一位杰出的物理学家——普朗克登上历史舞台，微观世界的神秘之门即将开启，物理学伟大的变革就此拉开帷幕。

第二讲 普朗克能量子假设 光的波粒二象性

（一）普朗克能量子假设

普朗克（M. Planck，图 14.8） 早期的研究领域主要是热力学。他的博士论文就是《论热力学第二定律》，后来对热辐射产生兴趣，并进行了系统的研究。1896 年他读到了维恩关于黑体辐射的论文，摆在他面前的那个不可调和的矛盾逼得他整天在堆满演算草纸的办公室冥思苦想。

图 14.8 普朗克

终于有一天，他鼓足勇气，另辟蹊径，心想，先尝试着凑出一个满足所有波长的辐射公式出来，于是，他决定利用内插法，目的是想让维恩公式中的影响在长波段消失，有意无意的凑出一个公式（后来称为普朗克公式）

$$W(\lambda,T)=\frac{2\pi hc^2}{\lambda^5}\frac{1}{(e^{hc/\lambda kT}-1)} \qquad (14.19)$$

式中，h 是普朗克常量；c 是光速；k 是玻耳兹曼常数。当 λ 很小，$hc \gg \lambda kT$ 时，式（14.19）化为维恩公式，当 λ 很大，$hc \ll \lambda kT$ 时，式（14.19）又可化为瑞利-金斯公式，如图 14.9 所示。但这些公式毕竟都是经验公式。1900 年 10 月 19 日，他在德国物理学会会议上，把这个新鲜出炉的公式公诸于众。当晚，其好友鲁本斯仔细比较了这个公式与实验结果，大获全胜。第二天他把这一结果告诉了普朗克，普朗克先是一愣，之后便静下心来，冷静地进行思考……心想，有这样的结果也不全是侥幸吧！它说明在这个公式背后，一定隐藏着不为人知的秘密，应该、也必定有一个普适的原则在支持着它，才使得它展现出如此强大的力量。

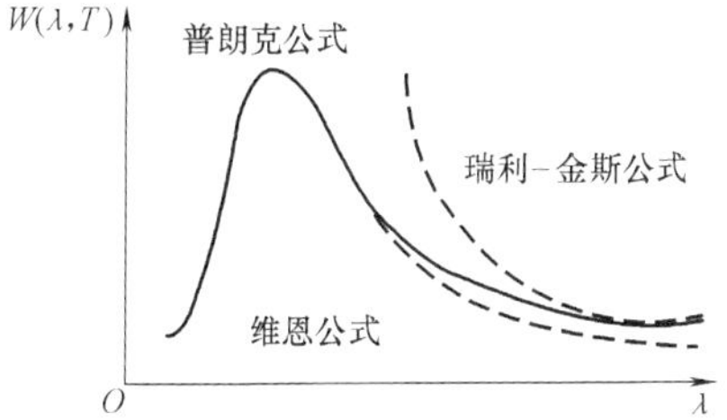

图 14.9 三个公式对比

普朗克再次注意他凑出来的这个公式，它究竟代表着什么样的物理意义呢？此时的普朗克很茫然。是啊！尽管它很管用，可就是不知为什么管用，它的理论基础是什么？普朗克闭上眼睛，不得不独自体会着兴奋、激动、焦急、疑惑、失望交织在一起的复杂的感觉，真的很纠结。直至此时，他已在黑体辐射的迷宫中磕磕绊绊地摸索了整整六年，好不容易“误打误撞”找到了出口，然而，回头望去，那座迷宫依然深不见底、神秘莫测。他又一次振作起来，下定决心让迷宫中的每一个暗道都亮起来，他模模糊糊意识到，被隐藏的东西至关重要，并可能涉及甚至是颠覆热力学和电磁学基础。突然，第六感觉告诉他，他生命中至关重要的时刻即将到来。

普朗克终于发现了解决问题的线索。他认为，辐射场中包含大量的线性谐振子，这些谐振子通过辐射和吸收电磁波与辐射场交换能量，达到稳定的平衡，然后借助玻耳兹曼关系计算单色辐出度，它只与波长和温度有关。经过几周的忙碌，他成功了。就像他在一次演讲中所说："在经历了我一生中最忙的几周工作后，光明开始出现在我面前，一个意想不到的崭新前景展现在我的眼前"。

普朗克认为，在处理熵和几率关系时要想使我们的方程成立就必须假定这些谐振子在吸收和发射能量时是一份一份**分立而不是连续进行的**。每一份能量单元为 $\varepsilon = h\nu$，谐振子的能量应该是这一能量单元的整数倍，即

$$E = n\varepsilon \quad (n = 1,2,3,\cdots) \tag{14.20}$$

式中，n 只能取正整数；ν 为谐振子频率；h 是一个普适的常数（即普朗克常量）。当时，根据黑体辐射的测量数据而得到的数值 $h = 6.55\times10^{-34}\,\mathrm{J\cdot s}$，与精确的数值 $h = 6.63\times10^{-34}\,\mathrm{J\cdot s}$ 已经很接近。这个很小的常数是微观世界一个具有代表性的特征量，它与引力常量、光速并称为自然界三大基本常量。这就是著名的普朗克能量子假设（或称能量量子化假设）。普朗克基于这一假设，于 1900 年 12 月 14 日，在德国物理学会的例会上报告称，他严格推导出了上述普朗克公式(14.19)。也正是由于他的这一假设，使物理学从"经典幼虫"变成"现代蝴蝶"。1918 年，普朗克得到了物理学的最高荣誉奖——诺贝尔物理学奖。1930 年，普朗克被德国科学研究的最高机构威廉皇家促进科学协会选为会长。普朗克去世后，他的墓设在哥庭根市公墓内，其标志是一块简单的矩形石碑，上面只刻着他的名字，下角写着：尔格·秒。他的墓志铭就是一行字：$h = 6.63\times10^{-34}\,\mathrm{J\cdot s}$，这也许是对他毕生最大贡献——提出能量子假设的纪念吧！

这个假设很了不起，它和有史以来科学家们的观念是截然相反的。他从根本上动摇了经典物理的大厦。举例说吧：如图 14.10 所示，一辆行驶的小汽车由 A 点经 B 点，最终到达 C，它必然按 $A\rightarrow B\rightarrow C$ 行进，也就是说，小汽车要想到达目的地，必须经过 B。可是现在就必须假定刚才在 A 点的汽车没有经过连续行驶，可能突然在 C 点出现，就好像神话中神仙变法一样。我们平时吹气球时，气球连续变大；而投掷硬币就必须一枚一枚地投。

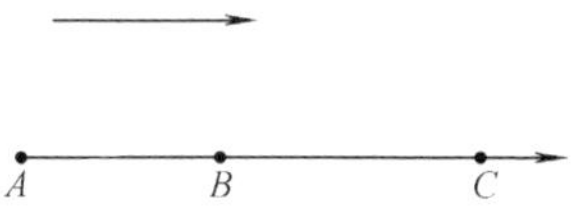

图 14.10　汽车行驶路径

这是一场革命，是物理学发展史上一场最为彻底、最具反叛性、也是最富有传奇和史诗般色彩的革命。请大家记住并怀念这个日子——1900 年 12 月 14 日，这一天被确定为量子物理诞辰日。

轰轰烈烈的量子革命开始了，可是"传统并有点保守"的普朗克自己却又胆战心惊起来，因为要真的承认能量量子化假设，那么，麦克斯韦电磁理论便首当

其冲遭到质疑。由于赫兹实验的成功，更由于麦克斯韦方程组简洁深刻、倾倒众生，被誉为上帝谱写的凯歌，包括普朗克在内的许多同时代的人们都觉得不可思议。普朗克公式的成功给他自己带来的喜悦实在是有限的。相反，他为自己提出的“能量子假设”违背了连续性这一传统概念而烦恼后悔。加上其他人的反对等原因，甚至一度想抛弃这个革命性的假设，他告诫人们，在引用普朗克常量的时候，要尽量小心谨慎，不到万不得已，千万别胡思乱想。他也曾努力尝试用连续性重新取代不连续性，把他的工作重新纳入到经典范畴，但经过十多年的努力均告失败。直到后来一系列的重大发现，特别是 1913 年玻尔氢原子理论取得重大成功之后，他才彻底意识到能量量子化的伟大意义，感受到那个小小常数 h 在微观领域中的巨大威力。

普朗克晚年对这段失败的经历发表了如下感言：“我徒劳无益地使基本量子论和经典理论一致的企图继续了许多年，花了我极大的经历。我的同行中的许多人几乎把这看做悲剧，但我对它的看法是不同的，因为我从这个工作中得到的对我想法的深刻澄清，对我有极大的价值。现在我的确知道，作用量子（普朗克当初称 h 为作用量子）的基本意义比我原来想象的要大得多。”

现在我们借助宏观的弹簧谐振子的振动，说明在宏观尺度下为什么“量子效应”不显著。

例 14.3 一竖直悬挂的弹簧谐振子质量 $m = 0.3\text{kg}$，弹簧劲度系数 $k = 3.0\text{N/m}$，以初始振幅 $A = 0.10\text{m}$ 开始振动。在阻尼作用下，振动逐渐衰减，假设振子能量以量子单元 $h\nu$ 衰减，试讨论振子能量变化的连续性。

解：振子的固有频率为

$$\nu = \frac{1}{2\pi}\sqrt{\frac{k}{m}} = 0.50\text{Hz}$$

初始能量为

$$E_0 = \frac{1}{2}kA^2 = 1.5 \times 10^{-2}\text{J}$$

当振子能量消耗时，以最小能量单元一份一份地不连续减少，即每辐射一个能量子，能量消耗

$$\Delta E = h\nu = 3.3 \times 10^{-34}\text{J}$$

这一最小能量单元与最初能量的比值为

$$\frac{\Delta E}{E_0} = \frac{3.3 \times 10^{-34}}{1.5 \times 10^{-2}} = 2.2 \times 10^{-32}$$

这一结果表明，要想观察能量变化的量子性，仪器要能精确测量到 10^{-32} 数量级，这恐怕即使在可以预期的将来也无法达到。正是因为 h 值太小，所以把宏观尺度下的不连续性掩盖了，才使人们有了能量连续变化这一观念。

（二）光电效应

关于光的本性之争由来已久，自 1801 年杨氏双缝实验到 1818 年菲涅耳圆屏衍射实验的成功，似乎光的波粒之争的世界大战以波动说大获全胜而偃旗息鼓，并完美收官了。然而，在波动说占统治地位约 100 年后，显示光粒子性的新的实验——光电效应实验出现了。对此，经典的电磁场理论又一次显得无能为力。

当光照射到金属表面时，金属中的电子吸收光的能量可以溢出金属表面。这一现象称为光电效应（鉴于高中物理教材对此已有讨论，这里对实验过程不再介绍）。总结实验结果，其规律可归纳如下：

1）饱和电流与入射光强成正比。

2）只有光的频率大于某一临界值（红限或截止频率）ν_0 时，才有电流产生，否则，无论光强有多强，照射时间有多长，都不会产生光电效应。

3）光电效应具有瞬时性。只要有光照到金属表面，不管光强如何，就有电子溢出，时间滞后不超过 10^{-9}s 。

4）光电子的最大动能与光强无关。在最强光与最弱光比值为 10^7 范围内，这一事实都被证明是正确的。

光的波动理论认为，光的辐射能决定于光强。在光的照射下，光强越强，光电场越强，电子受迫振动所受外力越大，吸收光能就越多，电子逸出时动能越大，因而无论频率有多小，只要有足够强度的光照到金属表面，就会有电子逸出产生光电效应；如果入射光强很小，金属中的电子需经过一段时间积累足够能量而溢出，不具有瞬时性。

1905 年，爱因斯坦阅读了普朗克的论文，其中的量子化思想深深打动了他。凭着直觉，他认为对于光来说，量子化也是一种必然的选择。他认为麦克斯韦电磁理论只适用于有限长时间的平均情况，对于瞬间发生的辐射吸收这样的问题是不适用的。

爱因斯坦发展了普朗克能量子思想，提出光量子（光子）的概念。他假定光不仅在辐射、吸收时以能量子的微粒形式出现，而且在传播中也是以光速 c 运动的微粒。每个光子的能量也是 $\varepsilon = h\nu$ ，ν 是光的频率。这样，经典波动理论与近代量子理论的不协调之处就显而易见了，如图 14.11 所示。

根据上述假设，爱因斯坦基于能量守恒提出如下方程：

$$h\nu = A + \frac{1}{2}mv^2 \tag{14.21}$$

当光入射到金属表面时，一个光子把自己的能量 $h\nu$ 交于电子，一部分用于电子克服金属表面对它的束缚而做功（逸出功），对同种金属，逸出功是一定的，不同金属逸出功也不同。剩下的部分作为电子离开金属表面的动能。此方程也称

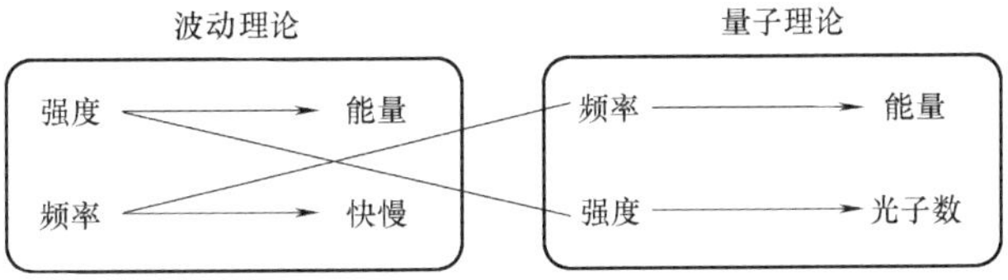

图 14.11 波动理论与量子理论

为**爱因斯坦光电效应方程**。利用光电效应方程可测量普朗克常量。

这样，前面光电效应规律就很容易解释。首先，光强越强，即光子数越多，溢出的电子（光电子）越多，这些光电子全部到达阳极形成的饱和电流越大；其次，如果入射光频率低于红限 $\nu_0 = A/h$（不同金属 ν_0 值不同），电子不能溢出，也就不可能有光电流产生；光电效应的瞬时性问题更加直观，从光电效应方程看到，一个电子一次只吸收一个光子能量，因此，无需时间积累。

对于光电效应，可以作如下更通俗的比喻：一个人（光子）携带现金（$h\nu$）参加高额拍卖会（购买电子），需购门票（逸出功 A）入场，如果剩余的钱足够多，就可以买到品质更好（动能 $mv^2/2$ 很大）的电子，像紫外光（ν 很大）这样的大款就可以大显身手，满载而归了。如果剩余的钱少于 $h\nu_0$，就只好空手而归，此时，要想发挥团队优势"集资团购"是不被允许的。

（三）光的波粒二象性

爱因斯坦光量子假设的成功，使人们对光的本性的认识又进了一步：光即有以干涉和衍射为特征的波动性，也有黑体辐射和光电效应所反映出来的粒子性（量子性），1909 年爱因斯坦在出席德国自然科学家协会第八十一次会议时就曾提到："我认为，物理学发展的最近一个阶段，将给我们提供一种光的理论，这一理论可被理解为波动理论和粒子说的一种统一……"在这里爱因斯坦已明确指出了光的"波粒二象性"光在传播时显示出波动性，在与物质相互作用而交换能量和动量时则显示出粒子性，两者不会同时显示出来。由质能关系 $\varepsilon = mc^2$，可以得到光子质量为

$$m = \frac{\varepsilon}{c^2} = \frac{h\nu}{c^2} \tag{14.22}$$

而由相对论的能量与动量关系式 $E^2 = E_0{}^2 + p^2c^2$，且由于光子静止质量为零，可得

$$p = \frac{h\nu}{c} = \frac{h}{\lambda} \tag{14.23}$$

从式（14.22）和式（14.23）我们看到，等式左端标志粒子性的质量和动量与等式右端标志波动性的频率和波长通过 h 有机地结合起来了。自然界的和谐与统一

又一次展现在我们的面前。

第三讲　玻尔氢原子理论　实物粒子的波动性

1907年，36岁的卢瑟福突发奇想，对他的学生马斯登说：“看你能不能得到从金属表面直接反射α粒子的某种效应。”1909年卢瑟福的助手和马斯登用α粒子轰击0.4μm的金箔时奇迹出现了，他们发现了入射的α粒子大约有二万分之一的概率被大角度（散射角大于90°）反射回来，这利用原来的原子模型是无法解释的。卢瑟福经过两年的反复思考和严密的理论推导，提出原子的核式结构模型：所有正电荷和原子质量都集中在原子中心一个很小体积内（半径小于10^{-15}m），这就是原子核，原子中的电子绕核运动。

可是，这一经典的原子核模型却又一次遇到挑战，按此模型，电子绕核运动，必然由于向外辐射电磁能而很快塌缩在原子核上，改变原有结构，从而使世界在瞬间变成混沌状态！事实上，和谐的世界依旧和谐，电子仍然绕核快乐地旋转着。

（一）玻尔氢原子结构模型基础

玻尔（N. Bhor），丹麦物理学家，他认为，应该把普朗克提出的、后经爱因斯坦发展的量子观点引入到自己的模型中，即把卢瑟福模型与量子化结合起来，这对经典物理是更大的冲击。正在玻尔为原子世界被一种潜在的规律支配着又无法探究而困惑时，汉森告诉他说，一位瑞士中学教师巴尔末发现了氢原子光谱中可见光波段的一些谱线规律，后经瑞典物理学家里德伯改为

$$\tilde{\nu}=\frac{1}{\lambda}=R(\frac{1}{2^2}-\frac{1}{n^2})(n=3,4,5,\cdots) \tag{14.24}$$

式中，$\tilde{\nu}$是波长倒数，称为波数；R是里德伯常量，其近代测量值$R=1.097\times 10^7\text{m}^{-1}$。

同时提出了氢原子光谱的普遍表达式

$$\tilde{\nu}=\frac{1}{\lambda}=R(\frac{1}{m^2}-\frac{1}{n^2})(m=1,2,3,\cdots;n=m+1,m+2,m+3,\cdots) \tag{14.25}$$

玻尔大脑在急速运转：原来原子只能放射出波长符合某种量子规律的辐射，而频率是能量的量度$\varepsilon=h\nu$，这说明电子只能存在于特定能量状态，也只能在这些特定“轨道”上运行。跃迁只能是特定轨道间的行为。

这就好像人在台阶上跳跃一样，人在台阶最底部，能量最低最稳。获得能量后，跃上高的台阶，如无能量补充就将掉下来，跳跃时具体跳到那一级，是有原则的（需按照式（14.25）的规则）。

于是，在1913年，玻尔创造性提出两个著名假设：

1）定态条件假设。在单电子体系（氢原子）中，电子绕核作圆周运动，但只能处在一些分立的允许的轨道上运动，原子保持稳定。

2）频率条件假设。当电子从一个定态允许轨道 E_m 跃迁到另一定态允许轨道 E_n 时，会以电磁波的形式吸收或放出能量，即

$$|E_m - E_n| = h\nu \tag{14.26}$$

而电子究竟在哪一轨道稳定，是由类似驻波条件的 $2\pi r_n = n\lambda$ 决定的（r_n 为轨道半径，n 为正整数），因为驻波的能量是不向外传播（辐射）的。

在此基础上，由对应性原理（微观规律延伸到宏观范围时，其数值结果与经典规律相同）还可以得到此时轨道角动量

$$L_n = mv_n r_n = n\frac{h}{2\pi} \quad (n = 1,2,3,\cdots) \tag{14.27}$$

（二）玻尔模型的局限与哥本哈根精神

玻尔模型给出了量子化的原子结构，成功对氢原子结构进行了量化描述，揭开了30年来令人费解的氢原子光谱之谜。这一理论受到爱因斯坦、卢瑟福等人的赞许和肯定。爱因斯坦就评价说："这是非常出色的！这中间一定大有文章……"直到他年迈时，还对玻尔理论仍给予极高评价："即便在今天，在我看来，也是一个奇迹！这简直是思维上最和谐的乐章。"卢瑟福对玻尔理论也表示赞赏，但在给玻尔的信中毫无保留地指出玻尔模型存在的问题："你对氢光谱产生的论点非常有独创性，工作也非常出色；但是，把普朗克的思想跟旧的力学混为一谈，使人很难理解，究竟什么是这种物理思想的基础。"的确，玻尔把电子看做经典的粒子，还在电力作用下作圆周运动，而这种加速运动又不辐射电磁波，能量、轨道、角动量等却又都披上量子化外衣，引起了连续性和量子性的直接碰撞，由此导致一系列的不协调。当时玻尔也认识到了这些困难的存在，所以在1922年领取诺贝尔奖时谦虚地说："这一理论还是十分初步的，许多基本问题还有待解决。"

玻尔理论成功后，各发达国家的许多著名大学和研究所都纷纷邀请他，但他却一心致力于在自己的祖国建立一个理论物理研究所（后来更名为尼尔斯·玻尔研究所）。在成立大会上这位年仅35岁的所长指出，研究所不仅是科学研究的场所，也是教育的中心。他说，"科学的道路从来都不是平坦的，只有不断引进崭新的思想才能实现科学的进步"。因此，"极端重要的是，不仅要依靠少数科学家的才能，而且要不断吸收相当数量的年轻人，让他们熟悉科学研究的结果和方法，只有这样才能在最大限度上不断地提出新问题。更重要的是，通过年轻人自己的贡献，新的血液和新的思想就不断涌入科研工作。"正因为这样，玻尔研究所吸引了世界上一大批优秀的青年科学家来此工作访学。经过不懈努力，该所很快便成为国际上著名的理论物理研究中心，哥本哈根也被许多著名物理学家誉为

"世界物理学界的朝拜胜地"。

什么是哥本哈根精神？老玻尔之子奥格·玻尔在为《玻尔研究所的早年岁月》一书写的前言中曾有这样两段话："……新的量子论正是通过这样的合作而创立的"。"……不论是处理科学问题，还是处理实际问题，我父亲都是在与亲密同事的交谈中受到鼓舞。正是通过这样的交谈，他自己的想法得到了发展，并变得更为清晰。这种公开和非正式的交换思想和协作形式，恰是在研究所内发展起来的生气勃勃的国际合作的决定性因素，我父亲把这种合作视为头等重要的事情。"这两段话道出了哥本哈根精神最基本的内涵：**科学国际主义、独特的研究风格**。这也就不难理解哥本哈根为什么能成为"世界物理学界的朝拜圣地"了。

（三）实物粒子的波动性

光的波粒二象性的提出，圆满地解释了光电效应的困难，实现了光的波动性和粒子性的统一。当时，法国巴黎大学的博士生德布罗意是爱因斯坦的狂热崇拜者，他领悟到了爱因斯坦深刻的思维方式，体会到波粒二象性乃是遍及整个物理世界的一种绝对普遍的现象。于是，他勇敢地发展了爱因斯坦的思想。

在玻尔理论中，经典-量子的双重性是显而易见的。为了克服这一困难，对电子的稳定性作出合理的解释，德布罗意在没有任何实验例证的情况下，从自然界普遍的对称性出发，把光的波粒二象性推广到实物粒子，从而提出如下假设：实物粒子也具有波动性，与实物粒子相联系的波频率和波长与实物粒子的能量和动量的关系为

$$E = mc^2 = h\nu \tag{14.28}$$

$$p = mv = \frac{h}{\lambda} \tag{14.29}$$

这就是著名的德布罗意关系，与实物粒子相联系的这种波称为德布罗意波或物质波。德布罗意在他的博士论文中提出："任何物体伴随以波，而且不可能将物体的运动与波的传播分开"。

德布罗意在1929年领取诺贝尔奖时曾回忆当时提出物质波时的想法："在原子中电子稳定运动的确立，引入了整数；到目前为止，在物理学中涉及整数现象的只有干涉和振动的简正模式，这一事实使我产生了这样的想法：不能把电子视为简单的微粒，必须同时赋予它周期性。"也就是说，为了使电子在分立的轨道上稳定地运动，必须要赋予电子以波动性。德布罗意认为，玻尔模型中这些电子轨道的周长应该是电子波长的整数倍，即满足驻波要求。就像是在闭合弦上的驻波，如图14.12所示。这样便有

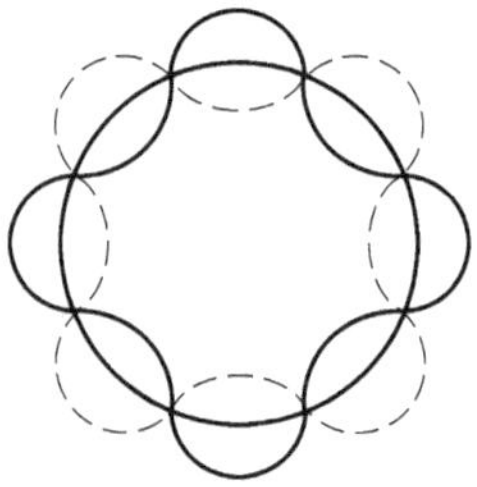

图14.12 电子轨道

$$2\pi r = n\lambda = n\frac{h}{p}$$

所以，角动量可以写为 $L_n = mv_n r_n = n\frac{h}{2\pi}$。这样一来，玻尔的两个假设和角动量量子化也就顺理成章了。

如果物体运动速度远小于光速，且质量很大，由式（14.29）知 $\lambda = h/mv$ 很小，即宏观尺度的物体波动性不明显。例如，一粒质量为1g的子弹以$10^2\,m \cdot s^{-1}$的速度射出，$\lambda = 6.6 \times 10^{-33}\,m$，我们当然观测不出这样短的波长。对于电子这样轻的粒子用150V电场加速，可得

$$\frac{1}{2}mv^2 = eU$$

所以

$$\lambda = \frac{h}{mv} = \frac{h}{\sqrt{2meU}} \approx 1.0 \times 10^{-10}\,m$$

这与X射线波长大致相同。

1924年11月，德布罗意提交了《量子理论的研究》的博士论文，在论文答辩时，答辩委员会不知如何评价，也不敢轻易否定，为此，他的导师朗之万将论文的副本寄给了爱因斯坦。谁知，爱因斯坦阅读后立即赞赏道："厚幕的一角被德布罗意揭开了。M. 德布罗意（德布罗意的哥哥）的弟弟做了一项很有意义的工作……我相信，这是对物理之谜中最棘手的一个迷投下了第一道微弱的光芒。"1927年戴维逊（美）和汤姆逊（英）所做的晶体的电子衍射实验完全证实了电子的波动性。1929年，年仅36岁的德布罗意成为继居里夫人之后第二个以博士论文获得诺贝尔奖的物理学家。此后，薛定谔又建立起描述粒子波动性的波函数——著名的薛定谔方程。之前所讲的玻尔量子化条件便成了这一方程的自然结果。

思考与练习

1. 看了爱因斯坦关于时间和空间十年的思考，你的感受是什么？

2. 你能借助课文中关于"同时的相对性"、"长度收缩效应"和"时间延缓效应"的导入模式，推导它们的互逆效应吗（即把条件放在另一参考系中推导这三个效应）？

3. 为什么实际物体在真空中加速不到光速 c。在介质中实物粒子运动速度可以超过光速，这时会发生什么现象？

4. 你对光的波动性和量子性是如何理解的？这两种特征会同时反映出来吗？

5. 把太阳看成是黑体，测得太阳最大单色辐出度对应的波长是 λ_m，求太阳

表面的温度。如果太阳的平均半径为 r_s，太阳到地球的距离为 h_{es}，若不考虑大气的吸收。求太阳垂直照射到地球表面上单位面积接收到的辐射功率。

*6. 依据思考与练习 5 后一问题的分析与解答过程，从能量角度，利用定性和半定量物理学观点，抽象出你的物理模型，尝试着估算如果只依赖太阳能，地球最多可以养活多少人?

7. 测得炉壁小孔辐射出来的能量（辐出度）为 W，求炉内温度 T 和单色辐出度峰值波长 λ_m。

8. 如果一个光子的能量等于电子的静能量，问光子的频率和波长是多少?其在电磁波普中属于那种波段?

习题参考答案

第九章　真空中的静电场

9. $\boldsymbol{E}_0 = \dfrac{\lambda}{4\pi\varepsilon_0 R}(\boldsymbol{i}+\boldsymbol{j})$

10. $E = E_x = \dfrac{\lambda}{2\pi\varepsilon_0 R}$，方向沿 x 轴正向

11. $\boldsymbol{E} = \dfrac{\sigma}{4\varepsilon_0}\boldsymbol{i}$

12. $E = \dfrac{\rho x}{\varepsilon_0} \quad (|x| \leqslant \dfrac{d}{2})$

$E = \dfrac{\rho d}{2\varepsilon_0} \quad (|x| > \dfrac{d}{2})$

E-x 图线如 9.12 题解答图图所示

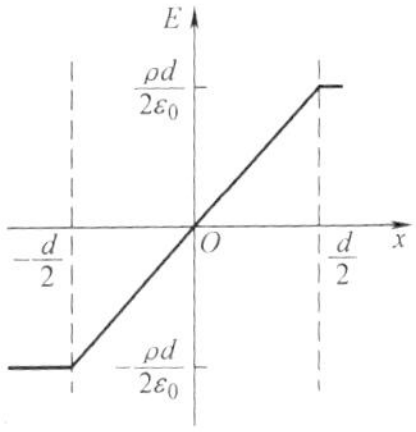

9.12 题解答图

13. $E_1 = 0 \quad (r < R_1)$

$E_2 = \dfrac{\lambda}{2\pi\varepsilon_0 r} \quad (R_1 < r < R_2)$

$E_3 = 0 \quad (r > R_2)$

14. $E = \dfrac{\lambda r}{2\pi\varepsilon_0 R^2} \quad (0 < r < R)$

$E = \dfrac{\lambda}{2\pi\varepsilon_0 r} \quad (r > R)$

15. $\boldsymbol{E} = \dfrac{\sigma}{2\varepsilon_0}\dfrac{x}{\sqrt{x^2+r^2}}\boldsymbol{i}$

16. (1) $E = \dfrac{-\lambda}{2\pi\varepsilon_0 R}$ 电场强度沿 y 轴负方向；(2) $U_O = \dfrac{\lambda}{2\pi\varepsilon_0}\ln 2 + \dfrac{\lambda}{4\varepsilon_0}$

17. (1) $E_{内} = \dfrac{Qr}{4\pi\varepsilon_0 R^3}$ $(r < R)$；(2) $E_{外} = \dfrac{Q}{4\pi\varepsilon_0 r^2}$ $(r > R)$

18. (1) $U = \dfrac{q}{4\pi\varepsilon_0 R}$；(2) $U = 0$；(3) $q' = \dfrac{R_1}{R_2}q$；$U = \dfrac{(R_1 - R_2)q}{4\pi\varepsilon_0 R_2^2}$

19. (1) $\boldsymbol{E} = \dfrac{q}{4\pi\varepsilon_0 r^2}\boldsymbol{e}_r$；(2) $\boldsymbol{E} = \dfrac{qx}{4\pi\varepsilon_0 (R^2+x^2)^{3/2}}\boldsymbol{i}$；

(3) $E_r = -\frac{\partial U}{\partial r} = \frac{p\cos\theta}{2\pi\varepsilon_0 r^3}$，$E_\theta = \frac{p\sin\theta}{4\pi\varepsilon_0 r^3}$

第十章 静电场中的导体和电介质

13. $q_C = -2 \times 10^{-7}$ C，$q_B = -1 \times 10^{-7}$ C，$V_A = 2.3 \times 10^3$ V

14. 球壳内表面所带电荷量为 $-q$，外表面带电为 $+q$，且均匀分布，其电势为 $V = \frac{q}{4\pi\varepsilon_0 R}$

15. $U = 1.5 \times 10^4$ V

16. $\frac{\sigma_2}{\sigma_1} = \varepsilon_r$

17. (1) 电场储存的能量 $W = \frac{Q^2}{8\pi\varepsilon_0}(\frac{1}{R_1} - \frac{1}{R_2} + \frac{1}{R_3}) = 1.82 \times 10^{-4}$ J

(2) 如果将导体壳接地，储存的能量 $W = \frac{Q^2}{8\pi\varepsilon_0}(\frac{1}{R_1} - \frac{1}{R_2}) = 1.01 \times 10^{-4}$ J

(3) 电容器的电容 $C = 4\pi\varepsilon_0 / (\frac{1}{R_1} - \frac{1}{R_2}) = 4.49 \times 10^{-12}$ F

18. $\frac{3Q^2}{20\pi\varepsilon R}$

19. $W_e = \frac{Q^2(R_2 - R_1)}{8\pi\varepsilon_0 R_1 R_2}$，$C = 4\pi\varepsilon_0 \frac{R_1 R_2}{R_2 - R_1}$

第十一章 稳恒磁场

9. $B = \frac{\mu_0 I}{2R}\left(\frac{\sqrt{3}}{\pi} - \frac{1}{3}\right)$，向里

10. (1) $\frac{\mu_0 IR^2}{2}\left\{\left[R^2 + \left(x + \frac{a}{2}\right)^2\right]^{-\frac{3}{2}} + \left[R^2 + \left(x - \frac{a}{2}\right)^2\right]^{-\frac{3}{2}}\right\}$

11. 6.37×10^{-5} T

12. (1) $0 < r \leqslant R_1$，$B_1 = \frac{\mu_0 Ir}{2\pi R_1^2}$；(2) $R_1 \leqslant r \leqslant R_2$，$B_2 = \frac{\mu_0 I}{2\pi r}$；(3) $R_2 \leqslant r \leqslant R_3$，$B_3 = \frac{\mu_0 I}{2\pi r} \cdot \frac{R_3^2 - r^2}{R_3^2 - R_2^2}$；(4) $r > R_3$，$B_4 = 0$

13. 1.4×10^{-6} Wb

14. (1) 0.135Wb；(2) 0

15. 左边所受的磁力为 8×10^{-4} N，方向向左；右边所受的磁力为 8×10^{-5}

N，方向向右；合力为 7.2×10^{-4}N，方向向左

16. 0

17. 1.73×10^{9}A

18. 从上往下看，顺时针旋转

19. (2) 3.2×10^{-16}N，1.64×10^{-26}N

20. 1.12×10^{-21}kg·m·s^{-1}，2.35keV

21. 1.1×10^{2}m，2.3m

22. (1) 4.5×10^{3}A；(2) 2.25×10^{9}W

第十二章　电磁感应　电磁场　电磁波

10. A 端电势高于 B 端，金属棒中的动生电动势为 $\frac{\mu_0 Iv}{2\pi}\ln\frac{a+l}{a}$

11. $\mathscr{E}=\frac{\mu_0 IlNv}{2\pi}\frac{a}{d(d+a)}=1.92\times10^{-4}$V

12. $\mathscr{E}_{AB}=\frac{\sqrt{3}R^2}{4}\frac{\mathrm{d}B}{\mathrm{d}t}$，方向由 A 指向 B

13. (a) $M=N\frac{\mu_0 l}{2\pi}\ln2=2.8\times10^{-6}$H；(b) 0

14. $W_m=\frac{1}{2}LI^2=0.08$J

15. $W_m=7\times10^{18}$J

第十三章　波动光学

9. 把波长折算到真空中 (D)

10. (B)

11. (A)

12. (C)

13. 632.78nm

14. 4.74×10^{-6}m

15. 用反射光干涉减弱或透射光干涉加强均可，膜最小厚度 $d=10^{2}$nm

16. (1) 500nm；(2) 3mm

17. 700nm

18. 409.8m

19. (1) 6×10^{-6}m；(2) $\theta_2=\arcsin0.2=11.5°$；(3) $k=\pm9$

20. 3.05μm

第十四章　近代物理基础

5. 太阳表面的温度 $T=b/\lambda_m$；由斯忒藩-玻耳兹曼定律，太阳表面单位面积的辐射功率（辐出度）或辐射功率为 $W_s=\sigma T^4$，所以，太阳的总辐射能量为 $4\pi r_s^2 W_s$。这些能量辐射到了以 h_{es} 为半径的球面上。那么，以这一半径所作的球面上，单位面积接收的辐射功率，即这一距离上，地球表面单位面积接收的辐射功率为 $W_e=4\pi r_s^2 W_s/4\pi h_{es}^2$。

7. 由斯忒藩-玻耳兹曼定律得炉内温度 $T=\sqrt[4]{W/\sigma}$，再由维恩位移定律得 $\lambda_m=b/T$。

8. 光子的能量：$h\nu=m_0c^2$，（m_0 为电子静质量）

光子的频率：$\nu=m_0c^2/h=9.11\times10^{-31}\times(3\times10^8)^2/6.63\times10^{-34}\text{Hz}=1.24\times10^{20}\text{Hz}$

光子波长：$\lambda=c/\nu=2.4\times10^{-12}\text{m}=0.024\text{Å}$，在电磁波谱中属 X 射线。

参 考 文 献

［1］马文蔚．物理学教程［M］．4 版．北京：高等教育出版社，2005.

［2］赵近芳．大学物理学［M］．3 版．北京：北京邮电大学出版社，2011.

［3］上海交通大学．大学物理教程［M］．上海：上海交通大学出版社，2010.

［4］祝之光．物理学［M］．3 版．北京：高等教育出版社，2009.

［5］康颖．大学物理［M］．北京：科学出版社，2006.

［6］倪光炯，王炎森．物理与文化［M］．北京：高等教育出版社，2009.

［7］张铁强．大学物理学［M］．北京：高等教育出版社，2007.

［8］曹天元．量子物理史话［M］．沈阳：辽宁教育出版社，2006.

［9］毛骏健．大学物理学［M］．北京：高等教育出版社，2006.